Analyse fonctionnelle des systèmes

Collection Les cours

Dans la même collection :

Francis Maisonneuve, *Mathémathiques 2 et 3*

Bernard Wiesenfeld, *Une introduction à la neutronique*

Francis Maisonneuve, *Probabilités*

Francis Maisonneuve, *Mathémathiques 2*

Renaud Gicquel, *Introduction aux problèmes énergétiques globaux*

Francis Maisonneuve, *Mathémathiques 3*

Francis Maisonneuve, *Mathémathiques 1*

J. Adnot, D. Marchio, Ph. Rivière, *Cycles de vie des systèmes énergétiques*

Brigitte d'Andréa-Novel, Benoît Fabre, Pierre Jouvelot, *Acoustique-Informatique-Musique*

Jean-Claude Moisdon, Michel Nakhla, *Recherche opérationnelle*

Anne-Françoise Gourgues-Lorenzen, Jean-Marc Haudin, Jacques Besson, *Matériaux pour l'ingénieur*

Renaud Gicquel, *Systèmes énergétiques Tome 3*

Renaud Gicquel, *Systèmes énergétiques Tome 2*

Renaud Gicquel, *Systèmes énergétiques Tome 1*

Thierry Weil, *Stratégie d'entreprise*

François Cauneau, *Mécanique des fluides*

Pierre Chauvet, *Aide-mémoire de géostatistique linéaire*

Dominique Marchio, Paul Reboux, *Introduction aux transferts thermiques*

François Engel, Frédéric Kletz, *Cours de comptabilité analytique*

François Engel, Frédéric Kletz, *Cours de comptabilité générale*

Jacques Bouchard, Jean-Paul Deffain, Alain Gouchet, *Introduction au génie atomique*

Daniel Fargue, *Abrégé de thermodynamique : principes et applications*

Georges Pierron, *Introduction au traitement de l'énergie électrique*

Bernard Degrange, *Introduction à la physique quantique*

Michel Cohen de Lara, Brigitte d'Andréa-Novel, *Cours d'automatique*

Fixari Daniel, *Les Imperfections des marchés*

Jacques Lévy, *Introduction à la métallurgie générale*

Hugues Molet, *Comment maîtriser sa productivité industrielle ?*

Margaret Armstrong, Jacques Carignan, *Géostatistique linéaire*

Ali Azarian et Yann Pollet, *Analyse fonctionnelle des systèmes*, Paris : Presses des MINES, collection Les Cours, 2016.

60, boulevard Saint-Michel - 75272 Paris Cedex 06 - France
presses@mines-paristech.fr
www.pressesdesmines.com

ISBN : 978-2-35671-404-6

Dépôt légal : 2016
Achevé d'imprimer en 2016 (Paris)

Ali Azarian et Yann Pollet

Analyse fonctionnelle des systèmes

MINES ParisTech

Remerciements

Ce n'est pas sans une certaine émotion que nous rédigeons cette page de remerciements.

Nous souhaitons tout d'abord et en premier lieu remercier le Professeur Dominique Marchio du Département d'énergétique de l'Ecole des Mines de Paris, qui nous a encouragé et soutenu dans notre démarche de rédaction et de publication de ce livre.

Nous adressons également tous nos remerciements à Monsieur Pierre Barbier, ancien collègue d'Ali Azarian à la société Bertin, expert en analyse de la valeur, qui a permis dans le passé à ce dernier de parfaire sa maitrise de l'analyse fonctionnelle et l'analyse de la valeur, et qui a de plus apporté une contribution majeure au présent ouvrage en acceptant de relire et vérifier le chapitre dédié à l'application de l'analyse fonctionnelle. Qu'il en soit chaleureusement remercié.

Nous remercions de même Monsieur Guy Baudot, ancien collègue d'Ali Azarian et expert de la Société Ligeron, qui a prodigué des conseils fort utiles quant à la partie de cet ouvrage dédiée à la sûreté de fonctionnement.

Nous remercions également la Direction du groupe Sonovision (Division Ligeron) de nous avoir permis de réutiliser les transparents et les supports du cours d'analyse fonctionnelle de l'Institut Ligeron. Ali Azarian a été en effet durant plus de dix ans responsable et principal animateur de ce cours, contribuant ainsi à former les ingénieurs et clients de cette entreprise. Bien entendu, les contenus de ce cours ont constitué des sources que nous avons naturellement exploitées dans la rédaction de cet ouvrage. Les références, figures ou tableaux puisés dans ce cours sont bien sûr explicitement mentionnées, en addition aux références bibliographiques.

Une gratitude tout particulière doit également être adressée à Madame Catherine Laval de METRATECH / APTE SYSTEM, laquelle nous a permis de faire, dans cet ouvrage à caractère pédagogique, les références utiles à la méthode APTE®, ainsi qu'à des éléments terminologiques propres à celle-ci, afin de lui donner ici sa juste place dans le panorama des outils méthodologiques en France.

Enfin, nous ne pourrions bien sûr en aucun cas omettre de remercier la SNCF, et plus spécialement la Direction de la Recherche et de l'Innovation, pour l'autorisation accordée de faire figurer ici les résultats d'analyse fonctionnelle du projet Prédit-TR@ IN-MD, élaborés par Ali Azarian dans le cadre de son activité à la Division Ligeron de Sonovision.

Ali AZARIAN et Yann POLLET

Table des matières

Introduction

L'analyse fonctionnelle est une approche méthodologique qui, en France, fait partie intégrante de notre culture technique nationale. Elle est largement pratiquée au sein des entreprises, en particulier dans des secteurs de l'industrie tels que la défense, le domaine ferroviaire, l'automobile, le nucléaire, etc. Dans la plupart des pays industriels ou en voie de développement, les ingénieurs et les techniciens ne pratiquent pas l'analyse fonctionnelle sous la forme que nous connaissons et avons l'habitude d'appliquer. Ainsi, lorsqu'on évoque des termes très utilisés dans notre pratique de l'analyse fonctionnelle, on réalise que ceux-ci sont parfois méconnus en dehors de l'hexagone, et la traduction de ces termes pose alors une difficulté toute particulière. Cependant, notre culture technique est riche et notre valeur ajoutée nationale en matière de systèmes et de produits industriels concerne précisément la maîtrise de plusieurs points clés tels que, par exemple, la différentiation entre le cahier des charges et les spécifications techniques, ou encore le niveau de sûreté de fonctionnement (objectifs des études dites FMDS[1]), le niveau de contrôle, les deux niveaux dits de vérification et de validation, etc. Tous ces points sensibles ont naturellement un lien direct avec l'analyse fonctionnelle. Elle constitue donc l'un des tout premiers maillons de la chaîne dans le cycle du projet afférent à la réalisation d'un système.

Depuis plus de quinze ans, nous avons formé et continuons de former à l'analyse fonctionnelle des ingénieurs et des techniciens issus d'entreprises telles que la SNCF (Direction du matériel), l'ONERA, le CEA, le groupe THALES ou encore la division Ligeron du groupe Sonovision. Nous avons expliqué et nous expliquons toujours à nos stagiaires, qui font partie du personnel de ces entreprises, comment, par exemple, construire et rédiger un cahier des charges fonctionnel (CdCF) ou encore une spécification technique du besoin (STB), documents souvent créés et diffusés dans le cadre des projets industriels. Nous savons en effet qu'un ingénieur est bien souvent amené durant sa longue carrière, soit à rédiger lui-même de tels documents, soit à devoir les exploiter avec efficacité. Mais ceci n'est bien sûr qu'un aspect parmi beaucoup d'autres.

Nous possédons une expérience industrielle acquise au sein de différentes entreprises, et ont eu ainsi l'opportunité d'appliquer les différentes méthodes d'analyse fonctionnelle dans le cadre de projets de réalisation ou de recherche et développement. En tant qu'acteurs directs, ils ont pu ainsi largement percevoir et apprécier les difficultés pratiques liées à la mise en œuvre de telles méthodes sur le terrain, mais aussi mesurer tous les bénéfices susceptibles d'être tirés d'une démarche bien menée. Signalons à ce propos trois difficultés particulières qui méritent ici d'être mentionnées.

1 Fiabilité, Maintenabilité, Disponibilité et Sécurité.

Tout d'abord, comme on peut le constater sur le terrain, la terminologie n'est pas homogène, et chaque entreprise emploie ainsi ses propres termes. Malheureusement, les documents normatifs, notamment ceux de l'AFNOR, n'arrivent pas toujours à homogénéiser la terminologie et le vocabulaire dans ce domaine. Un exemple frappant est la définition de simples termes tels que *fonction de service*, *fonction d'usage*, etc. Ceci est une première difficulté.

Par ailleurs, l'analyse fonctionnelle n'est pas une science exacte. Pour un même problème, plusieurs schémas de représentation fonctionnelle sont souvent possibles, ce qui implique donc qu'il puisse y avoir plusieurs solutions techniques correspondantes. Afin de minimiser ce problème, les entreprises font ainsi plutôt appel à des groupes de travail susceptibles d'arriver à un consensus sur les résultats et les schémas d'analyse fonctionnelle.

Enfin, signalons un dernier point. Il arrive que des analystes, au lieu de poursuivre l'usage d'une même méthode jusqu'à la fin d'un projet, décident de changer de méthode en cours de route. Par exemple, on pourra passer de MISME à SADT® ou encore à FAST. Comme on peut le constater, un même dossier d'analyse fonctionnelle comprendra ainsi parfois des schémas liés à deux, voire trois méthodes. Ceci est un facteur de difficulté supplémentaire.

Au vu de ces difficultés récurrentes, il nous semble donc crucial que les approches et techniques de l'analyse fonctionnelle soient enseignées dans les écoles d'ingénieur, et mieux connues du milieu académique. Ainsi, depuis de nombreuses années, nous enseignons l'analyse fonctionnelle dans plusieurs écoles d'ingénieurs, telles que le Cnam, l'ENSTA, l'ISTIA d'Angers, Télécom Bretagne (Brest), l'EPF, l'ENSAT (Maroc) ou encore HECI (Maroc).

Au travers de ces enseignements, nous avons pu constater que les stagiaires des entreprises et les élèves-ingénieurs posaient régulièrement les mêmes questions, et en particulier les suivantes :

- Quel est le livre de référence en analyse fonctionnelle, permettant d'aboutir à la maîtrise de cette méthode et de ces techniques ?
- Peut-on trouver des exercices ou des tests type QCM afférents à la pratique de l'analyse fonctionnelle ?
- Où peut-on trouver des exemples industriels réalistes, avec, par exemple, un « vrai » cahier des charges ou encore une « vraie » spécification technique du besoin ?
- Comment choisir la « bonne » méthode ou technique d'analyse fonctionnelle pour tel ou tel projet ?
- Quelle est la procédure à suivre pour mener à bien les différentes étapes requises pour une analyse fonctionnelle ?

- Pour un projet où doit être menée une analyse fonctionnelle, par quelle tâche faut-il commencer en pratique ?
- Comment élabore-t-on un dossier d'analyse fonctionnelle, en préalable à la rédaction du cahier des charges ?

Les réponses à ces questions ne sont pas toujours simples. À titre d'éléments de réponse, nous pouvons tenter à ce stade de mettre en avant, pour chacune de ces questions, quelques points issus de notre vision et de notre expérience.

Sur le plan des *sources de référence*, il existe des ouvrages, en particulier les livres de R. Tassinari et B. de la Bretesche, qui constituent des références reconnues pour ce qui concerne la méthode APTE®. Malheureusement, un jeune ingénieur qui doit aborder un projet industriel sur lequel s'appliquent beaucoup de contraintes, peut éprouver quelques difficultés à appliquer une méthode sur la seule base de ces livres. On pourra noter que les documents normatifs notamment ceux de l'AFNOR ne sont pas toujours facilement applicables. De plus, l'accès à ces documents n'est pas toujours évident.

Le besoin d'un livre pratique, qui serait le « guide de l'analyse fonctionnelle », se fait donc à notre sens largement sentir. Le présent ouvrage se fixe précisément le but de répondre à ce besoin.

En ce qui concerne la méthode ou langage SADT®, le livre de M. Lissandre, qui date de 1991, constitue toujours un livre de référence. Il est plus facilement applicable.

Il existe quelques *exercices résolus*, accessibles essentiellement sur Internet. Toutefois, la plupart des livres n'ont, pour leur part, pas de chapitre dédié aux exercices ou aux problèmes. Sur ce point, nous avons pu noter que le besoin exprimé par les stagiaires et les étudiants était totalement justifié. Dans le présent ouvrage, nous avons donc tenté de mettre un accent particulier sur cet aspect, en présentant des exercices (résolus ou non), ainsi que des QCM, permettant de s'assurer de la bonne acquisition des points fondamentaux, mais aussi de commencer leur indispensable mise en pratique.

On notera enfin que les *documents industriels* ne sont, en règle générale, pas diffusés à l'extérieur, même lorsqu'il s'agit, par exemple, d'un cahier des charges élaboré dans le cadre d'un appel d'offre. Dans le présent ouvrage, nous proposerons un certain nombre d'éléments pratiques de référence, en particulier en ce qui concerne les sommaires afférents aux documents clés à produire.

Le *choix d'une méthode* est étroitement lié au « centre de gravité » du projet, sans oublier bien entendu de prendre en compte le niveau de familiarisation de l'ingénieur en situation avec les différentes méthodes. Nous nous sommes ici basés sur une enquête de l'ISdF, aujourd'hui IMdR[2], afin d'ouvrir des pistes à destination des ingénieurs et techniciens placés devant ce choix important.

Concernant la *procédure à suivre*, nous proposons dans ce livre une procédure détaillée (cf. section 3.4), espérant avoir ainsi résolu cette difficulté. Ce schéma a été élaboré dans un cadre industriel.

En ce qui concerne la tâche formant le *point de départ de la démarche*, la réponse à cette question sera donnée dans les chapitres 2 et 3. La procédure proposée (cf. §3.4) clarifiera également le point de départ et la fin du projet d'étude d'analyse fonctionnelle.

Enfin, concernant l'aide à l'*élaboration d'un cahier des charges*, on constatera que les éléments afférents à un dossier d'analyse fonctionnelle, y compris ses annexes, sont décrits dans ce livre.

Nous tenons à préciser que, dans l'industrie en France, l'état de l'art concernant l'analyse fonctionnelle n'est pas forcément celui imposé ou souhaité par la norme. C'est pourquoi nous préférons expliquer à nos lecteurs *ce qui est réellement pratiqué*, plutôt que de rester sur le plan théorique en détaillant ou en commentant les documents normatifs.

Ce livre aborde tout d'abord la notion de *besoin*, ainsi que les *exigences*, leur identification, ainsi que leur formalisation. Puis, les différents *objectifs* de l'étude d'analyse fonctionnelle sont listés et clarifiés. Nos lecteurs prendront alors connaissance des *principes des méthodes usuelles d'analyse fonctionnelle*. Enfin, nous exposerons quelles sont les *applications* de l'analyse fonctionnelle, notamment l'*élaboration d'un cahier des charges* et celle d'une *spécification technique du besoin*.

Nous avons également jugé utile de lister quelques outils informatiques d'analyse fonctionnelle disponibles sur le marché.

Nous considérons que notre livre est certes perfectible, mais espérons cependant qu'il réponde, au moins en partie, à un besoin au niveau des entreprises comme à celui des institutions académiques.

Ali Azarian et Yann Pollet
Cnam - 292, rue Saint Martin - 75003 Paris

2 Institut pour la Maîtrise des Risques.

Chapitre 1

Identification des besoins

Introduction

L'objectif de toute entreprise est bien sûr de répondre aux besoins de ses clients et rechercher leur satisfaction. Il arrive bien souvent que le client ne soit pas l'utilisateur final du produit ou du système, qui se trouve en bout de chaîne. Ainsi, par exemple, une rame de métro est commandée et acquise par la RATP (Régie Autonome des Transports Parisiens), mais les utilisateurs en sont en fait les usagers. Cependant, on notera que la satisfaction d'un client est en principe étroitement liée à celle des utilisateurs, ainsi qu'à celle des exploitants et des opérateurs de maintenance du système.

Il est à noter que répondre aux besoins des utilisateurs s'avère souvent difficile, et ce pour de nombreuses raisons. Examinons les principales difficultés.

Le champ des exigences et des attentes des utilisateurs est excessivement vaste et varié, et, de ce fait, il est le plus souvent impossible en pratique de répondre à toutes les exigences.

Certaines exigences, dans des domaines tels que l'ergonomie, le confort, l'esthétique, etc., peuvent varier dans une très large proportion, voire de « de moins l'infini » à « plus l'infini » ! Ainsi, ce qui est considéré comme confortable par certains utilisateurs ne le sera pas nécessairement pour d'autres catégories d'utilisateurs. Ce sont ici des exigences non quantifiables, le plus souvent subjectives, et donc par essence difficiles à satisfaire.

Certaines exigences peuvent donner lieu à plusieurs interprétations : ainsi on pourra souhaiter acheter une voiture « robuste », la robustesse devenant donc une exigence à satisfaire. Mais que signifie au juste cette exigence de « robustesse » ? Est-ce que l'on souhaite une voiture qui soit fiable et ne tombe pas en panne ? C'est une première interprétation. Est-ce que cette exigence est liée à la sécurité, signifiant qu'en cas d'accident, on sortira indemne, ou bien que la voiture tiendra le choc ? C'est une autre interprétation. Ou bien, est-ce qu'on entend par « robustesse » le fait que le système résiste bien aux agressions diverses (vieillissement, conditions climatiques, corrosion, etc.) ? On se rend bien compte ici que, sur le plan de la satisfaction d'une telle exigence, on est sur un terrain tout à fait mouvant et instable.

Les utilisateurs expriment le plus souvent un besoin perçu « à l'instant t », sachant qu'à l'instant t+Δt, voire plusieurs années après, ce besoin pourra changer, et que d'autres exigences émergeront, voire seront explicitement formulées. Ainsi, il y a quelques années, le wagon d'un train de voyageurs n'avait pas de prise électrique, sauf peut-être dans les toilettes. Aujourd'hui, avec les téléphones portables et les ordinateurs dits « *lap top* » (portables), le besoin d'une prise au niveau des sièges passager se fait de plus en plus ressentir. Les exigences des utilisateurs sont donc largement fonction du paramètre temps et de l'évolution technologique.

Pour avoir une bonne visibilité sur les besoins, il conviendrait idéalement de mettre à la disposition des utilisateurs un premier système conçu et fabriqué, puis, ensuite, de collecter les données ou les informations afférentes à l'appréciation de ce système durant son exploitation, synthétisées pendant la production des données de REX. Or, en règle générale, il faut identifier l'intégralité des besoins (explicites et implicites) avant de concevoir le système, interdisant une telle pratique.

Par ailleurs, les utilisateurs raisonnent en termes de fonctions et non en termes de composants ou de matériaux. Ainsi, l'acheteur d'une voiture n'achète bien sûr pas 1200 à 1500 kg de ferraille ou de pièces, mais un système qui lui permettra de se déplacer ! De ce fait, l'univers et le langage des utilisateurs ne sont pas toujours maîtrisés par le réalisateur-développeur du système (cf. §2.1.) en charge de définir la solution technique.

Enfin, les exigences sont parfois irréalistes. Ainsi, un client qui souhaite disposer d'un système 100 % fiable ou disponible ne sait peut-être pas qu'une telle exigence est irréaliste.

Nous essayons dans ce chapitre de traiter les différents aspects liés aux besoins.

1. Cycle de vie d'un système

Afin de maîtriser les aspects liés aux besoins des utilisateurs, il est important de bien comprendre ce que l'on appelle le *cycle de vie* d'un système ou d'un projet.

La Figure 1 ci-après présente de *manière schématique* le cycle de vie d'un système sous la forme d'un « V ». Ce modèle de cycle de vie classique, dit « cycle en V », conçu à l'origine pour les logiciels (modèle de développement logiciel), est aujourd'hui retenu avec plus ou moins de nuances pour les systèmes. Il est en effet globalement applicable à tout système, sachant par ailleurs qu'il s'agit d'un modèle particulier parmi d'autres possibles.

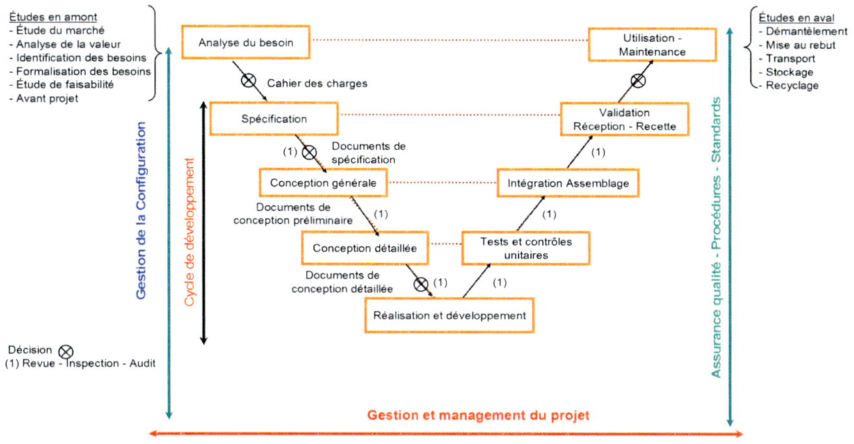

Figure 1: Présentation schématique du cycle de vie d'un système

2. Analyse du besoin

Le cycle de vie d'un système commence par une première phase appelée le plus souvent « analyse du besoin » (cf. Figure 1), dont l'*analyse fonctionnelle* constitue le pilier principal. Cette phase comprend tout un ensemble d'activités, que l'on appelle également les *études amont*. Pour lancer un produit sur le marché, un nouveau produit ou une version améliorée d'un produit existant, il est ainsi nécessaire :

- D'effectuer une *étude de marché*. Il ne serait en effet pas opportun de se lancer dans une entreprise de développement si le produit visé n'a pas de segment de marché identifié, jugé suffisant pour assurer son succès commercial. Ainsi, un constructeur automobile, avant de lancer un nouveau modèle de voiture, effectue naturellement une étude de marché, de manière à estimer la taille du segment de marché visé, le profil des acheteurs, leur capacité financière, ainsi que d'autres caractéristiques liées au marketing comme la tendance du marché.
- D'entreprendre une *analyse de la valeur* afférente au système faisant l'objet du projet (cf. section 6.3). Il s'agit ici de sélectionner différentes technologies envisageables, avec leur coût respectif.
- D'identifier les *besoins explicites* et *implicites* des clients et utilisateurs potentiels.
- De formaliser les besoins identifiés sous la forme d'*exigences*.
- De faire une étude de *faisabilité* sur la base des besoins ainsi formalisés. Par exemple, si les usagers et voyageurs souhaitaient avoir un train qui roule à 1000 km/heure, ce besoin ne pourrait être satisfait à ce jour, pour des raisons évidentes liées à l'état de l'art de la technique. De manière anecdotique, nombreuses sont les personnes qui souhaiteraient visiter notre galaxie, la « voie lactée », mais, pour l'instant, un tel projet n'est pas faisable techniquement ; il est du domaine du rêve.

- D'élaborer enfin un dossier d'avant-projet, comprenant un certain nombre de notes et des documents afférents à l'idée du projet (volet technique, comprenant la note de cadrage, le document d'orientation ou d'initialisation, etc.), ainsi que des estimations de coût (volets économique et financier).

Le dossier d'*avant-projet* permettra aux décideurs ou à la hiérarchie de décider de la poursuite du projet en connaissance de cause. Si la décision de lancer le développement du système ou le projet est prise (décision positive), alors on entame ce que l'on appelle l'*analyse fonctionnelle*.

Il convient de noter qu'un certain nombre d'entreprises sont dotées de référentiels internes, notamment en ce qui concerne le phasage ou le cycle de vie d'un projet. L'approche du « cycle en V », comme on l'a déjà indiqué, *n'est ainsi qu'une approche parmi d'autres*.

À titre d'exemple, la Figure 2 présente une telle approche, telle que mise en œuvre dans le domaine de l'industrie ferroviaire. Ce schéma, proposé dans le cadre du cours d'analyse fonctionnelle à destination des agents SNCF, et animé par l'un des auteurs, met en évidence les *jalons du projet* (points clés « Stop or Go », ou « Go/No Go »), ainsi que les *revues* les plus importantes. En matière de documentation, la Figure 7 du chapitre 2 fournit les détails relatifs aux différents documents produits, à savoir le CdCF (*Cahier des Charges Fonctionnel*), la STB (*Spécification Technique du Besoin*), le DD (*Dossier de Définition*), le DJD (*Dossier Justificatif de définition*), le DL (*Dossier de Livraison*), et enfin le LS (*Livret Suiveur : terme employé dans l'industrie ferroviaire sachant que le LS n'est rien d'autre que le carnet ou cahier d'entretien*).

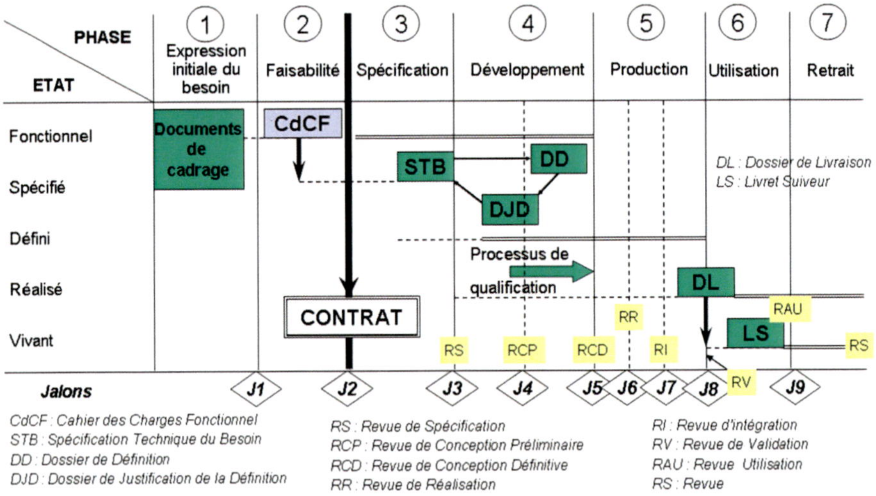

Figure 2 : Présentation schématique du cycle de vie dans l'industrie ferroviaire (© SNCF)

Dans tout ce qui suit, nous nous baserons sur l'approche dite « en **V** » du cycle de vie, illustrée sur la Figure 1.

En synthèse, nous pourrions dire que l'*analyse fonctionnelle*, qui constitue le cœur de la phase de l'analyse du besoin, est effectuée lorsque :

- Les besoins *explicites* et *implicites* sont identifiés et formalisés, produisant ce qu'on appelle de nos jours les *exigences*.
- On est assuré que la faisabilité technique ne pose pas de problème majeur.
- Le dossier d'avant-projet contenant les notes ou documents type cadrage, document d'orientation ou d'initialisation, est bien disponible.
- Les éléments afférents à la caractérisation du segment de marché, ainsi que des études économiques de type *analyse de la valeur*, sont bien consultables (aspect lié à la faisabilité économique).

L'*analyse fonctionnelle* s'applique à un produit ou à un système *matériel* (par exemple un ordinateur portable, une souris d'ordinateur, un rétroprojecteur, un aspirateur, etc.), à un *logiciel*, qu'il soit technique (temps réel ou non, en charge de calculs, de contrôle commande, etc.) ou de gestion, à un *processus* (fabrication ou production, par exemple chaîne de laminage à chaud, ou atelier mécanique de réparation, etc.), à une *organisation* (par exemple un service d'achat, un laboratoire d'analyse médicale, un supermarché, etc.), ou encore à un *service* ou une *prestation* (maintenance et après-vente, assistance technique « *on-line* », etc.).

L'analyse fonctionnelle s'applique dans tous les domaines, tels que les domaines mécanique, électrique, la production, la gestion de la qualité, la maintenance, le soutien logistique intégré, etc.

Cette technique est tout à fait adaptée à l'analyse des systèmes dits « complexes », surtout lorsqu'il s'agit d'un système nouveau ou innovant.

Note : *L'analyse du besoin possède une dimension « temporelle », laquelle concerne une échelle souvent très longue. Ainsi, dans le cas du lancement d'un nouveau produit tel qu'un nouveau modèle de voiture ou d'avion par exemple, cette phase d'analyse du besoin prend souvent plusieurs mois, voire plusieurs années.*

Il arrive souvent que l'analyste décide d'employer les outils type QQOQCPC ou encore *Mind Map*, etc., pour clarifier certains points dès le départ. Ces techniques sont décrites très sommairement ci-après.

2.1. Hexamètre de Quintilien ou « QQOQCPC »

Le **QQOQCPC** (signifiant « Qui-Quoi-Où-Quand-Comment-Pourquoi-Combien » équivalent aux « 5Ws » : What ? Who ? Where ? When ? Why ?) est une *méthode empirique de questionnement*. Toute démarche d'analyse implique en effet une phase préalable de questionnement systématique et exhaustif, en vue de collecter les données nécessaires à cette analyse. L'approche ou technique QQOQCPC est souvent employée en préalable à l'analyse fonctionnelle. Le Tableau 1 présente l'approche QQOQCPC, illustrée par des questions listées en regard de chaque rubrique.

Note : *La dernière rubrique « combien » est souvent optionnelle. C'est pourquoi on parle d'hexamètre (6).*

QUI ?	**Qui a le problème ? Qui est concerné par les résultats ? Qui est concerné par la mise en œuvre ?**
QUOI ?	**De quoi s'agit-il ? Quel est l'état de la situation ? Quelles sont les caractéristiques ? Quelles sont les conséquences ?**
OÙ ?	**Où le problème apparaît il ? Dans quel espace ? Sur quelle machine ?**
QUAND ?	**Quand le problème a-t-il été découvert ? Quelle est sa fréquence ?**
COMMENT ?	**Comment mettre en œuvre les moyens nécessaires ? Avec quelles procédures ? De quelle manière intervient le problème ?**
POURQUOI ?	**Pourquoi réaliser ces actions ?**
COMBIEN ?	**Combien de fois cela s'est-il produit ? Combien cela coûte-t-il ?**

Tableau 1 : Présentation d'un tableau relatif à l'outil QQOQCPC et ses questions à clarifier - Inspiré du cours de Rémi Bachelet (École Centrale Lille)

2.2. Mind Maps ou cartes heuristiques

Les « *Mind Maps* », aussi appelées *topogrammes*, *schémas heuristiques* ou encore *cartes mentales*, constituent un outil extrêmement efficace de recueil et de mémorisation des informations utiles. Il s'agit d'une méthode créative et logique, visant à prendre des notes et consigner des idées. Elle consiste littéralement à « cartographier » les réflexions afférentes à un thème donné.

Cette technique est souvent employée avec le support d'un logiciel du commerce, tel que FreeMind, MindView, Mindjet, etc. (liste non exhaustive). La Figure 3 illustre un exemple de *Mind Map*.

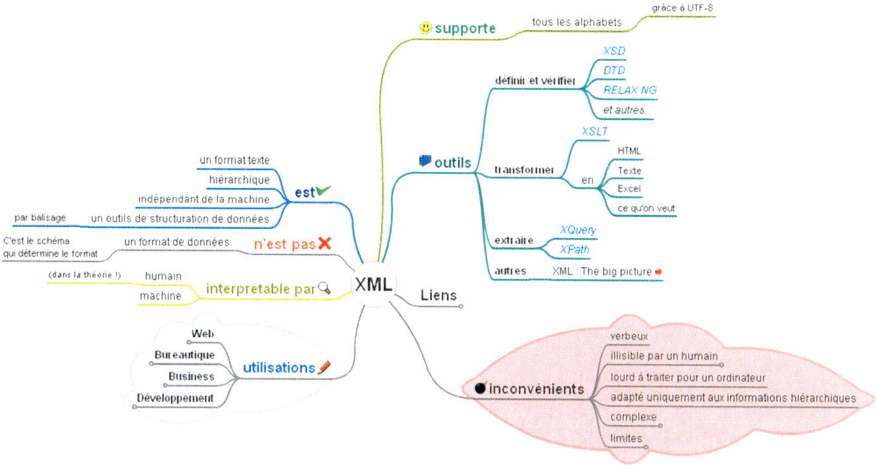

Figure 3: Présentation d'un exemple de schéma Mind-Map concernant un document XML.
Source: linuxfr.org

Note: *Ces deux méthodes, qui s'avèrent être celles les plus couramment employées, sont décrites ici sommairement. Les auteurs considèrent toutefois qu'il existe bien d'autres outils susceptibles d'être mis en œuvre avant d'entreprendre l'analyse fonctionnelle.*

En conclusion, on notera que l'on n'aborde pas une analyse fonctionnelle sans éléments préalables, et avec une simple idée en tête ! Il faut ainsi bien préparer le terrain.

3. Méthodes d'identification des besoins

Il existe diverses méthodes et techniques permettant d'identifier les besoins. Parmi les différentes familles de méthodes, on peut distinguer plusieurs approches.

Nous pouvons, en premier lieu, considérer les approches basées sur *l'examen de documents existants et de données*, mettant en évidence des indications liées aux besoins. Il s'agit ici de documents relatifs à des systèmes semblables, comprenant les cahiers des charges, spécifications techniques, nomenclatures, documents de vérification/validation/réception ou encore de recette, etc. Le REX (Retour d'Expérience), s'il existe, fera ici l'objet d'un examen approfondi.

En second lieu, nous pouvons considérer les approches basées sur *les interviews et les entretiens téléphoniques* : il s'agit ici d'interroger les utilisateurs du futur système, et/ou les différents acteurs clés impliqués dans le projet, afin de collecter et identifier les besoins. L'analyste devra ici employer à la fois des questions *fermées* (réponse : « oui » ou « non ») et des questions *ouvertes* (« Que pensez-vous de .... ? »). Il est recommandé, dans ce cas, d'avoir un *canevas de questionnement*, afin de ne pas se disperser.

Enfin, nous pouvons considérer les approches basées sur la rédaction d'un *questionnaire envoyé à la fois aux futurs utilisateurs et aux acteurs du projet*. Le questionnaire devra comprendre à la fois des *questions binaires* (questions simples) et des *questions ouvertes*, où le répondant s'exprimera, et donnera donc son avis. Un tel questionnaire est, en principe, structuré en trois parties.

Une première partie est dédiée aux informations générales concernant le répondant : entreprise, activité et taille de celle-ci, fonction du répondant dans l'entreprise, rôle ou responsabilité dans le projet, etc. Il est souhaitable que le questionnaire reste anonyme. Toutefois, les nom, prénom, âge ou nombre d'années d'ancienneté, fonction ou position actuelle, etc., du répondant peuvent être des questions *optionnelles*, dont les réponses ne sont pas indispensables.

Une deuxième partie est souvent dédiée à l'état de l'art actuel, notamment en rapport avec les systèmes semblables, déjà en exploitation. En fait, il s'agit ici d'acquérir une certaine visibilité quant à l'état de l'art de ce qui existe, ce que l'on appelle souvent « *La situation telle qu'elle est* » ou « *The situation as it is* ». Des questions pourront être, par exemple, du type : « Comment utilise-t-on un système semblable ? », « Quels sont les motifs d'insatisfaction ? », « La sécurité est-elle respectée actuellement ? ».

Enfin, une troisième et dernière partie traite réellement les besoins en tant que tels, et l'on y évoque la situation comme elle devra être : c'est « *The situation as it should be* ». Il faut ici s'efforcer de comprendre pourquoi ce nouveau besoin existe. Des questions pourront être du type : « Qu'est ce qui justifie l'élaboration d'une version améliorée du système, voire d'un nouveau système ? », « Quels sont les paramètres clés influençant les besoins ? », etc.

La synthèse des activités liées à la collecte des besoins ou exigences s'avère nécessaire afin d'orienter l'analyse dans la bonne direction, d'aller à l'essentiel et d'éviter de se disperser.

Le nombre élevé de réponses au questionnaire augmente naturellement la crédibilité de la démarche.

Note : *L'analyse fonctionnelle, contrairement aux idées reçues, n'identifie pas les besoins. Elle ne doit pas non plus conduire à créer de nouveau besoin...*

À partir du dossier d'*avant-projet* et des résultats issus de l'analyse fonctionnelle, on élabore alors un *cahier des charges fonctionnel* (CdCF). Ce document, qui fait l'objet d'un examen approfondi, et d'une décision quant à sa diffusion, annonce la naissance du projet.

La différence entre un dossier d'*avant-projet* et un CdCF réside dans le fait que, avant la finalisation du CdCF, le projet n'est pas né, alors que, suite à la diffusion du CdCF, le projet est cette fois né.

3.1. Ingénierie des exigences

Depuis quelques années, beaucoup d'efforts ont été concentrés sur l'identification et la formalisation des besoins. Ces activités sont en effet considérées comme le maillon faible du déroulement d'un projet, car on constate bien souvent des dérapages financiers, dus, d'une part, à l'évolution des besoins, qui conduit à modifier de manière tardive le référentiel de départ, et, d'autre part, à une série de re-conceptions ou modifications conséquentes à tous les niveaux. De plus, il arrive souvent qu'une exigence soit oubliée en cours de route : c'est ce que l'on appelle un *orphelin*. Dans ce cas, la *traçabilité* des exigences n'est pas respectée.

Une exigence est un énoncé exprimant un besoin, une capacité fonctionnelle (du service ou du produit) ou encore une contrainte élémentaire (contrainte technique, contrainte de coût ou de délai), exprimé en langage naturel (par exemple : « Un wagon transportant 136 passagers assis ») ou encore par le biais d'une expression mathématique (par exemple : « $320\,km/h < vitesse\ max < 350\,km/h$ »). Dans cet exemple, il y a naturellement conjonction de deux exigences « atomiques ».

La prise en compte de deux points de vue est nécessaire : d'une part la description de ce dont l'utilisateur a besoin, et d'autre part la description de ce que le système doit faire pour satisfaire cet utilisateur.

Note : *Plus tard une erreur dans la spécification est trouvée, plus élevé sera son coût de prise en compte.*

Les caractéristiques attendues d'une exigence sont les suivantes :

- *exactitude*, ou *justesse* : l'exigence doit être correcte techniquement et légalement. Ainsi, il ne doit pas y avoir ici de contradiction entre les exigences, ou encore entre des exigences et les besoins opérationnels ;
- *complétude* : une exigence doit exprimer une idée dans son intégralité, et non pas partiellement ;
- *compréhensibilité* : une exigence doit être *non ambiguë*, c'est-à-dire qu'une seule interprétation doit être possible ;
- *vérifiabilité* : il devra être possible d'apporter la preuve que le système produit satisfait bien à l'exigence formulée ;
- *traçabilité* : l'exigence doit être identifiée de manière unique, et toutes ses modifications doivent être tracées ;
- *faisabilité* : l'exigence doit être réalisable sur le plan technique, dans les objectifs fixés de coût et de délai ;
- *indépendance vis-à-vis de la solution technique* : l'exigence ne doit pas imposer de solution technique spécifique.

Les quatre séries d'activités liées à ce qu'on appelle *l'ingénierie des exigences* sont :

- les activités de *collecte des besoins* : découverte, capture et compréhension, analyse des besoins des utilisateurs et des autres parties prenantes ;
- les activités d'*analyse des exigences* : traduction de ces besoins en exigences techniques élémentaires, analyse technique des exigences, catégorisation et classement de celles-ci ;
- les activités de *vérification et validation des exigences* : analyse individuelle de la qualité de chaque exigence, analyse de cohérence « horizontale » (du même niveau) et « verticale » (de niveaux différents), et vérification de la complétude de l'ensemble des exigences ;
- les activités de *modification* éventuelles : correction, évolution des exigences consécutives à l'exécution des différents processus d'ingénierie système.

Dans un projet, lorsqu'on a une dizaine d'exigences, le chef de projet arrive à les gérer, même en sachant que, lors de l'arrivée aux tests, il pourra y avoir une certaine combinatoire (chaque exigence pouvant requérir plusieurs tests), et que finalement, de ce fait, un grand nombre de tests devra être effectué. En revanche, pour un très grand nombre d'exigences, il sera absolument indispensable d'avoir recours à un outil informatique qui viendra en support de l'activité.

Les outils logiciels d'*ingénierie des exigences* les plus connus et les plus couramment employés, sont :

- *DOORS* (Telelogic) ;

- *Core* (Vitech) ;
- *Reqtify* (TNI-Valiosys) ;
- *RTM* (Serena Merant) ;
- *Caliber-RM* (Borland) ;
- *Requisite Pro* (Rational Software).

Note : *L'ingénierie des exigences est un domaine très vaste, qui ne peut être détaillé dans ce chapitre. La liste des outils indiqués n'est évidemment pas exhaustive.*

3.2. Cycle de développement

Le cycle de développement d'un système débute à l'issue de la production du CdCF. Après avoir élaboré ce document, il convient alors de rédiger la STB (*Spécification Technique du Besoin*) afférente au système à réaliser. Dans le cas où le système est complexe, il sera en général nécessaire de décliner la STBS (STB du Système) en différentes STBSS (STB Sous-Système) ou STBE (STB Équipement). L'objectif de la phase de *spécification technique* consiste en fait à répondre aux questions suivantes : « Quelles sont les attentes vis-à-vis du système compte tenu des besoins ? » et « Que doit faire le système et avec quelles performances ? ». Le chapitre 7 décrit dans le détail le contenu d'un document de STB, ainsi que les raisonnements qui accompagnent la phase de spécification.

La STB est un document de référence dans la plupart des projets, car elle est l'*expression figée d'un CdC* (cf. §7.2).

La STB doit faire l'objet d'une revue formelle dite *revue de spécification*.

Une fois la STB approuvée, il s'agit alors de progresser vers les phases ou étapes conceptuelles. D'abord, on mène la *conception générale* du système, avec sélection de *technologies* et d'*outils de développement*, l'élaboration de l'*architecture du système*, la définition des *interfaces externes et internes*. Ensuite, il convient de passer de la conception à la définition des composants ou produits. Il s'agit alors de la *conception détaillée*.

Suite à la vérification de la conception, les documents de conception générale et de conception détaillée font l'objet d'une revue formelle, de manière à être approuvés, puis diffusés.

La logique industrielle afférente à ce processus est illustrée schématiquement par le tableau ci-après (Tableau 2).

PHASE	QUESTIONS À SE POSER	DOCUMENT ÉLABORÉ	OBSERVATIONS
Analyse du besoin	Quels sont les besoins ou les exigences ? Pourquoi un tel besoin ? Qu'est ce qui ferait disparaître ce besoin ? Qu'est ce qui ferait changer ou évoluer ce besoin ?	Dossier d'avant projet – Dossier d'analyse fonctionnelle - CdCF	Le CdCF est orienté vers les besoins en fonction. Le CdC est plus général, car il contient d'autres éléments notamment des indications de coûts.
Spécification	Qu'attendons-nous du système ? Quelles sont les fonctionnalités et les performances attendues qui répondent aux besoins identifiés ?	STBS (STB Système) – STBSS (STB Sous-système) et STBE (STB Equipement)	Le STB, une fois approuvée, est un document de référence. Tout écart ou demande de modification fera l'objet d'un avenant.
Conception	Comment faut-il faire ? Quelles solutions techniques ? Quelles technologies et quelle architecture ? Quelles sont les interfaces externes et internes ?	Conception générale et détaillée	Solution technique retenue après évaluation et comparaison avec d'autres solutions alternatives.
Réalisation – Développement	Comment réaliser ou créer le système suite à sa conception ? Quel processus de fabrication et de production ? Quels sont les contrôles qualité du système en cours de production ?	Dossier de fabrication ou de réalisation (DF ou DR). Dossier de contrôle qualité	Parfois les tests sont intégrés dans cette phase.

Tableau 2 : Logique de la démarche industrielle de production de système

Cette logique, basée sur le phasage du projet, peut être traduite par la Figure 4. On met en premier lieu les fonctions en regard des besoins : c'est le rôle de l'*analyse fonctionnelle*. Ensuite, on essaie de trouver des solutions techniques pour les fonctions : c'est le rôle de la *conception* du système.

Ce qu'il convient absolument d'éviter est de « court-circuiter ce schéma » (Figure 4), en mettant directement les solutions techniques en face des besoins.

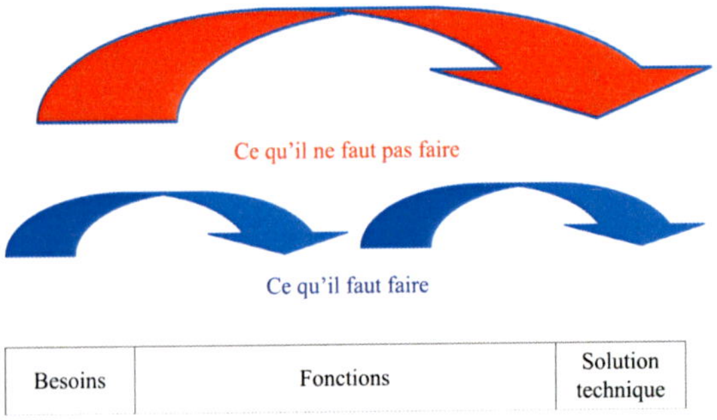

Figure 4 : Le passage logique selon l'état de l'art dans l'industrie en France

Au vu de l'ensemble des éléments qui viennent d'être exposés, on comprend que la phase d'analyse qui vise à identifier les fonctions revête un caractère absolument essentiel pour la bonne compréhension du système ou du produit à réaliser. Ainsi, il est fortement recommandé de ne jamais « court-circuiter » cette étape de la démarche !

Après la réalisation et la fabrication du système (dans le cas d'un logiciel, il s'agit en particulier de la programmation), on commence alors l'activité de test. Il s'agit de faire des *tests unitaires* en lien avec la conception détaillée déjà élaborée. Ensuite, on effectue les *tests d'intégration* ou d'*assemblage*. Les résultats de ces activités doivent être conformes à la conception générale, et notamment à l'architecture du système, telle qu'elle a été définie lors de la conception générale.

L'activité d'intégration peut être menée selon différents types de stratégies :

- *l'intégration horizontale* : on intègre deux ou plusieurs composants du même niveau ;
- *l'intégration verticale* (descendante ou ascendante) : il s'agit dans ce cas d'intégrer deux ou plusieurs composants de niveaux différents ;
- *l'intégration « big bang »* ou *« tout azimut »* : on intègre alors en même temps dans toutes les directions possibles envisageables.

Une fois le système construit, il convient d'effectuer des tests de *vérification* et de *validation*. Le système devra être ensuite réceptionné par le client ou son représentant. Dans le cas d'un logiciel, on emploie le terme « *recette* » ou encore « *qualification* ». La validation est d'abord « interne », c'est-à-dire effectuée par l'équipe de développement ou le personnel de l'entreprise contractante. Ensuite, il s'agit de s'engager dans la *validation externe*, menée soit par le client ou les futurs utilisateurs, soit par leurs représentants.

Un compte-rendu daté et signé par les parties prenantes doit venir formaliser le résultat de cette activité. Dans le cas d'un logiciel, on parle de *PV (Procès Verbal) de recette*.

La validation d'un système se fait toujours par rapport à ses spécifications, et non par rapport au CdC. Ce point constitue souvent un point de litige, conflit potentiel entre le client ou donneur d'ordre et le développeur-réalisateur du système.

Le système est souvent livré avec un *dossier de livraison* (DL). Ce dossier comprend naturellement le *manuel utilisateur*.

3.3. Exploitation, maintenance et retrait de service

Une fois le système réceptionné, et l'autorisation de son exploitation ou son utilisation accordée, on entre alors dans la phase dite *d'exploitation* et de *maintenance* du système. Cette phase possède une échelle temporelle différente du cycle de développement. En effet, on construit un train en moins de 2 ans, mais on l'exploite et on effectue sa maintenance durant 40 ans. Le *livret suiveur* (LS) ou *carnet d'entretien* (CE) permet aux opérateurs de maintenance d'effectuer la maintenance préventive ou programmée.

Quand le système arrive en fin de vie, on essaie de démanteler ce système et de récupérer certains constituants. Le démantèlement est suivi d'une mise au rebut, du transport et du recyclage des matériaux.

Ces tâches, qui concernent les activités en aval de la vie du système, prennent de plus en plus d'importance, et ce pour les raisons suivantes :

- Les sociétés sont de plus en plus sensibles à la préservation de l'environnement et à la réduction de la pollution. En conséquence, il ne peut plus être question de simplement abandonner un système désuet ou en fin de vie dans la nature.
- Il est souhaitable de récupérer ce qu'il est possible de récupérer. En effet, nos ressources mondiales sont globalement limitées, et donc, au lieu de se lancer dans une production aveugle et sans souci, il semble nécessaire de préserver, dans la mesure du possible, et dans le cadre de la loi, les ressources de notre planète.
- Le segment de marché afférent au démantèlement et au recyclage est immense. Un pays comme l'Inde réalise un chiffre d'affaires colossal en démantelant les bateaux, les navires, les avions et les trains, etc., arrivés en fin de service. De même, dans les pays scandinaves, de petites entreprises essaient de recycler des matériaux de téléphones portables ou des ordinateurs.

3.4. Particularités du cycle en V

Le cycle en **V**, dans la partie du cycle de développement, véhicule plusieurs messages *implicites* qu'il est important de noter.

Ce cycle est composé d'une branche descendante, qui est en fait la branche d'analyse, où l'on part du besoin global relatif au système, et où l'on va vers plus de détails. L'approche retenue pour cette branche est *top-down*. À l'opposé, la branche ascendante du **V** part des éléments de niveaux inférieurs, et va vers le système global : c'est la partie de *synthèse*, qui est une approche *bottom-up*.

Le cycle de développement système permet *très approximativement* d'estimer les ressources ou les temps afférents à chaque bloc ou phase. On peut ainsi estimer *grossièrement* les branches descendante et ascendante de **V** chacune à 40 % en termes de ressources et de temps de réalisation. Cette estimation, très grossière, nous permet cependant d'avancer le chiffre de 20 à 25 % pour la phase de spécification, aussi bien en termes de ressources de travail (*man power*) qu'en termes de durée.

Note : *Attention : il s'agit d'une approximation très grossière. Dans cette approche il n'y a évidemment aucune précision.*

Enfin, la validation est à mettre en regard de la spécification du système, et non du CdC. Ce point a déjà été évoqué.

Note : *Les anglo-saxons ne font pour leur part pas de distinction nette entre CdC et ST. Ces deux documents sont alors identiques et nommés « Requirement Specification ». En conséquence, en termes de validation, on valide donc dans ce cas par rapport au CdC.*

Chapitre 2

Objectifs de l'analyse fonctionnelle

Introduction

Les objectifs de l'analyse fonctionnelle sont multiples. Ainsi, lorsqu'on entreprend une analyse fonctionnelle, il est absolument impératif de définir clairement en tout début d'activité l'objectif ou les objectifs pour lesquels on mène celle-ci. En particulier, on ne mène jamais une analyse fonctionnelle dans le seul et unique but de produire un dossier d'analyse fonctionnelle, sachant que, dans un tel cas, et comme on le constate dans la pratique, il y aurait toutes les chances pour que ce dossier reste inutilisé, et sans qu'une suite ne soit donnée.

En pratique, une démarche d'analyse fonctionnelle sera menée le plus souvent dans le cadre d'un projet de réalisation de système, et cette activité constituera alors une étape de la définition de ce système, souvent intégrée à la phase de faisabilité ou de pré-étude.

Dans cette section, nous nous proposons d'examiner les éléments permettant à l'analyste d'identifier son objectif ou ses objectifs propre(s) parmi les principaux objectifs possibles. Ceux-ci sont identifiés, recensés et développés sommairement dans la suite de cette section. On notera bien qu'il s'agit des principaux cas d'objectifs usuellement rencontrés, sans prétention quant à l'exhaustivité de cette liste.

Dans le cas d'un système déjà existant, et plus particulièrement dans le cas où l'on dispose d'une base de données d'exploitation ou de REX (Retour d'Expérience) relative au fonctionnement de ce système, il arrive que l'on reprenne le dossier d'analyse fonctionnelle d'origine, produit lors du développement du système. Les objectifs sont alors davantage orientés vers la retro-ingénierie (*re-engineering*), la re-conception (par exemple pour simplifier le produit ou le système), ou encore l'optimisation de sa maintenance. Certains auteurs emploient dans ce cas le terme d'« analyse de fonctionnement » au lieu du terme d'analyse fonctionnelle, bien qu'il s'agisse d'une analyse fonctionnelle à proprement parler.

1. Compréhension d'un besoin complexe et évolutif

Les besoins des clients et des donneurs d'ordre sont bien souvent mal compris ou mal interprétés. D'après une étude CHAOS (2003, Standish Group, États-Unis), ce point constitue le maillon faible de la plupart des projets, et il est souvent responsable du dérapage du projet en termes de coût et de délai.

D'une façon générale, le client ou le maître d'ouvrage (MOA) emploie un langage proche de celui des utilisateurs, c'est-à-dire simple et sans notion ou orientation technique, alors que les développeurs ou concepteurs-réalisateurs de produits ou de systèmes ont pour leur part un langage par nature très orienté vers la technique et les solutions. Il s'agit de deux mondes différents, où chacun des acteurs ou groupes d'acteurs (client, maître d'ouvrage, maître d'œuvre de tous niveaux, contractant, fournisseur ou sous-traitant, etc.), pense de manière différente, et sans se préoccuper de la compréhension des idées et des besoins émis par les autres acteurs. À ceci, il faut ajouter le fait que les besoins peuvent évoluer dans le temps. Il arrive ainsi souvent que le point de vue du client, en tant que financeur du projet, évolue, et que celui-ci demande ultérieurement des améliorations, voire des modifications tout à fait substantielles à apporter au système.

Les techniques d'analyse fonctionnelle visent à aider la partie prenante en charge de la réalisation d'un système dans sa compréhension du besoin. Elles permettent en somme de faire un pont entre ces deux mondes : le monde des utilisateurs et exploitants d'une part (clients, Maître d'Ouvrage) et celui des développeurs ou réalisateurs d'autre part (Maître d'Œuvre, contractants, fournisseurs, etc.).

La Figure 5 illustre ces deux points de vue, à savoir la vision des utilisateurs ou exploitants, et celle des réalisateurs. Chacun a son propre langage et sa propre terminologie. Les utilisateurs raisonnent en termes de services à rendre, exprimés sous la forme de *fonctions à assurer* et de *performances* attendues du produit. Ainsi, un futur usager exprimera par exemple un besoin sous une forme telle que « Je souhaite un train qui **roule** à une vitesse maximale de 400 km/h et qui **transporte** 1000 voyageurs ». On reconnaît ici l'expression des fonctions attendues, exprimées par les verbes « rouler », et « transporter », ainsi qu'une quantification de cette fonction, exprimée par le biais d'une valeur de vitesse.

À l'opposé, les réalisateurs-développeurs raisonneront en termes d'*éléments techniques* ou de *composants*. Ainsi, ils pourront exprimer des choses telles que « Il faut un ***TGV*** plus rapide avec **une motrice** qui soit plus puissante, pour que ***la rame*** fonctionne avec au moins **10 wagons,** chacun ayant une capacité d'environ 100 personnes ». Il s'agit ici d'énoncés afférents à des composants techniques constitutifs de la solution avec, au besoin, leurs caractéristiques respectives, et non plus de fonctions. On constate ici que l'énoncé est orienté vers la motrice, le nombre de wagons et la capacité de chaque wagon. Ainsi, le réalisateur-développeur qui a en tête une solution technique éventuelle, raisonne en termes d'éléments du système visant à répondre aux besoins.

Donnons un autre exemple : j'achète une voiture, car j'ai besoin de me déplacer et faire le trajet entre ma maison et mon lieu de travail. Il est évident que j'achète ici *la fonction qui me permet de me déplacer*, c'est-à-dire le *service* correspondant, et que, bien sûr, je n'achète pas 1200 kg de matériaux divers tels qu'acier, composite, plastique, tissus, etc., assemblés et rangés. En somme, le raisonnement de l'utilisateur est orienté vers une *fonction de service attendue* ou *des fonctions à remplir*.

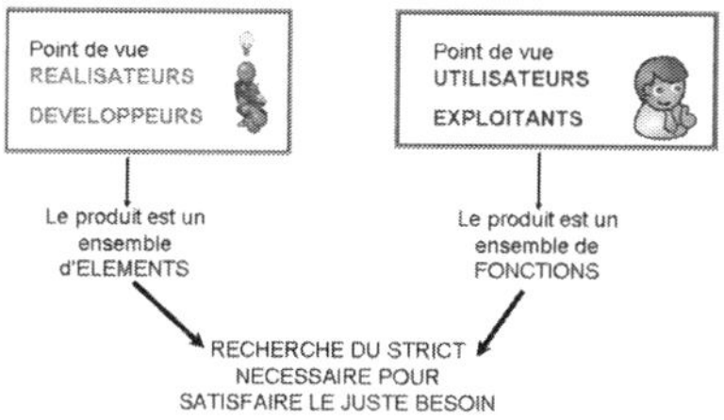

Figure 5 : Existence de deux points de vue : celui des utilisateurs et celui des réalisateurs. Inspiré du cours d'analyse de la valeur de Pierre Barbier

La Figure 6 illustre le risque potentiel de décalages successifs entre le besoin réel, ou juste besoin, et la solution technique réalisée. D'un côté, on ne répond pas à une partie des besoins. C'est ce qu'on appelle habituellement la ***non-qualité***. De l'autre, on propose des éléments techniques ou des performances dont le besoin n'a pourtant pas été ressenti, alors même que le client supporte les coûts correspondants. C'est la ***sur-qualité***. L'analyse fonctionnelle permet de limiter ces décalages, notamment en facilitant la *communication* des *besoins* entre les différentes parties prenantes et leur *interprétation par celles-ci*.

Cette figure illustre par ailleurs le lien entre le juste besoin d'une part et la qualité correspondante d'autre part.

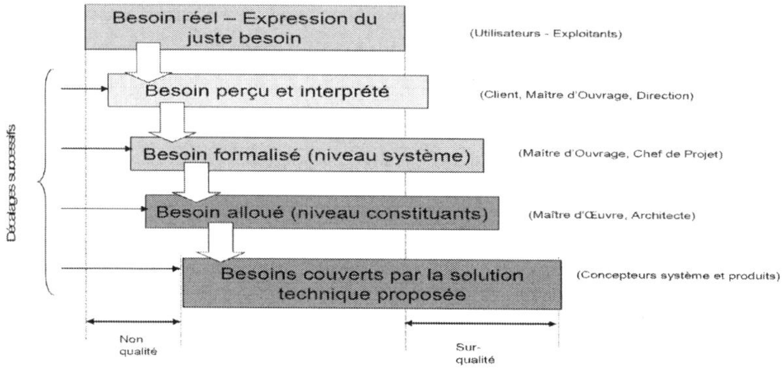

Figure 6 : Décalages successifs : écarts entre le vrai ou juste besoin et la solution proposée. Inspiré du cours d'analyse de la valeur de Pierre Barbier

Faisant suite au chapitre précédent qui détaillait les méthodes d'identification des besoins, la suite de cette section se propose de développer les différents objectifs de l'analyse fonctionnelle usuellement rencontrés.

2. Formalisation et validation des besoins identifiés

Il convient en premier lieu de préciser de nouveau que la technique d'analyse fonctionnelle n'a pas pour but d'identifier les besoins, bien qu'elle puisse toutefois y contribuer. Pour l'identification des besoins, il existe en particulier d'autres techniques ou outils comme, par exemple, le questionnement (questionnaire écrit, interviews des utilisateurs, soit par téléphone, soit en face à face, etc.), ou encore les réunions de *brainstorming*, ainsi que bien d'autres techniques. Celles-ci visent à collecter et mieux préciser les besoins explicites, mais aussi implicites. En particulier, comme déjà indiqué, les outils tels que le QQOQCPC (Qui ? Quoi ? Où ? Quand ? Comment ? Pourquoi ? Combien ?), dit « *Hexamètre de Quintilien* », ou encore les *Mind Maps* (Schémas heuristiques) sont souvent employés en amont de l'analyse fonctionnelle afin de préparer le terrain à cette analyse, de mieux cerner les besoins, et formaliser davantage les concepts afférents au projet, au produit, ou encore au système à réaliser (voir section précédente). On notera ici que les besoins peuvent être explicitement formulés par les parties prenantes utilisatrices, mais qu'ils peuvent être également *implicites*, c'est-à-dire non formulés en tant que tels, et ce bien qu'ils existent. On parle dans ce dernier cas d'*attentes* du client.

On notera également le fait que les besoins sont maintenant, selon une bonne pratique de plus en plus répandue, énoncés, consignés et gérés sous la forme d'énoncés élémentaires appelés *exigences*. Les activités d'expression et de gestion de telles exigences assorties de leurs liens de traçabilité sont appelées « Ingénierie des exigences ». Nous donnerons dans la suite un certain nombre d'indications sur cette approche.

L'*analyse fonctionnelle* aide à clarifier et à formaliser les besoins. Elle sert surtout à valider le besoin fondamental. Les utilisateurs peuvent exprimer un besoin pour lequel il existe déjà des solutions. En effet, il faut savoir que les besoins sont souvent exprimés par un groupe d'utilisateurs non avertis, n'ayant pas de visibilité sur le marché. C'est alors le rôle de l'analyse fonctionnelle que d'examiner si le besoin fondamental (explicite ou implicite) est justifié, pertinent et reste d'actualité.

Au cas où un besoin n'est pas justifié, ou s'il y a déjà des solutions disponibles pour celui-ci, il n'est pas nécessaire d'aller plus loin et d'effectuer l'analyse fonctionnelle.

3. Classement et gestion de fonctions et de contraintes

L'analyse fonctionnelle a pour objectif d'identifier différentes *fonctions*, à savoir, d'une part, les fonctions que le produit ou système doit réaliser et, d'autre part, des fonctions ou des contraintes que le produit ou système doit subir. Donnons un exemple : un train permet de transporter un certain nombre de voyageurs ou encore un certain volume de marchandises. Ce sont bien sûr des fonctions essentielles réalisées par ce système. Cependant, un train ne peut rouler que sur une voie ferrée. C'est une contrainte essentielle, car on ne pourra bien sûr pas faire rouler un train sur autre chose qu'une voie ferrée, comme sur une route ou sur l'eau.

Certains systèmes ont un nombre important de fonctions de service, mais aussi des fonctions dites *secondaires* ou *complémentaires*, des fonctions d'*adaptation*, des fonctions d'*interface*, des fonctions d'*estime*, etc. Il est indispensable d'organiser, de classer et de hiérarchiser ces fonctions. C'est justement un des buts poursuivis par l'outil que constitue l'analyse fonctionnelle.

Certains formateurs en analyse fonctionnelle[3] emploient, pour désigner cette aptitude et cette capacité de l'analyse fonctionnelle, l'acronyme *ROCH*[3] qui signifie : *Recenser*, *Organiser*, *Classer* et *Hiérarchiser* les différentes fonctions.

Nous reviendrons dans la suite sur les significations afférentes à ces différents types de fonctions. On notera pour l'instant que la terminologie n'est malheureusement pas actuellement stabilisée dans l'industrie, et qu'elle n'est donc pas homogène. On donnera plus loin des définitions avec une proposition de catégorisation des différents types de fonctions.

4. Communication claire avec le client : MOE, MOA ou groupe d'utilisateurs

Comme nous l'avons précédemment évoqué, les différents acteurs ou groupes d'acteurs ont chacun leur propre langage et leur propre terminologie. En conséquence, la communication entre les différentes parties prenantes (client, Maître d'Ouvrage/MOA, Maître d'œuvre/MOE, fournisseurs, utilisateurs, exploitants, opérateurs ou agents de maintenance, etc.) devient souvent problématique.

L'analyse fonctionnelle permet de faciliter cette communication, et de parvenir à un consensus entre les parties prenantes. Si l'on se base sur la méthode ou langage SADT® par exemple, une meilleure communication constitue clairement un objectif majeur.

3 Tels que par exemple la CEGOS (organisme de conseil et de formation).

5. Rédaction du Cahier des Charges Fonctionnel (CdCF)

L'élaboration d'un *Cahier des Charges Fonctionnel* (CdCF ou cahier des charges orienté fonctionnel) constitue souvent un objectif de l'activité d'analyse fonctionnelle (cf. §7.1). Le CdCF ou le CdC (Cahier des charges, comprenant les éléments du CdCF, mais aussi d'autres exigences ou besoins) est un document essentiel dans la plupart des projets, quel que soit leur centre de gravité, sa fonction étant d'expliciter les besoins des parties prenantes utilisatrices, avant réalisation du système.

Un ingénieur ou un technicien, au cours de sa longue carrière, a souvent affaire à un CdCF ou CdC, que ce soit pour l'élaborer, pour l'exploiter ou encore pour l'appliquer. Dans tous les cas, il est indispensable de connaître ce qu'il doit contenir, vu son importance dans l'industrie. En particulier, il peut faire partie des documents afférents à un appel d'offre auquel on décide de répondre.

Pour bien rédiger le CdCF ou le CdC, il est indispensable de disposer des résultats de l'analyse fonctionnelle. En somme, le document CdC est un élément incontournable des appels d'offre.

Il est difficile d'envisager le déroulement d'un projet sans un CdC qui soit disponible dès le démarrage, ou le lancement du projet. En matière de documentation, le CdC est un véritable pilier du projet, orienté vers les besoins à satisfaire et, de ce fait, sa rédaction nécessite une attention toute particulière.

En résumé, l'outil d'analyse fonctionnelle nous permet de bien élaborer un CdCF et donc un CdC. La Figure 7 ci-après montre les différents éléments de la chaîne documentaire avec les livrables du projet.

Schématiquement le CdCF est un sous-ensemble du CdC.

Dans la culture technique anglo-saxonne, comme déjà indiquée, il n'y a pas de distinction entre le CdC et ce que l'on appelle la ST (Spécification Technique). Ce que les anglophones appellent « *Requirement Specification* » correspond ainsi à la fois à notre CdC et à notre ST.

6. Rédaction de la spécification technique du besoin (STB)

Comme nous le verrons dans les chapitres suivants (cf. chapitre 7), l'élaboration du document de spécification technique du besoin (STB) est normalement prévue après approbation du CdCF (cf. §7.2). Certains besoins ou exigences peuvent être abandonnés. Il peut y avoir à cela différentes raisons telles que, par exemple, un coût trop élevé, ou bien une réalisation demandant trop de temps, ou encore une trop grande difficulté de réalisation, etc. La STB est en quelque sorte l'*expression figée et acceptée* d'un CdC, dont l'élaboration est effectuée à l'aide d'une analyse fonctionnelle, dite externe.

La STB est basée pour sa part sur les résultats de l'*analyse fonctionnelle interne* (AFI).

Une fois la STB approuvée, elle devient un document contractuel, voire la référence technique du projet. Tout écart par rapport à une STB approuvée peut donner lieu à une négociation et à un avenant au contrat. Le développeur ou réalisateur peut aussi refuser une proposition de modification ou d'amélioration d'une STB approuvée lors de la revue de spécification.

En synthèse, l'élaboration d'une STB (STBS : Spécification Technique du Besoin Système, ou STBE : Spécification Technique du Besoin Équipement ou sous-système) est fondamentalement basée sur le CdCF, lequel est basé, pour sa part, sur les résultats de l'analyse fonctionnelle (essentiellement l'*analyse fonctionnelle externe*).

La Figure 7 ci-après illustre les différents liens de la chaîne documentaire, avec les livrables produits dans le cadre de la réalisation d'un système.

7. Élaboration d'un devis précis et argumenté

Dans certains projets, on envoie le devis ou la proposition financière au client sans avoir d'idée précise quant au CdC, et quant aux fonctions à réaliser et aux performances à obtenir. Ce type de devis, qui manque de précision, engage pourtant l'entreprise, et ce sur un montant financier approximatif, qui s'avérera parfois erroné, voire très éloigné de la réalité !

L'analyse fonctionnelle (surtout l'analyse fonctionnelle interne) permet à l'entreprise de bien estimer les coûts et d'élaborer un devis précis.

En effet, l'analyse fonctionnelle interne permet d'opérer une décomposition du système (arborescence technique) et d'obtenir son arborescence fonctionnelle. Pour chaque composant ou chaque fonction, on pourra alors estimer un coût. En se basant sur l'arborescence technique, et après avoir additionné les différents coûts, on aura donc une idée beaucoup plus précise du coût total du produit ou du système. Bien sûr, ce calcul servira à l'établissement du devis.

8. Aide à la conception et recherche de solutions techniques : CCO

L'analyse fonctionnelle, surtout *interne*, est un outil d'aide aux concepteurs. Le diagramme appelé BDF (Bloc Diagramme Fonctionnel) permet ainsi aux concepteurs d'envisager d'autres arrangements des équipements constitutifs et, parfois, de contribuer directement ou indirectement à l'innovation.

Le BDF ouvre des pistes aux concepteurs pour trouver plusieurs solutions techniques possibles. Chaque solution aura ses avantages et ses inconvénients. Il s'agira alors d'évaluer l'ensemble des solutions techniques, et de choisir la solution optimale.

Il arrive souvent que le coût d'un système, d'un produit ou d'un équipement (ou de ses parties) soit fixé d'avance. Le concepteur a dans ce cas une contrainte budgétaire à respecter (nous verrons dans la suite le CCO, ou Conception à Coût Objectif). Le concepteur ne peut alors en aucun cas dépasser l'objectif de coût qui lui est imposé, sachant que l'entreprise considère que sa compétitivité sur le marché dépend de l'atteinte de cet objectif.

En résumé, l'analyse fonctionnelle permet d'ouvrir des pistes et, dans certains cas, de réduire les coûts, en éliminant par exemple des composants inutiles, ou non réellement indispensables.

Le BDF est un outil important. Il oblige les concepteurs à réfléchir et peut leur permettre de mettre en évidence d'autres solutions techniques susceptibles d'être apportées à un problème posé, et qui seront soit des solutions traditionnelles, soit encore des solutions innovantes, voire des solutions révolutionnaires !

La créativité peut parfois aboutir à l'innovation, laquelle est le moteur indispensable de toute entreprise. Une entreprise qui n'innove pas est en effet, on le sait, condamnée à terme.

Note : *Les auteurs fourniront dans la suite les indications nécessaires en rapport avec les pistes d'investigation de solutions techniques basées sur le BDF, accompagnées des différents scénarios d'utilisation.*

9. Re-engineering ou retro-ingénierie

L'analyse fonctionnelle permet parfois de revenir sur la conception initiale d'un produit ou d'un système. En effet, la base de données d'exploitation, avec les défaillances rencontrées au cours de l'utilisation ou de l'exploitation du produit ou du système, les dysfonctionnements de toute sorte, le constat effectif de non qualité mais aussi de sur-qualité, les goulets d'étranglement, les actions ou les tâches inutiles des opérateurs ou des utilisateurs, les différentes incohérences, etc., peuvent alimenter l'analyse fonctionnelle et, de ce fait, permettre de simplifier un produit ou un système c'est-à-dire, en d'autres termes, d'effectuer une re-conception ou *re-engineering*, voire de revenir en arrière en s'engageant dans les étapes de retro-ingénierie.

10. Aide à l'analyse de la valeur

L'analyse fonctionnelle constitue un des piliers de ce que l'on nomme l'*analyse de la valeur*.

En effet, l'analyse de la valeur est basée sur quatre concepts fondamentaux, à savoir : *Besoin*, *Fonction*, *Coût* et *Valeur*. Il va de soi que les deux premiers concepts, le *besoin* et la *fonction*, ont un lien direct avec l'analyse fonctionnelle.

L'analyse de la valeur est une technique qui permet, dans ses grandes lignes, d'effectuer des études de compromis entre, d'une part, la technique et, d'autre part, l'aspect économique (cf. chapitre 6 - § 6.3). Elle met sur le même pied d'égalité la technique et le coût bien que, dans la plupart des entreprises aujourd'hui, on a plutôt tendance à privilégier l'économie, la technique étant alors relayée au second plan.

Considérons que nous avons déjà conduit l'analyse fonctionnelle d'un produit ou d'un système, et que nous avons ainsi identifié les *fonctions de service* (fonctions principales et fonctions contraintes) de celui-ci. On peut alors associer un coût à chaque fonction. On peut aussi penser que chaque fonction sera remplie par un composant, ayant lui-même un coût. L'analyste peut alors entamer une étude d'optimisation de coût (cf. § 6.3) :

- soit en opérant des combinaisons ou intégrations de fonctions ;
- soit en dissociant ou en décomposant des fonctions ;
- soit en cherchant sur le marché des composants moins chers ;
- soit en cherchant des composants réalisant plusieurs fonctions à la fois ;
- etc.

Par ailleurs, un produit ou un système qui met plus de fonctions à disposition des utilisateurs avec un prix moins élevé, est considéré comme un produit ayant plus de *valeur*.

L'objet de l'analyse de la valeur est précisément d'augmenter la *valeur du produit ou du système* à développer, dans le sens de la satisfaction des utilisateurs.

Dans le chapitre dédié aux applications de l'analyse fonctionnelle (cf. chapitre 6), nous donnerons des exemples concrets illustrant comment l'analyse fonctionnelle et ses résultats contribuent à la technique d'analyse de la valeur.

Note : *Il ne s'agit pas ici de décrire de manière détaillée l'analyse de la valeur. En revanche, nous aborderons l'applicabilité de l'analyse fonctionnelle dans le cadre des études d'analyse de la valeur et d'optimisation de coûts.*

11. Modes dégradés et défaillances : étude de risques techniques

L'*arbre fonctionnel,* issu de l'analyse fonctionnelle, et l'*arborescence technique* sont deux éléments susceptibles d'aider les experts et spécialistes de la sûreté de fonctionnement à évaluer ce que l'on appelle le FMDS (Fiabilité, Maintenabilité, Disponibilité et Sécurité) du produit, de l'équipement ou du système à développer.

Ces arbres, très utilisés dans le domaine de la sûreté de fonctionnement (SdF), permettent à l'analyste d'effectuer des études de SdF ou des études de dysfonctionnement, y compris en ce qui concerne la marche dégradée. Cette démarche est menée en se posant notamment des questions du type :

- Qu'est ce qui arrivera si une fonction donnée n'est pas remplie ? (fonction en panne ou complètement perdue).
- Qu'est ce qui arrivera si une fonction donnée est remplie, mais de manière dégradée ? (cas où la fonction n'est pas perdue, mais délivre un service partiel).
- Qu'est ce qui arrivera si une fonction donnée est remplie de manière intempestive ? (cas où elle ne se déclenche pas exactement au moment où elle le doit).
- Qu'est ce qui arrivera si une fonction donnée est remplie de manière retardée ?
- Qu'est ce qui arrivera si le composant *n* est en panne ?
- Qu'est ce qui arrivera si le composant *n* est *partiellement* en panne ?

Par ailleurs, le BDF (issu de l'analyse fonctionnelle interne) est également un outil permettant d'estimer, dans certains cas, la fiabilité prévisionnelle d'un produit ou d'un système. Le BDF permet ainsi d'établir l'arbre de défaillance (cf. § 6.6 et 6.7).

Nous aborderons dans le détail ces notions lors du chapitre dédié aux applications d'analyse fonctionnelle (cf. chapitre 6).

> **Note :** *Il est important de noter qu'il existe une relation biunivoque entre le BDF d'une part et l'arbre de défaillance d'autre part. Ainsi, à partir d'un BDF, on peut établir un arbre de défaillance, et vice versa.*

12. Optimisation de la maintenance basée fiabilité (OMF®)

La méthode dite RCM® (*Relibaility Centered Maintenance*), ou son équivalent français MBF® (Maintenance Basée sur la Fiabilité), ou encore OMF® (Optimisation de la Maintenance Basée Fiabilité), est une méthode proposée par la société *Boeing* à la fin des années 1970.

En fait, la Société Boeing avait constaté que son cahier de maintenance programmée (cahier d'entretien ou livret suiveur) était trop exigeant compte tenu des défaillances constatées sur le terrain, conformément au REX. On prévoyait de changer certaines pièces, alors que, d'une part, ces composants n'étaient pas des composants critiques et que, d'autre part, ces éléments tombaient très rarement en panne. Il fallait donc optimiser les tâches de maintenance et abandonner certaines tâches superflues ou non indispensables.

Afin d'identifier les éléments critiques et sensibles, qui naturellement nécessitent plus d'attention, il faut d'abord effectuer une analyse fonctionnelle (AF), et ensuite employer en parallèle les outils AMDEC (Analyse des Modes de Défaillance, leurs Effets et Criticités) et AdD (Arbre de Défaillance), en exploitant le REX. Une fois les composants critiques identifiés, on se concentre alors sur la maintenance relative à ces éléments.

À ce stade, il est important d'indiquer que la chaîne AF puis (AMDEC+AdD) est une chaîne d'étude tout à fait classique en sûreté de fonctionnement. Nous aborderons dans le détail ces notions lors du chapitre dédié aux applications de l'analyse fonctionnelle (cf. chapitre 6).

13. Édition de rapports vivants et évolutifs

En principe, le dossier d'analyse fonctionnelle est un dossier qu'il convient de figer le plus rapidement possible. Tout retard de réalisation à cette étape (AF) est susceptible de provoquer des risques dans le projet (par exemple, un risque de dérapage en termes de coût et de délai). En principe, ce dossier reste figé et n'évoluera pas.

Le CdCF est basé sur les résultats de l'analyse fonctionnelle externe (représentés sur la Figure 7 ci-après dans la chaîne des documents et livrables). C'est également un document qui, en théorie, n'évolue pas après son approbation. Il en est de même pour le document STB (également représenté sur la Figure 7).

Dans la pratique, en ce qui concerne la documentation d'un projet, on est sur un terrain en général instable. Les besoins changent, les exigences augmentent au fil du temps, et l'arrivée de nouvelles technologies et de nouvelles normes oblige les acteurs à « revoir leur copie ».

Au cours du déroulement d'un projet, si une modification est exigée, cela nous renvoie donc automatiquement vers l'analyse fonctionnelle. L'édition des nouveaux rapports ne peut bien sûr être effectuée sans un examen approfondi de son impact, à commencer par son impact sur les résultats de l'analyse fonctionnelle.

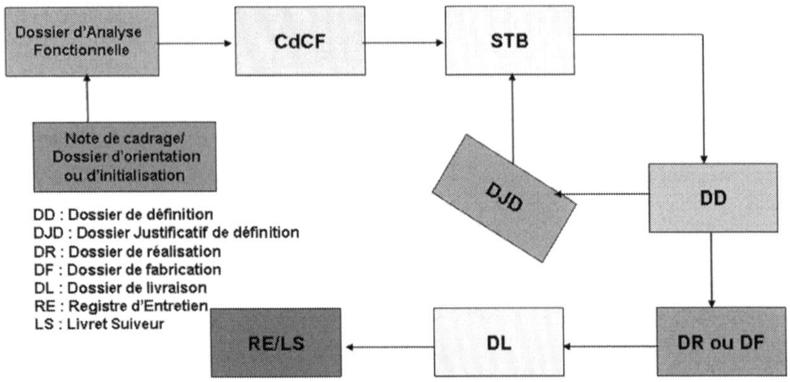

Figure 7: Chaîne documentaire et livrables du projet selon l'état de l'art dans l'industrie française. Source d'origine: Sonovision

Il peut exister plusieurs niveaux de STB constitués par les STBS (système), STBSS (sous-système) et STBE (équipement). Les rapports de tests, d'essais et de contrôle, y compris la partie contrôle qualité, sont souvent intégrés au DR/DF.

Note: *Le registre d'entretien s'appelle aussi carnet d'entretien.*

Chapitre 3

Présentation de la méthode MISME

Introduction

Nous présentons et détaillons dans ce chapitre la méthode **MISME,** ou « **Méthode d'Inventaire Systématique des Milieux Extérieurs ou Environnants** », qui est une méthode proposée en support à l'activité d'analyse fonctionnelle. Très largement diffusée, c'est la méthode actuellement la plus utilisée en France.

L'objectif de ce chapitre est donc de présenter en détail MISME. Nous ferons usage pour cela des termes couramment employés dans les milieux industriels, tels que, par exemple « Bête à cornes » ou encore « Pieuvre ». Mais il convient de bien préciser ici que ces termes sont en fait issus de la méthode APTE®[4] (Application des Techniques d'Entreprise), propriété de la Société APTE et qui constitue un *« ensemble formalisé et cohérent de concepts, logiques de raisonnement, outils méthodologiques, bénéficiant à ce titre des dispositions du Code de la Propriété Intellectuelle, relatives aux droits d'auteurs »*. De manière générale, tous les termes entrant dans ce cadre seront suivis de la mention « * ».

Selon la norme AFNOR NF X 50-151, l'analyse fonctionnelle, basée sur la méthode MISME, est une démarche qui consiste à « rechercher, ordonner, caractériser, hiérarchiser et/ou valoriser les fonctions du produit attendu par l'utilisateur ».

MISME comprend deux grandes phases appelées couramment « **analyse fonctionnelle externe** » et « **analyse fonctionnelle interne** ». Chacune de ces phases comprend elle-même plusieurs étapes, détaillées dans ce chapitre.

4 La méthode APTE® est une méthode protégée, son emploi étant conditionné par l'autorisation du cabinet APTE. Cette protection, qui s'avère sans doute légitime, en limite cependant l'emploi. Précisons que cette méthode a été inventée dans les années 1960 par Gilbert Barbey, alors qu'il était en France consultant du cabinet KBWhite. Par la suite, Michel Janneteau, président d'honneur de la Société APTE, a repris le flambeau et contribué à promouvoir la méthode, notamment dans le secteur de la défense. En 1994, alors chef de projet chez Bertin (société de haute technologie connue pour ses inventions, notamment le turbotrain), l'un des auteurs a participé à une réunion avec Messieurs Michel Janneteau et Jean Claude Ligeron, afin d'examiner les modalités pratiques de diffusion de la méthode APTE®, notamment en Europe, et à travers des projets européens. Malgré l'assentiment exprimé par Monsieur Janneteau vis-à-vis de notre démarche, le cabinet APTE nous a informé par la suite de sa réserve quant à cette diffusion. Nous avons donc pris la décision d'abandonner, à regret, l'emploi et la diffusion de la méthode APTE®.

1. ANALYSE FONCTIONNELLE EXTERNE

L'analyse fonctionnelle commence par la phase dite d'*analyse fonctionnelle externe* (AFE).

Durant cette phase, le produit ou le système est considéré comme une boîte noire. On examine ses interactions avec les éléments du *milieu extérieur* auxquels il doit être adapté. Ces interactions permettent de recenser, pour une *position d'utilisation* donnée, les *fonctions de service* ou fonctions de base, mais aussi les *contraintes* que le système doit subir. Dans cette phase, on ne se préoccupe pas des mécanismes internes au système.

L'*analyse fonctionnelle externe* (AFE) se compose de quatre étapes :

- définition de l'objectif et du système cible ;
- expression fondamentale du besoin et contrôle de validité ;
- détermination des postions d'utilisation et du cycle de vie ;
- établissement du *diagramme d'environnement,* ou de contexte, ou graphe des interactions.

La description de ces quatre étapes fait l'objet des paragraphes suivants.

1.1. ÉTAPE 1 : Définition de l'objectif et du système

La première étape de l'étude est consacrée à l'analyse fonctionnelle du système ou du produit basée sur la méthode MISME. Elle consiste :

- D'une part à *bien définir l'objectif ou les objectifs de l'étude*. En effet, il est clair qu'il ne peut être question de mener une analyse fonctionnelle sans but ni objectif. Il ne s'agit bien évidemment pas ici de mener un simple exercice intellectuel. Il doit nécessairement exister un objectif qui motive le fait d'entreprendre une analyse fonctionnelle, objectif qu'il convient de clarifier et d'exprimer. Dans la plupart des cas, il s'agit d'établir un *Cahier des Charges Fonctionnel* (CdCF).
- D'autre part à bien définir et identifier le *produit*, le *système* ou encore le *projet* qui fait l'objet de l'analyse fonctionnelle. Ce point constitue une source potentielle d'erreurs souvent rencontrées dans les dossiers d'analyse fonctionnelle. Il faut en effet éviter d'entamer le développement d'un système qui resterait flou. Concernant la phase d'analyse fonctionnelle, il faut essayer, dans la mesure du possible, de bien définir les limites, ou frontières de l'entité (produit, système ou projet) faisant l'objet de l'étude.

Il s'agit donc d'une démarche très générale, s'appliquant à une très grande variété de cas possibles. À titre d'exemples, nous pourrions considérer les cas suivants :

- Une entreprise décide de lancer un projet de formation de son personnel, car c'est une exigence de la norme ISO 9001 (v 2008 - §6.2.2).
- Une entreprise décide de développer une plateforme de formation pour l'usage exclusif de son personnel.
- Une entreprise lance un projet de « *eLearning* » dans son domaine d'activité.
- Une entreprise lance un appel d'offre pour une formation intra-entreprise.
- Une entreprise décide de faire participer une partie de son personnel à une formation organisée par une société de conseil et de formation.

Il va de soi que ces projets sont de nature très différente et que, par conséquent, leur dossier d'analyse fonctionnelle ne comprendra pas du tout les mêmes éléments.

Certains analystes considèrent qu'il appartient à l'analyse fonctionnelle seule de définir le système et ses frontières. *Il s'agit là d'une interprétation erronée des capacités de la technique d'analyse fonctionnelle.* Certes, l'analyse fonctionnelle définit les *éléments extérieurs* c'est-à-dire les éléments de l'environnement, et contribue ainsi à une meilleure définition des limites ou frontières du système. Toutefois, l'analyse fonctionnelle n'est que l'outil, et c'est à l'analyste qu'il incombe, bien naturellement, de déterminer ce qui est dans le système et ce qui reste en dehors de celui-ci. Donnons un exemple : un train est un système composé d'une locomotive et d'un certain nombre de wagons, et dont la fonction principale consiste à *transporter des voyageurs, leurs bagages et éventuellement des marchandises.* Pour faire fonctionner ce système, il est nécessaire d'avoir un conducteur. Toutefois, celui-ci ne fait pas partie du système, alors que la caténaire fait bien partie du système, au même titre que le sous-système de traction-freinage. Les rails (c'est-à-dire la voie ferrée), l'infrastructure ferroviaire et la signalisation sont également en dehors du système. Ceci précise bien les limites du système étudié.

Il est donc absolument nécessaire de tracer à ce stade une limite tout à fait nette entre le système d'une part et son environnement d'autre part. Il s'agit ainsi de répondre aux questions suivantes :

- Qu'est-ce qui fait partie du système proprement dit ?
- Qu'est ce qui se trouve à l'extérieur du système ?
- Qu'est ce qui se trouve à l'extérieur du système, mais qui est susceptible de s'interfacer avec lui ?

Ces derniers éléments constituent l'*environnement direct* du système.

1.2. ÉTAPE 2 : Expression fondamentale du besoin ou contrôle de validité

Une fois le projet, le produit ou le système définis, on aborde alors une étape dite « **expression fondamentale du besoin** » ou « **contrôle de validité** ». Le but de cette étape consiste à valider le besoin fondamental défini avant l'étude, ainsi que le bien fondé de l'analyse fonctionnelle. On peut s'interroger sur la nécessité de cette étape. La nécessité de celle-ci vient du fait que le besoin est souvent exprimé par un groupe d'utilisateurs ou d'exploitants non avertis, lesquels n'ont pas une visibilité claire et exhaustive sur les produits ou systèmes existants. Ainsi, il peut déjà fort bien exister une solution satisfaisante disponible sur le marché, qui réponde à ce besoin. Dans ce cas, il n'est pas nécessaire d'aller plus loin, car le besoin est *de facto* satisfait.

La méthode MISME propose un schéma intitulé « **Expression fondamentale du besoin** », ou encore « **Contrôle de validité** », présenté en Figure 8. Dans l'industrie, on appelle couramment ce schéma « Bête à cornes* », mais, comme nous l'avons déjà précisé, ce terme reste la propriété de la méthode APTE®.

Ce schéma pose trois séries de questions, listées ci-après, et auxquelles il convient de répondre de manière détaillée.

À qui le système, le produit ou le projet rendent-ils service ? La réponse à cette question est souvent orientée vers les utilisateurs, exploitants ou entreprises parties prenantes du projet. Dans tous les cas, la réponse à la question est plutôt axée sur des personnes physiques ou morales. Par exemple, une clinique, considérée comme un système, rend naturellement service aux patients. Mais elle rend également service aux pouvoirs publics, y compris au ministère de la Santé. Ne faut-il pas d'ailleurs considérer que la construction d'une clinique rend plus généralement service à toute la population du département ou de la région, notamment parce qu'elle permet de soigner les habitants, et génère aussi par ailleurs des emplois ? On voit ici que la réponse à une telle question doit être étudiée avec soin.

Sur qui ou sur quoi agit-il ? Le système agit sur son environnement « proche », c'est-à-dire sur des éléments avec lesquels une interaction directe peut être mise en évidence. À cette question, il faut naturellement éviter de répéter les réponses déjà faites à la question précédente (cf. §6.3). De manière générale, les mêmes réponses ne doivent pas figurer de part et d'autre de notre schéma. Dans l'exemple déjà considéré, une clinique a bien sûr une forte interaction avec la caisse de sécurité sociale, mais, comme elle possède un service d'urgence, elle interagit aussi de ce fait avec la police et les pompiers, lesquels amènent fréquemment des blessés ou des malades à soigner. Par ailleurs, la clinique a naturellement une consommation d'énergie, de l'oxygène, de l'azote, mais aussi de produits pharmaceutiques et ainsi de suite, d'où d'autres éléments à considérer. Elle interagit donc aussi avec les fournisseurs de ces produits ou de ces services.

Pour quoi ? ou ***Dans quel but***? Ces questions sont fondamentales, et la réponse, ou les réponses, à celles-ci mettent en évidence l'intérêt, et donc la finalité du produit, du système ou du projet. Bien entendu, il peut y avoir plusieurs buts, mais cette question ne peut en aucun cas rester sans réponse. En effet, il ne serait pas concevable de développer ou créer un produit ou système qui n'aurait aucune mission, aucune fonction attendue et donc aucun intérêt !

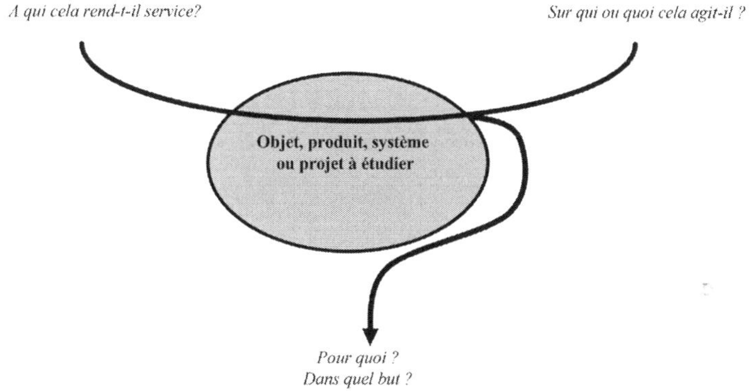

Figure 8 : Expression fondamentale du besoin.
Contrôle de validité. Le schéma dit « Bête à cornes* »

En parallèle aux réponses à ces trois séries de questions, il est aussi recommandé, voire nécessaire, de réfléchir aux questions suivantes.

Pourquoi ce besoin existe-t-il ? La réponse à cette question, qui commence naturellement par « Parce que… », peut être multiple. Cette question doit être considérée comme indépendante de la troisième question mentionnée ci-dessus. Par exemple, si la finalité d'un projet est de « *rechercher une source d'énergie pérenne, non polluante et bon marché* », on se posera donc la question « *Pourquoi faut-il chercher une source d'énergie pérenne, non polluante et bon marché* ». La réponse à considérer serait très probablement la suivante : « *Parce que les ressources fossiles sont épuisables et que la consommation d'énergie augmente continuellement, d'où la nécessité d'avoir d'autres sources d'énergie* ».

Qu'est-ce qui ferait disparaître ce besoin ? Il faut ici envisager et bien identifier les situations où le besoin perd sa raison d'être. Il peut y avoir des situations où le besoin perd son intérêt. Une situation souvent rencontrée s'articule autour d'une décision hiérarchique, consistant à arrêter le projet et ainsi ne pas répondre ou ne pas donner suite à ce besoin.

Donnons quelques exemples. Imaginons d'abord que l'on ait besoin de produire de l'énergie solaire. Si ce besoin concerne une région où l'ensoleillement est très faible, ce besoin disparaît automatiquement puisque non réaliste. Considérons un autre exemple : dans un village, il est prévu d'implanter un parc d'éoliennes. Or, la préfecture refuse de donner l'autorisation. Donc, le besoin d'un tel projet disparaît *de facto* suite à cet obstacle administratif.

Nous pouvons imaginer également une situation où un nouveau système plus performant, basé sur de nouvelles technologies, arrive sur le marché. Dans ce cas, il n'est pas nécessaire de conserver le besoin fondamental si ce nouveau système répond entièrement à notre besoin. En effet, dans ce cas, le besoin est déjà satisfait. Considérons enfin l'exemple suivant : un besoin consiste à produire de l'énergie solaire, qui est une énergie sans pollution. Or, un parc d'éoliennes vient d'être créé. Le système éolien est commercialisé et son coût est nettement inférieur à un système solaire photovoltaïque. Le besoin d'énergie solaire disparaît pour des raisons financières.

Qu'est-ce qui ferait évoluer ce besoin ? Il existe le plus souvent des paramètres ou des facteurs qui sont susceptibles d'influencer le besoin. Par exemple, une limitation budgétaire peut impliquer des modifications du besoin. Comme pour la question précédente, une décision hiérarchique peut avoir un impact sur l'évolution du besoin. Le temps est aussi un facteur important, car un besoin exprimé à l'instant « t » pourra changer à l'instant « t+Δt ». Par exemple, imaginons que le besoin en énergie électrique d'un village soit estimé à 15 MW. Le projet consistera donc à être en mesure de produire cette puissance. Cependant, on pourra constater qu'une partie de la population de ce village est composée des gens du voyage, qui n'habitent pas dans ce village de manière permanente, continue et stable, et ne sont en fait là que 6 mois par an. Compte tenu de cet élément, on décide de ne produire que 10 MW. Le besoin initial de 15 MW a été revu à la baisse, autrement dit *il a évolué*. Donnons enfin un dernier exemple, celui-ci fictif. Le Conseil Régional des Pays de la Loire a exprimé un besoin, qui est celui de transporter 1200 voyageurs par jour, par voie ferrée (TER), entre la ville A (Angers) et la ville B (Cholet). Or, suite à la crise économique, on considère aujourd'hui que seulement 800 voyageurs sont concernés, au lieu des 1200 initialement prévus. Ici aussi, le besoin a évolué.

Quelles sont les probabilités pour que se produise chaque motif identifié de disparition ou d'évolution ? Il s'agit ici de répondre par le biais d'une classe de probabilités, du type : « totalement improbable », « improbable », « peu probable », « probable » ou encore « très probable », sachant qu'on ne serait en principe jamais en mesure de calculer avec précision de telles probabilités. Si on se pose la question : « Quelle est la probabilité pour que la préfecture refuse l'autorisation pour l'implantation d'un parc d'éoliennes (une dizaine) ? », la réponse pourra être « Probable ». À la question « Quelle est la probabilité pour que le nombre de voyageurs diminue entre Angers et Cholet ? », on pourra répondre par exemple : « Probable à court terme ». Enfin, à la question « Quelle est la probabilité pour que le nombre de voyageurs du RER A en Ile-de-France augmente ? », on pourra répondre : « Très probable ».

Il est à noter que l'étape 2 ne se résume donc pas uniquement à établir un schéma de type « Contrôle de validité », tel qu'il a été décrit. Il s'agit également de répondre aux questions additionnelles, qui viennent d'être considérées ci-dessus, souvent dites *questions auxiliaires* ou *secondaires*.

Enfin, rappelons que l'objectif de la présente étape est de valider une fois pour toutes le besoin fondamental qui motive l'analyse fonctionnelle, et donc qui doit conduire à lancer le projet. Dans le cas où ce besoin fondamental n'est pas validé, il convient alors bien sûr d'arrêter l'analyse fonctionnelle et de clore le projet ; on n'enchaîne pas sur les phases ou étapes suivantes, car c'est inutile.

La Figure 9 ci-dessous présente l'exemple du système de porte latérale d'un train à deux étages (N2). La règle de sécurité impose qu'un train ne puisse démarrer et ainsi être en mouvement que si ses portes sont fermées. Donc, l'état des portes (fermées ou ouvertes) constitue une information importante destinée au conducteur ou aux agents exploitants, y compris les contrôleurs. On doit considérer ici ce que l'on appelle le « bornier wagon », élément connectique permettant au conducteur, par une seule opération, d'ouvrir ou de fermer toutes les portes à la fois.

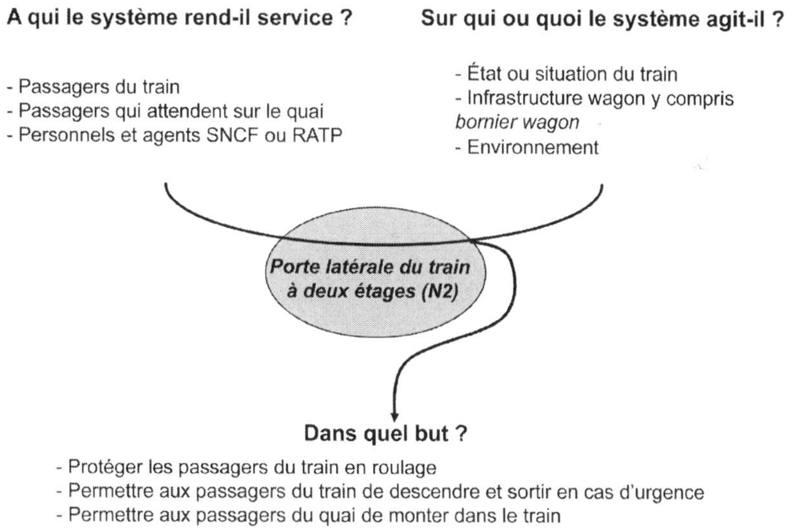

Figure 9 : Schéma de contrôle de validité pour un système de porte latérale du train à deux étages (N2). Source initiale : exemple du cours d'analyse fonctionnelle de l'Institut Ligeron

Nous allons considérer maintenant les réponses aux *questions auxiliaires* pour ce même exemple.

Pourquoi ce besoin concernant le système de porte latérale ?

Parce que les passagers doivent avoir la possibilité d'entrer dans le train ou de le quitter. Les passagers ne peuvent être enfermés indéfiniment une fois arrivés à destination ! Par ailleurs, les agents SNCF ou RATP (contrôleurs, agents de nettoyage, opérateurs de maintenance, etc.) ont besoin d'entrer dans les wagons par les portes latérales. Le train ne peut être en mouvement, en particulier à grande vitesse, que s'il est hermétiquement fermé. Enfin, les portes servent aussi en cas d'urgence (incident, accident, incendie, etc.).

Qu'est-ce qui ferait disparaître ce besoin ?

Il s'agirait ici du cas de l'adoption d'un autre système de transport. Par exemple, on pourrait imaginer que les passagers entrent dans le train à partir d'un toit ouvrant avec escalier, ou à partir d'un plancher ouvrant avec escalier (improbable). Dans ce cas, des modifications structurelles de la gare seraient bien sûr nécessaires. Le train pourrait aussi avoir une porte avant et une porte arrière au lieu des portes latérales (peu probable).

Qu'est ce qui ferait évoluer ce besoin ?

On peut citer ici, à titre de réponse, des évolutions des règles de sécurité ferroviaire (probable), ou encore des décisions de l'exploitant afférentes aux cas d'urgence (probable).

De manière générale, le groupe de travail d'analyse fonctionnelle doit être fortement impliqué dans cette étape afin d'apporter des réponses satisfaisantes aux questions considérées ci-dessus.

1.3. ÉTAPE 3 : Positions d'utilisation ou cycle de vie

Dans cette phase, l'analyste est amené à identifier, voire à imaginer les *positions d'utilisation* du produit ou du système, afin d'être en mesure de clarifier les interactions de celui-ci avec les éléments du milieu extérieur.

Considérons à nouveau l'exemple d'un système de transport constitué par un train. Quand le train arrive dans une gare, on laisse descendre les passagers arrivés à destination, et on laisse monter les passagers qui souhaitent voyager vers une des destinations suivantes. Le train est évidemment à l'arrêt en station, avec les portes ouvertes, mais les moteurs tournent, et il y a souvent de l'éclairage dans les wagons.

Dans cette situation, on constate que le train interagit donc avec la gare, et en particulier avec le quai. Considérons maintenant le même train roulant entre deux stations vers sa prochaine destination. Cette fois, les portes sont fermées et le train n'interagit ni avec la gare ni avec le quai, mais la signalisation et la communication du conducteur prennent alors de l'importance. Nous avons donc ici deux situations ou *positions d'utilisation* du train totalement différentes. Dans le premier cas, le train ne transporte pas de voyageurs, car il est arrêté en gare, mais des passagers descendent (de manière totale ou partielle) et de nouveaux voyageurs embarquent. Dans le second cas, le train transporte les voyageurs et leurs bagages depuis la gare de départ vers la gare de destination. Il n'y a plus de passager sur le quai, et aucun passager ne peut monter dans le train en mouvement. On constate donc que le système interagit avec des éléments extérieurs différents en fonction de sa position d'utilisation.

Avec cet exemple, on comprend bien la nécessité qu'il y a de lister les positions d'utilisation. L'étape N° 3 consiste, en synthèse, à identifier et lister toutes les positions d'utilisation du produit ou du système pour lesquelles on souhaite effectuer l'analyse fonctionnelle. Bien entendu, il est possible d'écarter certaines positions pour différentes raisons. Une raison peut être, par exemple, que cette position est peu courante, ou bien qu'elle est rare ou ne présente pas d'intérêt, etc.

Pour un système donné, afin de mettre en évidence de telles positions d'utilisation, on envisage les *phases* de son *cycle de vie*, telles que, par exemple, la conception, la fabrication, l'exploitation, ou même le retrait de service. Dans la phase d'exploitation, on peut alors considérer différents *modes* ou *états de fonctionnement* du système, qui pourront donner lieu à autant de *positions d'utilisation* de celui-ci.

Le *cycle de vie* d'un produit ou d'un système est l'ensemble des étapes par lesquelles celui-ci passe, depuis l'expression du besoin jusqu'à sa destruction. La Figure 10 présente un exemple illustrant un tel cycle de vie, sachant que le modèle de celui-ci dépend de la culture de l'entreprise.

Pour chaque phase, il faut donc considérer des *milieux extérieurs* avec lesquels le système interagit. Par exemple, dans la conception, le produit ou système interagit avec les outils de type CAO (Conception Assistée par Ordinateur) ou des outils de calcul. Dans la fabrication, ce sont cette fois les ateliers avec les outillages adaptés qu'il faut prendre en compte.

En synthèse, l'étape 3 de la démarche MISME se focalise sur l'ensemble des positions d'utilisation, des scénarios d'utilisation et des phases du cycle de vie.

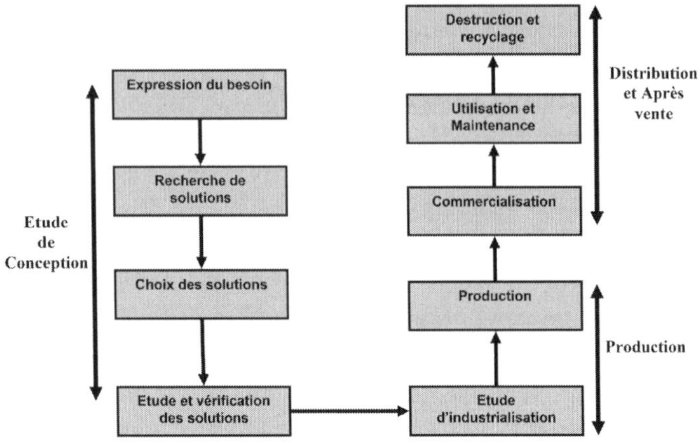

Figure 10 : Exemple de schéma du cycle de vie. Source initiale : www.gecif.net

Prenons ici l'exemple d'un système très simple, comme un vélo. Si l'on essaie de recenser ses différentes positions d'utilisation, on arrive à trois catégories de positions, indiquées ci-dessous, avec des positions correspondantes à considérer :

1. Vélo arrêté :

   Vélo *stocké* dans un garage, au sol ou suspendu / vélo *en réparation* / vélo *fixé avec antivol* / vélo *arrêté avec le cycliste* ou cycliste tombé avec le vélo ;

2. Vélo transporté :

   En voiture / par train / par avion / par animal (*cheval par exemple*) ou par homme ;

3. Roulage :

   Cycliste sur le vélo (avec différentes configuration même acrobatique) / cycliste + passager(s) ou bagages / vélo *poussé à la main* (le cycliste marche en ayant le guidon ou la selle entre ses mains).

Comme dans l'exemple du train, le vélo en roulage interagit avec l'usager, ici le cycliste, en tant qu'élément important de l'environnement, ou *élément extérieur.* En revanche, dans le cas du *transport* du vélo, le cycliste n'a pas de rôle particulier, même s'il accompagne ou assiste au transport de son système (exemple d'un transport par voie ferroviaire).

Comme indiqué précédemment, l'analyste peut écarter certaines positions. Ici, dans notre exemple, ce pourrait être le cas du vélo transporté, ou encore arrêté, car ces positions présentent *a priori* peu d'intérêt, dans le cas d'un vélo en tout cas.

La *catégorisation des positions d'utilisation* d'un produit ou d'un système est une démarche qui assure davantage d'exhaustivité quant aux *positions* identifiées.

À la suite de cette identification des *positions d'utilisation* et des *phases du cycle de vie*, l'analyste doit sélectionner la ou les *positions* ou *phases* pour laquelle ou pour lesquelles il va effectuer l'analyse fonctionnelle. Ce choix est important et n'est pas sans conséquences sur tout ce qui va suivre. C'est pourquoi le groupe de travail d'analyse fonctionnelle doit être consulté à cette étape.

Afin de bien caractériser les positions ou les phases de cycle de vie, il est recommandé d'établir un tableau conforme au modèle qui suit (voir Tableau 3) :

NUMÉRO DE POSITION OU DE PHASE	DESCRIPTION DE LA POSITION OU PHASE	DURÉE APPROXIMATIVE DE LA POSITION OU PHASE	OBSERVATIONS

Tableau 3 : Caractérisation des positions ou phases

Le Tableau 4 donne un exemple relatif à une éolienne, sachant que l'estimation de la durée des phases, ou des situations de vie, est très approximative. En principe, l'implémentation ne concernerait pas une éolienne seule, mais plutôt un parc d'éoliennes.

N° SITUATION DE VIE	DESCRIPTION DE LA PHASE OU SITUATION DE VIE	DURÉE APPROXIMATIVE
1	Étude de faisabilité - Étude du site - Spécification - Conception - Validation & démarches légales d'implantation	1-2 ans
2	Fabrication, transport, assemblage et génie civil sur site	6 mois
3	Réception & période de garantie : - Tests et production - Maintenance et entretien	5 ans
4	Vie utile : - Exploitation - Maintenance et entretien	20 ans
5	Démontage, transport, recyclage ou mise au rebut	3 mois

Tableau 4 : Estimation des situations de vie d'une éolienne – Inspiré de l'exemple d'analyse fonctionnelle du cours de l'Institut Ligeron (© Ligeron)

1.4. ÉTAPE 4 : Diagramme d'environnement ou de contexte ou graphe des interactions

Pour une *position d'utilisation* ou *phase de cycle de vie* sélectionnée, l'analyste est amené à identifier les *éléments d'environnement*, ou éléments extérieurs, avec lesquels le produit ou le système interagissent lorsqu'ils sont dans cette position. Un des éléments peut être naturellement l'utilisateur, le propriétaire du produit/ système, ou encore le bénéficiaire du service rendu, etc. En effet, on développe un produit, un système ou un projet pour satisfaire les besoins d'une ou plusieurs parties prenantes telles qu'utilisateur(s), usager(s), propriétaire(s), client(s), bénéficiaire(s), exploitant(s), opérateur(s), ou encore agent(s) (par exemple de maintenance), etc. Il est donc tout à fait logique de préciser comment le produit ou le système devra interagir avec elles.

Note : *L'utilisateur d'une rame de métro est en fait le conducteur ou les agents exploitants, tandis que les usagers sont ceux qui prennent le métro. Cette distinction est parfois nécessaire.*

En dehors des utilisateurs et des usagers, les autres éléments extérieurs ou d'environnement à considérer sont le plus souvent :

- les éléments liés à la maintenance, à l'entretien, au nettoyage, etc.,
- l'environnement physique, qui pourra être :
  - de type climatique : pluie, neige, brouillard, vent, typhon, etc.,
  - de type physique comme poussière, sable (vent de sable), glace, azote liquide, cailloux, etc.,
  - de type électromagnétique,
  - etc.
- les standards et normes, généraux ou spécifiques, ou encore liés au métier,
- les procédures, protocoles et directives ou règles internes à l'entreprise, etc.,
- les fluides (eau, alcool, fuel, etc.), énergie (électrique, mécanique, réaction chimique, magnétique, de combustion, etc.), ions (H+, O--, Fe++, etc.), ondes (électromagnétique, sonores, gravitationnelle, etc.),
- les signaux (pictogramme, signalétique, bande jaune pour isoler une zone, etc.), alarmes (sonore ou visuelle), langages employés (langage des signes, etc.),
- les connexions (comme borner wagon ou porte RS-232 pour un ordinateur, etc.), les interfaces (câbles, connectique), etc.

Il est souvent difficile d'identifier de manière exhaustive tous les éléments extérieurs ou éléments d'environnement d'un produit/système donné, pour une ou plusieurs positions d'utilisation sélectionnées. C'est à ce niveau que le groupe de travail d'analyse fonctionnelle va également apporter sa valeur ajoutée.

À titre d'exemple, nous donnons ici la liste des milieux extérieurs afférents à un train :

- ME1 : voyageurs - usagers
- ME2 : voie
- ME3 : agents d'exploitation et de contrôle
- ME4 : énergie
- ME5 : signalisation et infrastructure ferroviaire
- ME6 : conducteur
- ME7 : gare – quai
- ME8 : environnement (pluie, neige, brouillard, poussières, ensoleillement, canicule, gel,...)
- ME9 : normes en particulier celle de sécurité
- ME10 : atelier de maintenance, réparation et de nettoyage

Bien entendu, le groupe de travail choisira les milieux extérieurs qui seront pertinents et qui conviendront pour la (ou les) position(s) retenue(s).

Comme précédemment, il est recommandé de caractériser les *milieux extérieurs* ou d'*environnement* en les présentant sous la forme d'un tableau, comme illustré ci-dessous (voir Tableau 5) :

NUMÉRO DU MILIEU EXTÉRIEUR	DESCRIPTION DU MILIEU EXTÉRIEUR	OBSERVATIONS

Tableau 5 : Caractérisation des milieux extérieurs ou d'environnement

Une fois les éléments d'environnement ou éléments extérieurs identifiés et recensés correctement pour une position sélectionnée, on aborde alors l'*identification des fonctions*, c'est-à-dire la *recherche et la validation des Fonctions Principales* (FP) et des *Fonctions Contraintes* (FC ou Fc) ou *d'adaptation*. Il s'agit d'élaborer le *diagramme de contexte* ou *diagramme d'environnement*, souvent appelé dans l'industrie *diagramme pieuvre**.

Une **Fonction Principale** (FP) s'exprime toujours par le biais d'un *groupe verbal à la forme active et à l'infinitif*. Elle met en relation deux ou, plus généralement, plusieurs éléments du milieu extérieur *via le système*.

Une **Fonction Contrainte** (FC ou Fc) s'exprime toujours par un *verbe ou groupe verbal réactif*. Elle met en évidence un *lien* du produit ou système avec l'élément extérieur concerné.

La Figure 11 présente un exemple de telles fonctions dans le cas d'un système, produit ou projet en relation avec trois éléments de milieux extérieurs, appelés EME1, EME2 et EME3.

Un exemple de *Fonction Principale* est FP1, qui consiste à *transformer l'élément provenant de l'EME1* (Milieu Extérieur 1) *en élément de l'EME3* (Milieu Extérieur 3). Il s'agit donc d'une interaction entre EME1 et EME3, opérée par le biais du système, produit ou projet considéré.

Des exemples de *Fonction Contrainte* sont FC3, qui pourra consister à *assurer l'interface avec EME3* (adaptation de EME3 au système), et FC2, qui pourra consister à *résister à l'EME2* (adaptation du système vis-à-vis de EME2).

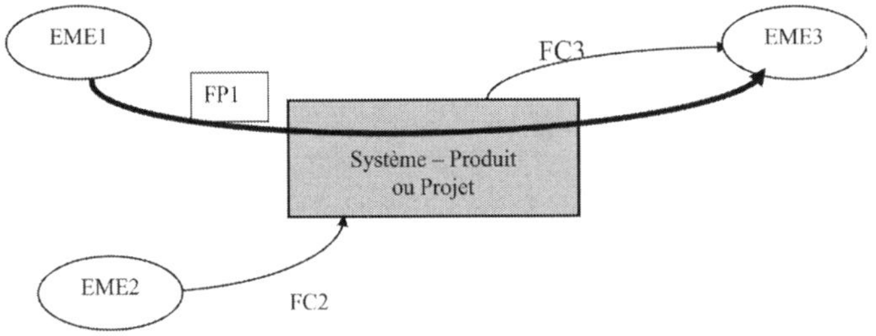

Figure 11: Diagramme de contexte ou d'environnement, graphe des interactions ou schéma dit Pieuvre*

Note : *Les flèches que nous avons fait figurer sur le schéma ci-dessus ne sont pas obligatoires, mais toutefois recommandées.*

Le *diagramme de contexte* ou d'*environnement*, dit aussi *graphe des interactions*, ou *schéma pieuvre**, dépend de la position retenue. En effet, d'une part, comme nous l'avons vu, le système n'a pas nécessairement les mêmes milieux extérieurs pour toutes les positions. D'autre part, sa ou ses fonctions principales et ses fonctions contraintes ne sont pas nécessairement les mêmes. Par exemple, un train à l'arrêt dans un atelier de maintenance et de réparation est vide et ne transporte pas de voyageurs. Dans cette position, il s'agit d'effectuer la maintenance programmée ou corrective du système. Ces activités sont conduites par des agents ou opérateurs de maintenance. Nous n'avons alors ni usager, ni fonction liée au transport des personnes et leurs bagages. La fonction principale devient dans ce cas « Effectuer la maintenance et réparer le système ».

La Figure 12 présente, pour deux *positions* différentes (position 1 et position 2), deux *diagrammes d'environnement* différents. On remarquera que pour la position 2, l'élément extérieur EME3 disparaît.

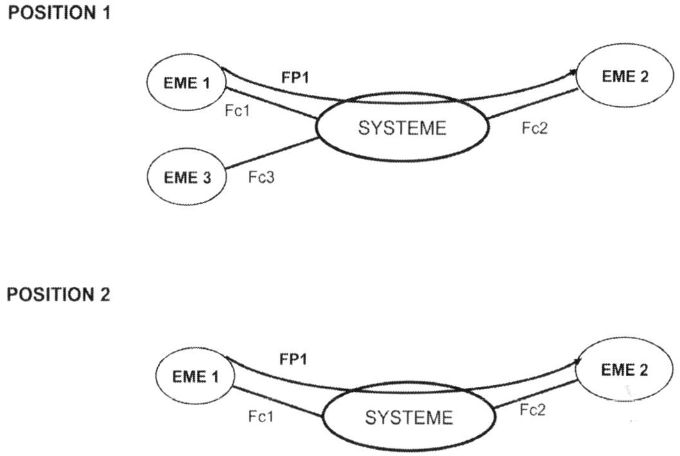

Figure 12: Diagrammes d'environnement ou de contexte pour deux positions différentes

Note: *Il est bien sûr possible que, dans certains cas, deux diagrammes pieuvres* soient identiques.*

Comme nous l'avons indiqué précédemment, en analyse fonctionnelle, une difficulté importante est celle liée à l'hétérogénéité des termes employés. En effet, chaque entreprise a le plus souvent son propre langage et sa propre terminologie. Il faut ici constater que, malheureusement, les documents normatifs n'ont pas permis d'imposer une terminologie standardisée et homogène.

À titre d'exemple, selon la norme AFNOR X50-150, on appelle *fonction de service* l'action attendue d'un produit, ou réalisée par lui, pour répondre à un élément du besoin d'un utilisateur donné. La notion de *fonction de service* ou *de base* comprend donc en principe celle de *fonction principale* (FP) et celle de *fonction contrainte* (Fc). Dans certaines entreprises, on réserve cependant le terme de *fonction de service* ou *de base* uniquement à une fonction principale (FP).

Nous donnons ci-dessous les définitions d'un certain nombre de termes d'usage courant en analyse fonctionnelle.

Fonction d'usage. Lorsqu'une fonction principale est issue d'un élément d'environnement de type « utilisateur », on l'appelle « *fonction d'usage* ». Une fonction d'usage est donc une fonction principale particulière qui part du milieu extérieur

« utilisateur ». Par exemple, un vélo permet à son utilisateur (cycliste) de se déplacer. « Se déplacer » est donc ici une fonction d'usage.

Fonction secondaire ou complémentaire. Il s'agit d'une fonction non indispensable à la finalité recherchée, mais souhaitée par le client. Par exemple, un autocar doté d'un téléviseur ou d'un bar apporte une telle fonction secondaire.

Fonction d'estime. Une fonction d'estime est une contrainte imposée au niveau du système ou de ses sous-systèmes. Par exemple, une montre pourra devoir contenir des métaux précieux, ou une voiture devoir être équipée de sièges en cuir.

Fonction d'adaptation. Une telle fonction est simplement équivalente à une *fonction contrainte*. Par exemple, c'est le cas où l'on impose à une machine d'utiliser de l'énergie électrique sous la forme de courant alternatif 220V - 60 Hz.

Fonction d'interface. Il s'agit d'une *fonction contrainte particulière* assurant l'interface avec un milieu extérieur particulier, lequel est souvent une procédure ou un protocole. Il peut s'agir par exemple de *respecter un protocole* donné (l'élément du milieu extérieur à considérer est ici le protocole particulier en question). Nous ne recommandons pas l'utilisation de ce terme générique, car le terme « interface » est souvent employé pour désigner aussi d'autres formes d'interfaçage. Il est recommandé de réintégrer ce type de fonction (interface) dans les *fonctions contraintes*.

La Figure 13 présente un exemple de *diagramme d'environnement* (ou de *contexte* ou *graphe des interactions* ou encore *schéma pieuvre**) afférent à une souris d'ordinateur.

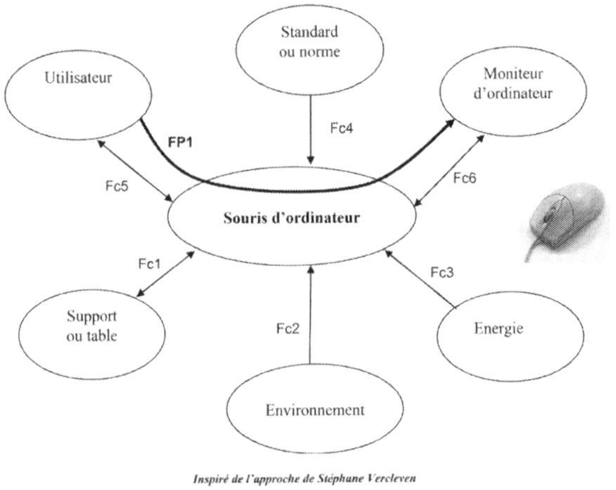

Figure 13 : Diagramme d'environnement ou de contexte, graphe des interactions ou schéma pieuvre* pour une souris d'ordinateur

Comme pour les *positions d'utilisation* (cf. Tableau 3) et les *milieux extérieurs* (cf. Tableau 5), il est recommandé de créer un *tableau de caractérisation* des fonctions de service (principales et contraintes). Le Tableau 6 ci-dessous présente une telle caractérisation des fonctions dans le cadre de notre exemple (souris d'ordinateur).

REPÈRE DE LA FONCTION	TYPE DE FONCTION	DESCRIPTION DE LA FONCTION	OBSERVATIONS
FP1	Principale	Déplacer le pointeur ou la flèche sur le moniteur et valider le choix de l'utilisateur	L'utilisateur peut faire plusieurs opérations comme ouvrir ou fermer un fichier.
Fc1 (Fc1-1 et Fc1-2)	Contrainte	Être un soutien pour la souris et résister à la souris	Il faut supporter le poids de la souris. On utilise souvent un tapis.
Fc2	Contrainte	Respecter l'environnement et résister aux conditions d'environnement	Température, pression, degré hygrométrie, ...
Fc3	Contrainte	Être alimenté en énergie	
Fc4	Contrainte	Respecter la réglementation concernant les dispositifs électriques	
Fc5 (Fc5-1 et Fc5-2)	Contrainte	Être adapté à la main de l'utilisateur et avoir un design agréable (ergonomie)	
Fc6 (Fc6-1 et Fc6-2)	Contrainte	Être connecté à l'ordinateur et permettre la connexion	Il faut une interface standardisée.

Tableau 6: Caractérisation des fonctions de la souris d'ordinateur

Donnons un autre exemple industriel afin de mieux comprendre le schéma dit diagramme de contexte ou d'environnement, appelé couramment pieuvre*. Pour un système de type éolienne, concernant la phase ou la situation de vie de production ou d'exploitation, on obtient le schéma ci-après (Figure 14).

Les milieux extérieurs pour une éolienne, et pour la situation de vie considérée (production ou exploitation), sont ainsi :

- Le sol (terrain d'implantation de l'éolienne).
- Les riverains (personnes ou animaux vivant ou passant dans les limites de nuisances de l'éolienne). Sous élément extérieur 2.1.= Objets volants (avions, parapentes, oiseaux,...).
- L'environnement (conditions atmosphériques environnant l'éolienne y compris les conditions météo : température, pression, hygrométrie, ensoleillement, pluie et neige, etc.) – Sous élément extérieur 3.1. = vent (vitesse du vent, direction de celui-ci, intensité, etc.).

- Le réseau électrique (caractéristiques des conditions de transport et de connexion).
- Les moyens de conduite (opérateurs de conduite éventuellement distants, locaux et outils associés).
- Les moyens de maintenance (opérateurs de maintenance, organisation, planning d'intervention, outils, stock des pièces de rechange, etc.).

La fonction principale ou de service (FS, terme ici employé par l'entreprise pour l'analyse fonctionnelle de l'éolienne) est la suivante :

- FS1 : Transformer l'énergie aérodynamique ou cinématique du vent en énergie électrique stabilisée destinée au réseau électrique.
- *Dans quel but* ? : Fournir de l'énergie électrique à partir d'énergie renouvelable.
- *À cause de quoi ?* : Parce que les énergies fossiles s'épuisent. Il faut donc préserver l'environnement et diminuer l'émission de CO_2.

Les fonctions contraintes sont nombreuses. Elles sont listées ci-après :

- FC1a : Résister à l'éolienne.
- FC1b : Soutenir l'éolienne.
- FC2a : Gérer les contraintes imposées par le système : la faune alentour par sa vue, son bruit, ses perturbations EM (électromagnétique), etc.
- FC2b : Résister au vandalisme.
- FC2c : Résister aux objets volants d'origine humaine ou animale ou sans vie.
- FC3a : Résister aux conditions environnementales (CEM, température, hygrométrie, composition chimique de l'atmosphère, pollution éventuelle, pression atmosphérique, etc.).
- FC3b : Résister aux rafales de vent et aux intempéries.

Note : *Une FC3c qui serait « se déclencher pour un vent optimal » serait incluse comme caractéristique de la FS1.*

- FC4 : S'adapter au réseau électrique (connexion, stabilité du courant : puissance, intensité, voltage).

Note : *Une FC4b du type « s'adapter » serait incluse comme caractéristique de la FS1.*

- FC5a : Permettre la conduite (orientation par rapport au vent, mise en rideau, etc.).
- FC5b : Respecter la sécurité des opérateurs de contrôle ou de commande.

- FC6a : Etre maintenable (outils, stocks, consommables, « diagnosticabilité », accessibilité, formation, protection du personnel de maintenance, etc.).
- FC6b : Respecter la sécurité des opérateurs de maintenance (« maintenanciers »).

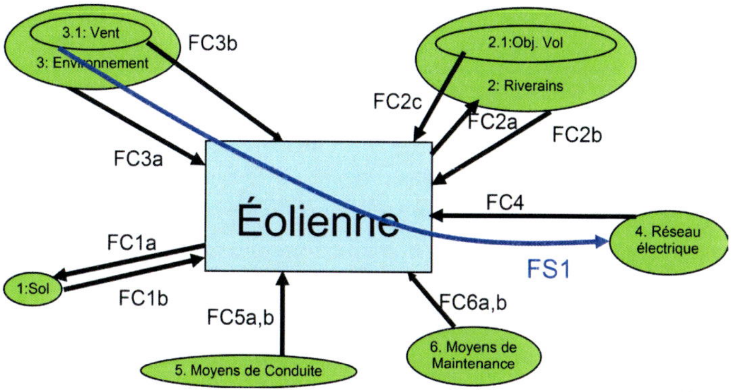

Figure 14 : Diagramme d'environnement ou de contexte, graphe des interactions ou schéma pieuvre* pour une éolienne. Source : exemple d'analyse fonctionnelle du cours de l'Institut Ligeron (© Ligeron)

La description d'une fonction doit respecter un certain nombre de règles simples. Les plus importantes sont énumérées ci-dessous, sachant que, comme il convient de le préciser, certaines d'entre elles font toujours l'objet de débats entre experts :

- On emploie un *verbe* (ou expression verbale) *à l'infinitif* (par exemple « transporter », « respecter », « être conforme à », …).
- La description de la fonction concernée *ne doit pas aborder la solution technique* (comme par exemple « visser la pièce », ou « souder la pièce », etc.). En effet, ces décisions sont du ressort ultérieur des concepteurs.
- Le *nom de l'objet* concerné (objet ou produit pour lequel on fait l'analyse) *ne doit pas apparaître dans la description* (comme par exemple « permettre de fixer l'ampoule » si l'objet concerné est l'ampoule).
- *On ne doit pas employer d'expression de forme négative* (comme par exemple « ne pas déclencher l'alarme »).
- *On ne doit pas employer d'expression à la voix passive* (comme par exemple « s'allumer » ou « être allumé »).
- Une fonction peut être exprimée *dans les deux sens* : soit une contrainte imposée *par le système au milieu extérieur*, soit, inversement, le milieu extérieur *imposant une contrainte au système*. Cette règle fait toujours l'objet de débats entre experts, lesquels ne sont pas tous d'accord en ce qui concerne cette question. Par exemple, le mât d'une éolienne est implanté dans le sol (milieu extérieur). Le sol *doit donc soutenir* le système éolien. Inversement, le sol *doit donc résister* à l'éolienne. Ce sont deux formes d'expression d'une même fonction.

- Il peut y avoir *plusieurs fonctions principales entre les mêmes éléments*. Prenons l'exemple d'un vélo, avec les fonctions FP1 : « Permettre au cycliste des déplacements routiers par la force musculaire », et FP2 : « Procurer au cycliste une image sportive et respectueuse de l'environnement ». On remarque ici que l'on peut donc faire du sport avec un vélo sans avoir une destination fixée à l'avance. FP2 peut à son tour être décomposée en deux sous-fonctions principales (« donner une image sportive » et « respecter l'environnement »).
- Certains experts considèrent en outre que *si un élément extérieur participe à une fonction principale, alors il ne peut imposer de contrainte*. Nous avons déjà exprimé des réserves vis-à-vis de cette règle. Ainsi, un vélo exige que le cycliste (élément extérieur d'une fonction principale) ait un poids raisonnable (par exemple < 150kg). Mais par ailleurs, le cycliste exige que son confort soit pris en compte et que le vélo ne soit ni trop lourd ni trop volumineux. Le cycliste est ici un élément extérieur qui participe à une fonction principale, mais impose aussi une contrainte.

La présente étape (étape numéro 4) est ainsi menée pour chaque *position d'utilisation* (ou *phases de cycle de vie*) sélectionnée du produit ou du système. Au cas où l'analyste sélectionnerait une autre position d'utilisation, il conviendrait évidemment de tracer de nouveau le *diagramme d'environnement* ou *de contexte* (schéma pieuvre*) correspondant à celle-ci.

L'analyse fonctionnelle externe se termine ainsi *lorsque toutes les positions sélectionnées ont été prises en compte* et que *les schémas pieuvres* correspondants ont tous été établis*. Les fonctions identifiées doivent être caractérisées et, de préférence, hiérarchisées dans des tableaux.

Les résultats de l'*analyse fonctionnelle externe* alimentent, en tant que données d'entrée, la rédaction du *cahier des charges fonctionnel* (CdCF).

La procédure d'*analyse fonctionnelle externe*, telle que basée sur la méthode MISME, est précisée à la fin du présent chapitre (§4).

2. Analyse fonctionnelle interne

Contrairement à l'*analyse fonctionnelle externe* (AFE), qui considérait le produit ou le système comme une boîte noire, l'*analyse fonctionnelle interne* (AFI) se préoccupe des mécanismes internes afférents au fonctionnement du produit ou du système, en examinant comment les fonctions de services peuvent être satisfaites. En synthèse, l'AFI est une méthode permettant de recenser les *fonctions de contact*, *techniques* ou *de conception* d'un produit, ainsi que leurs combinaisons, permettant d'assurer les fonctions de service requises. Lors de l'étape 4 de l'analyse fonctionnelle externe, nous avions identifié des fonctions en relation avec les milieux extérieurs. Lors de l'analyse fonctionnelle interne (AFI), il nous faut maintenant identifier les fonctions afférentes aux éléments qui seront contenus dans le produit ou le système.

Dans cette section nous allons donc décrire les étapes de l'*analyse fonctionnelle interne* (AFI), sachant que les résultats de l'AFI alimenteront la rédaction du document de *Spécification Technique du Besoin* (STB).

2.1. ÉTAPE 1 : Décomposition de système : arborescence fonctionnelle

L'*analyse fonctionnelle interne* (AFI) nécessite la décomposition préalable du produit ou du système en *sous-systèmes*, *équipements* (ou ensembles) et *composants* ou *éléments*.

La décomposition du produit ou du système considéré en tant que solution de référence peut se faire essentiellement de deux manières : d'une part d'une manière *structurelle*, ou *physique* (aboutissant à ce qu'on appelle l'*arborescence technique*, ou encore *Product* ou *System Breakdown Structure*, souvent dénommées par les sigles PBS ou SBS) et, d'autre part, d'une manière *fonctionnelle* (aboutissant à l'*arborescence fonctionnelle*, ou *Functional Breakdown Structure*, ou FBS). Pour un nouveau système ou un nouveau produit à créer *ex nihilo,* il est évidemment le plus souvent très difficile de concevoir le PBS ou le FBS. Mais en dehors de ce cas, on mène souvent l'analyse fonctionnelle d'un produit ou d'un système pour lequel on a au moins une idée de ses constituants.

C'est encore à ce niveau que le groupe de travail, composé d'experts, peut avoir une valeur ajoutée essentielle, qui conduira à bien définir les futurs éléments constitutifs du système.

L'analyste décide du niveau de décomposition du produit ou du système. En règle générale, on continue la décomposition jusqu'à ce que l'on arrive à des composants connus ou maîtrisés, comme, par exemple, un moteur électrique, un réservoir sous pression, un alternateur, un accumulateur, etc.

Il est en effet nécessaire de fournir la description physique de chaque élément, afin d'examiner comment il peut participer, soit seul, soit avec d'autres composants à la réalisation des fonctions de service.

La figure ci-dessous (Figure 15) présente la décomposition d'un système en plusieurs sous-systèmes, composants et éléments. En règle générale, et comme déjà indiqué, en analyse fonctionnelle, on s'arrête au niveau des sous-systèmes, mais, bien entendu, rien n'empêche l'analyste de poursuivre le découpage à des niveaux inférieurs. Il faut cependant être conscient que, si l'on continue le découpage jusqu'à des éléments de granularité très fine, typiquement les vis, écrous, boulons, etc., le dossier d'analyse fonctionnelle sera trop volumineux et donc difficilement exploitable.

On pourra donc continuer ultérieurement à décomposer chaque sous-système et à identifier les produits ou équipements constitutifs de chacun d'entre eux.

Par exemple, un logiciel, notamment un logiciel embarqué, pourra figurer dans un tel schéma de décomposition à titre de composant. Il pourra aussi être décomposé en modules et en sous-programmes.

La Figure 16 présente un exemple de *décomposition fonctionnelle*. Cette *arborescence fonctionnelle* peut être obtenue en se basant sur les systèmes semblables en opération, ou encore sur une solution technique de référence.

Il est recommandé de procéder à la fois à la construction de l'*arborescence technique* (PBS ou SBS) et de l'*arborescence fonctionnelle* (FBS).

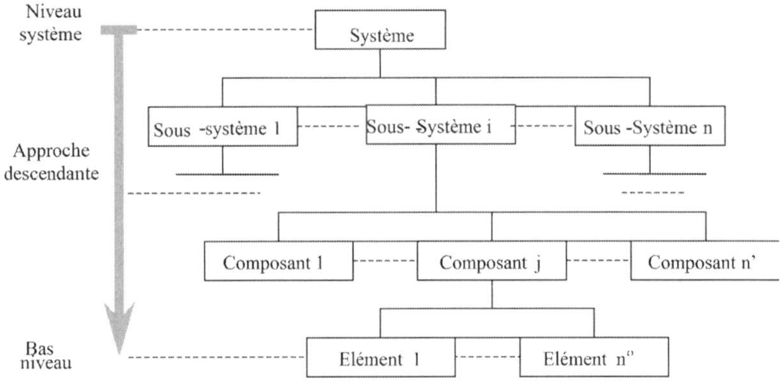

Figure 15 : Décomposition de système en sous-systèmes, composants et éléments

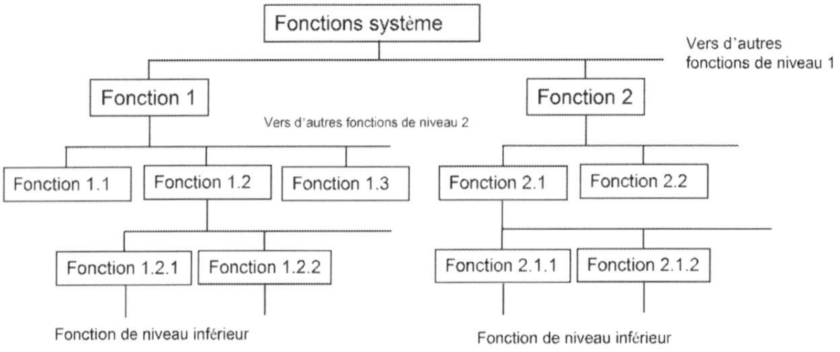

Figure 16 : Décomposition fonctionnelle inspirée de la norme ECSS-P-001A Rev 1 : Functional Tree

Donnons tout d'abord un exemple afin de mieux illustrer la décomposition d'un système.

Si l'on décompose une éolienne, on aura les éléments suivants :

- ***les éléments visibles :*** le mât, le berceau, la turbine et la lampe clignotante (située sur le berceau pour alerter les avions),
- ***les éléments invisibles :*** l'arbre, la génératrice, le câble, l'adaptateur et le connecteur réseau.

La Figure 17 présente ces éléments, liés à un type ou modèle particulier de système éolien.

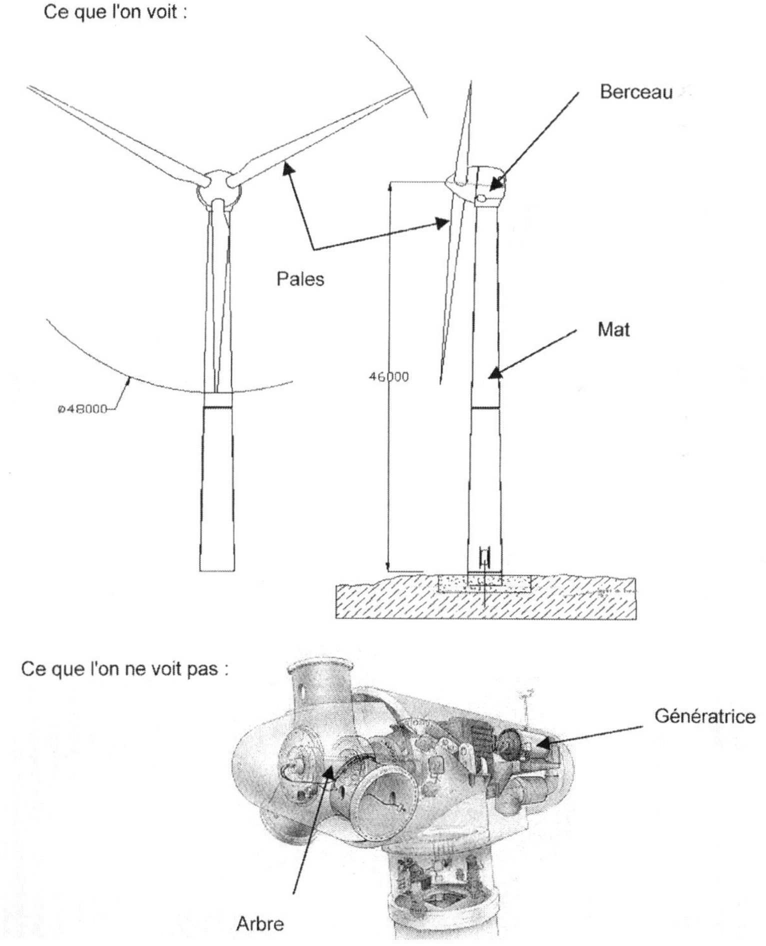

Figure 17 : Éléments constitutifs d'une éolienne.
Source : exemple d'analyse fonctionnelle du cours de l'Institut Ligeron (© Ligeron).
Source initiale : eduscol.education.fr

Nous considérerons la porte latérale du train N2 dont les éléments constitutifs de ce système sont :

- La partie fixe supérieure ;
- La partie fixe inférieure ;
- Les parties mobiles ;
- Le groupe motoréducteur ;
- La transmission mouvement ;
- La commande - contrôle ;
- Le bloc de verrouillage ;
- Les capteurs ;
- Le système de déverrouillage de secours.

La Figure 18 ci-dessous présente ce système et ses composants.

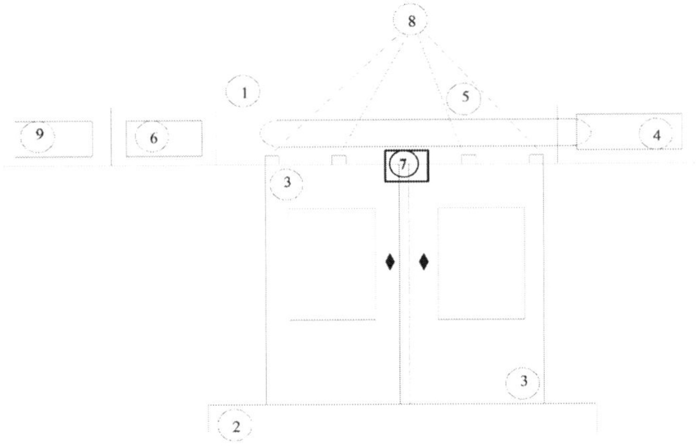

Figure 18 : Porte latérale du wagon à deux étages (N2) (Source et Copyright© Ligeron)

2.2. ÉTAPE 2 : Bloc Diagramme Fonctionnel (BDF)

Une fois les éléments constitutifs du produit ou du système identifiés et placés à l'intérieur de l'objet, vis-à-vis d'une *position d'utilisation sélectionnée*, on essaie alors d'identifier :

- *Les contacts de chaque élément avec les autres éléments*. On appelle ces contacts les *fonctions de contact* ou *fonctions élémentaires*. La turbine d'une éolienne a, par exemple, un contact avec le berceau. Ces éléments sont des *éléments constitutifs* du système éolien.

- *Les contacts de chaque élément constitutif avec un élément extérieur* (ou éventuellement des éléments extérieurs). Il s'agit de bien *caractériser la fonction contrainte*, en spécifiant mieux le lien de l'élément extérieur et le produit ou le système. Par exemple, le sol (élément extérieur) a un contact avec le mât de l'éolienne (élément constitutif du système). Il n'y a évidemment pas de contact entre le sol et le berceau ou la turbine. À ce niveau, nous avons deux types de contacts : le *contact physique* ou *normal*, représenté par un *trait plein* (exemple entre le mât et le sol pour une éolienne) et le *contact virtuel,* plus rare, représenté par une *ligne en pointillés* (c'est par exemple le lien entre un satellite et l'antenne, lesquels ne se touchent pas).
- *Les flux qui sont transmis* ou *qui traversent les éléments du système ou du produit.* On appelle ici *flux* toute circulation de matière ou d'énergie, tels que courant électrique, déplacement d'ions ou de particules, émissions d'onde ou d'énergie, etc.

Il y a globalement ici deux cas : le «*flux bouclé*», lorsqu'il s'agit d'un courant d'échange fermé à l'intérieur du produit (par exemple la transmission d'un signal entre deux éléments dans le produit), et le «*flux ouvert*», lequel concerne un courant d'échange établi par le produit entre un flux entrant et un flux sortant (par exemple, l'ouverture-fermeture dans le cas, déjà considéré, de la porte).

À cette étape, il s'agit d'identifier ce qu'on appelle les **Fonctions Techniques**, ou **Fonctions de Conception**, c'est-à-dire l'ensemble des fonctions que doit assurer un élément du système ou du produit, et liées :

- soit aux contacts (c'est-à-dire aux fonctions de contact),
- soit aux flux, ouverts ou bouclés (c'est-à-dire aux fonctions de flux).

D'après la norme AFNOR X50-150, une *fonction technique* est une *action interne au produit* (c'est-à-dire opérant entre ses constituants), choisie par le concepteur-réalisateur, dans le cadre d'une solution, et pour assurer des fonctions de service.

Quand l'analyste ou le concepteur met en place les éléments constitutifs du système ou du produit, plusieurs possibilités sont en général offertes en ce qui concerne les différents arrangements possibles entre ces éléments. Prenons l'exemple de trois éléments simples que nous appellerons E1, E2 et E3. Nous pouvons envisager une configuration *en série*, c'est-à-dire que les trois éléments seront alors placés dans l'ordre de leur énumération, et qu'il y aura un contact entre E1 et E2 et un contact entre E2 et E3, mais sans contact entre E1 et E3. Plaçons maintenant les trois éléments en configuration «*triangle*». Dans ce cas, il y a un contact entre E1 et E2, un contact entre E2 et E3 et enfin un contact entre E3 et E1. Ces deux *architectures* sont de nature différente. Dans le premier cas, il n'y a pas de contact entre E1 et E3, alors que le deuxième cas fait apparaître un tel contact. Ce point constitue une piste d'innovation, car l'analyste peut ainsi mettre les concepteurs sur une nouvelle voie, concernant l'architecture du système. C'est ainsi que le concepteur peut également décider de supprimer des éléments qui n'ont pas de vraie valeur ajoutée, voire qui s'avèrent superflus.

La Figure 19 présente, pour une position d'utilisation donnée, ce qu'on appelle un *bloc diagramme fonctionnel* (BDF), dans le cas d'un système possédant trois éléments constitutifs à savoir E1, E2 et E3. Ce diagramme nous montre les fonctions présentes à l'intérieur du système. Par ailleurs, le système interagit avec quatre éléments extérieurs EME1, EME2, EME3 et EME4. Le contact entre EME4 et E3, lié à la fonction contrainte Fc4, est un *contact virtuel*, représenté donc par un trait pointillé, tandis que les autres contacts sont *physiques* (traits plein). On constate également que la fonction principale, FP1, passe par E1 et E2, mais qu'elle ne passe pas par E3, ce qui permet d'affirmer que E3 ne participe pas directement à la réalisation de la fonction principale.

Enfin, il y a au total trois fonctions techniques FT1, FT2 et FT3, liées aux contacts entre E1 et E2, puis entre E2 et E3 et enfin entre E3 et E1.

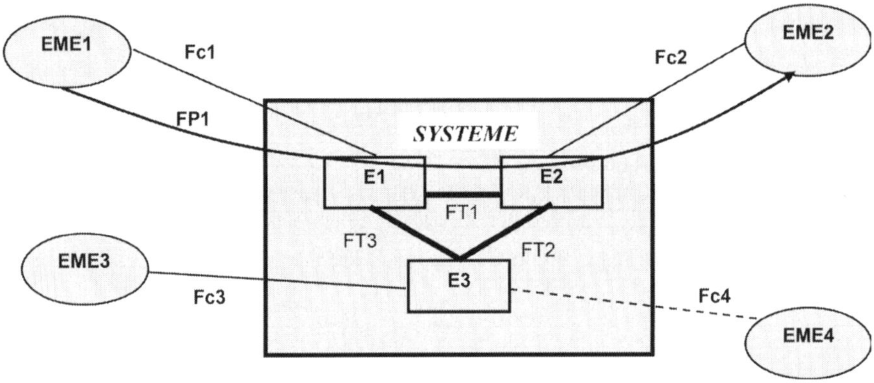

Figure 19 : Bloc diagramme fonctionnel

Il arrive très souvent qu'un système soit complexe, son découpage en sous-systèmes, équipements et composants devenant de ce fait relativement inexploitable (cf. §6.3). Pour un tel système, il est alors recommandé de mener une analyse fonctionnelle au niveau de ses sous-systèmes. Sur la Figure 19, si l'on essaie de faire une analyse fonctionnelle de l'équipement E1, toujours pour la même position d'utilisation que précédemment, les milieux extérieurs EME2, EME3 et EME4 disparaîtront. En revanche, E2 et E3 deviendront des nouveaux éléments extérieurs interagissant avec E1. FP1 deviendra FP1-1, liant EME1 à E2 et non à EME2. Les fonctions de contacts FT1 et FT3 seront des fonctions contraintes, et FT2 n'existera plus. Pour l'analyse fonctionnelle interne de l'élément E1, il faut partir de la décomposition de E1 en composants et en éléments. Le BDF et les fonctions techniques de E1 dépendront de cette décomposition.

Le Bloc Diagramme Fonctionnel (BDF) fait donc apparaître les contacts entre les éléments internes du système, mais aussi les contacts de ces éléments avec les milieux extérieurs.

Le dossier d'analyse fonctionnelle comprend très souvent une matrice mettant en évidence ces contacts. Le Tableau 7 en est un exemple. Il présente les liens entre les 3 sous-systèmes, nommés 10, 20 et 30, mais aussi entre ces sous-systèmes et les éléments du milieu extérieurs (ME) dont le nombre s'élève ici à 5. On remarque qu'entre les sous-systèmes 20 et 30, il n'y a pas de lien. Le milieu extérieur ME2 a des liens avec tous les sous-systèmes 10 et 20 et 30.

Dans tous les cas, l'usage de ce type de tableau, ou matrice, est tout à fait recommandé, car cet usage s'avère en général riche d'enseignements.

Sous-système →

↓ **ME**

Contacts	**10**	**20**	**30**
10		**10/20**	**10/30**
20	**20/10**		
30	**30/10**		
ME1		**20ME1**	
ME2	**10ME2**	**20ME2**	**30ME2**
ME3	**10ME3**		**30ME3**
ME4	**10ME4**		
ME5	**10ME5**		

Tableau 7 : Matrice des contacts et des liens

Il ne faut pas confondre cette matrice avec le Tableau d'Analyse Fonctionnelle (TAF), décrit dans l'étape suivante. En effet, dans cette matrice, les lignes ou les colonnes ne présentent pas de fonction.

Afin de mieux cerner la signification des différentes fonctions, partons d'un exemple simple. La fonction principale d'un train est de transporter des voyageurs avec leurs bagages (train de voyageurs) ou des marchandises (Fret). En dehors des fonctions contraintes, nous sommes amenés à concevoir des fonctions techniques ou de conception afin que cette fonction principale soit satisfaite.

La Figure 20, basée sur un simple schéma, présente la décomposition de la fonction principale, d'abord en deux sous-fonctions principales :

- FS1 : Transporter des voyageurs et leurs bagages,
- FS2 : Transporter des marchandises

Puis, chacune de ces sous-fonctions donne lieu à des fonctions techniques ou de conception. Après cette déclinaison, la balle sera dans le camp des concepteurs. En effet, pour transporter des voyageurs, il faut prévoir des sièges. Le rôle ou la fonction principale d'un siège est de permettre à un voyageur de s'asseoir. Plusieurs questions se posent alors :

- Quel type de siège (fixe ou avec possibilité d'inclinaison, ...) ?
- En quel matériau (cuir, skaï, bois, tissu, étoffe, etc.) ?
- De quelles dimensions et avec quelle distance entre les rangées de sièges ?
- De quelle couleur ?
- etc.

Ce sont des questions auxquelles seuls les concepteurs sont habilités à répondre. Le dossier d'analyse fonctionnelle ne donne pas ces réponses, qui restent intrinsèquement liées aux solutions techniques envisagées.

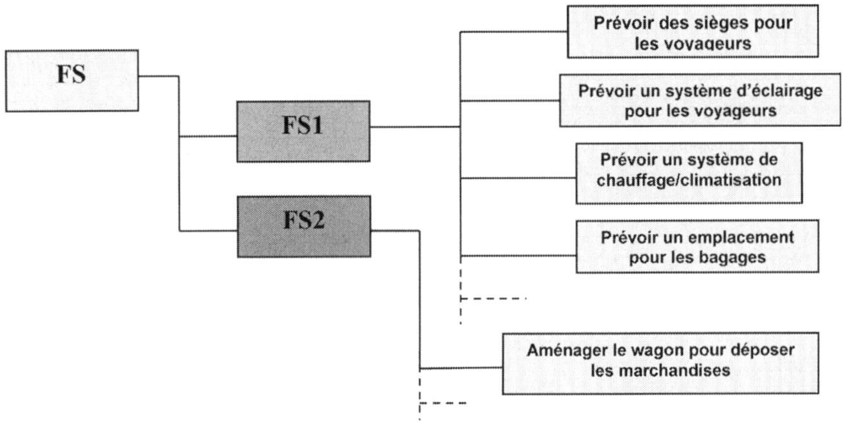

Figure 20 : Fonctions techniques (ou de conception) issues des fonctions de service

D'une façon générale, le schéma fonctionnel, illustré par la Figure 21, présente la logique de décomposition de la fonction de service en fonctions techniques ou de conception. Chaque fonction technique fera l'objet d'une décomposition en fonctions techniques de niveau inférieur. Puis, chaque fonction technique de niveau inférieur fera l'objet d'une étude menée par les concepteurs afin de trouver une solution technique (ou constructive) satisfaisante.

En analyse fonctionnelle, on s'arrête donc au niveau des fonctions techniques, après mise en évidence de celles-ci par décomposition. On ne donne pas les solutions constructives dans un dossier d'analyse fonctionnelle.

Si l'on se positionne au niveau d'une fonction technique particulière, on peut alors se poser la question de savoir pourquoi cette fonction doit exister. La réponse est alors liée à la fonction technique de niveau supérieur, et à la fonction de service dont elle est issue. De même, si l'on considère une solution technique, c'est-à-dire une solution constructive, on peut se poser la question de savoir pourquoi on doit envisager cette solution. La réponse est naturellement liée à la fonction technique correspondante. Autrement dit, dans ce schéma, si l'on se déplace vers la gauche, on répond à la question « Pourquoi ? ».

En ce qui concerne le déplacement vers la droite, on répond cette fois à la question « Comment ? ». En fait, le concepteur répond à la question « Comment satisfaire la fonction technique ? ».

La solution technique ou constructive B est la réponse à la question « Comment peut-on satisfaire la fonction technique correspondante (c'est-à-dire la fonction technique 12) ? ».

En réalité, le raisonnement ainsi opéré provient de la méthode FAST (cf. §7), laquelle est basée sur le triptyque : Pourquoi ? Comment ? et Quand ?

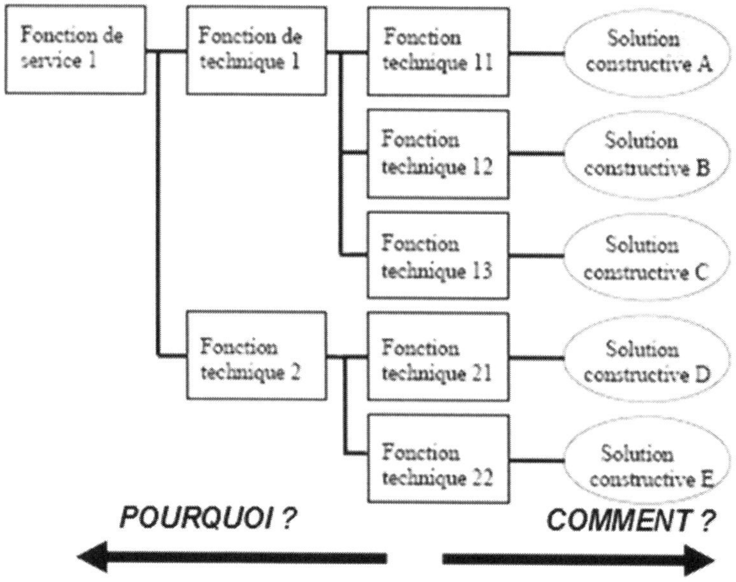

Figure 21 : Schéma de principe fonctionnel et de sa décomposition

Nous donnons ici un exemple afin d'illustrer le BDF (Bloc Diagramme Fonctionnel). Il s'agit d'une éolienne, toujours considérée dans ses positions de vie, de production et d'exploitation.

Les éléments constitutifs d'une éolienne sont :

- E1 : un rotor (contenant l'hélice ou la turbine et l'arbre),
- E2 : une génératrice (y compris le câble de raccordement à l'adaptateur),
- E3 : l'adaptateur électrique permettant la mise en forme du courant (il est situé au pied de l'éolienne),
- E4 : un berceau (le berceau contient une centrale de pilotage incluant un organe de mesure du vent),
- E5 : un mât,
- E6 : des fondations (incluant les moyens de raccordements au mât).

Avec la Figure 14 nous avions présenté le diagramme de contexte, dit pieuvre*, de ce système, pour les situations de vie considérées.

Il s'agit maintenant d'examiner comment la fonction de service FS1 se traduit à l'intérieur du système.

La Figure 22 présente le BDF de ce système en production ou en exploitation.

On remarquera les contacts (en trait plein) entre la génératrice et le rotor, le berceau et l'adaptateur par l'intermédiaire du câble. Par ailleurs, le berceau a un contact avec le mât (il est solidaire du mât). Enfin, le mât est implanté dans les fondations. Ces contacts internes sont désignés par An. La Fonction de service FS1 passe par le rotor, puis par la génératrice, et enfin par l'adaptateur. Nous verrons dans le §6.3 (cohérence fonctionnelle) la philosophie présidant à la décomposition de FS1 en FS1.1, FS1.2 et FS1.3.

Les fonctions contraintes se traduisent également par les contacts entre les milieux extérieurs et les éléments du système. Dans ce cas, on emploie une nomenclature de type Bm.n afin de distinguer ces contacts de ceux des éléments internes du système. Les moyens de conduite ou les opérations de maintenance concernent la plupart, voire la totalité, des éléments du système éolien.

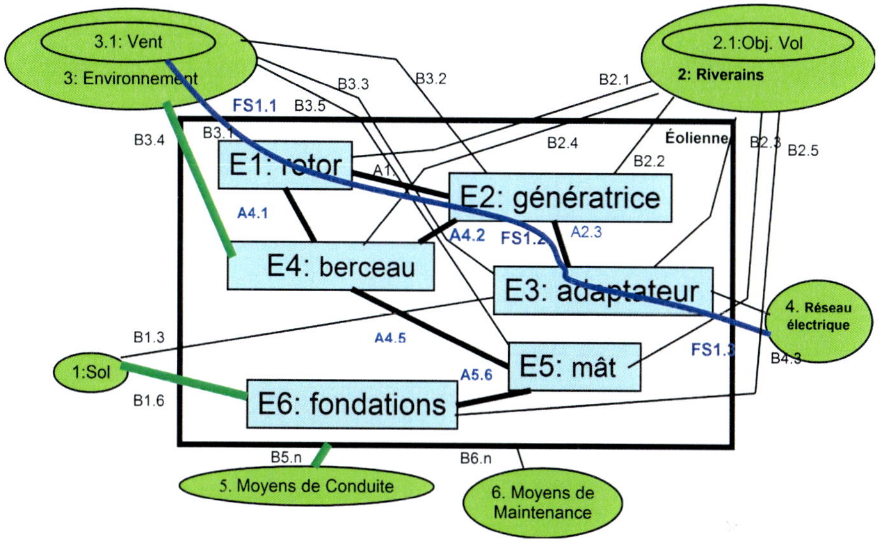

Figure 22 : Schéma BDF d'une éolienne en exploitation.
Source : exemple d'analyse fonctionnelle du cours de l'Institut Ligeron (© Ligeron)

Note : *Parfois, lorsque deux éléments internes du système sont solidaires, par exemple soudés ou vissés, on emploie en plus du trait plein une convention type :* ⬭ *.*
Par exemple, entre le berceau et le mât on peut mettre ce signe .

2.3. ÉTAPE 3 : Tableau d'Analyse Fonctionnelle (TAF)

L'analyse fonctionnelle interne (AFI) s'achève avec l'établissement d'un tableau d'analyse fonctionnelle, appelé couramment TAF (Tableau d'Analyse Fonctionnelle), qui rend compte des résultats de l'analyse fonctionnelle de manière synthétique.

Le TAF n'est malheureusement pas standardisé. Chaque entreprise procède ainsi à sa manière, et en fonction de son propre état de l'art. Toutefois, de manière générale, le TAF présente d'un côté (colonnes) toutes les fonctions : Fonctions de service, c'est-à-dire les Fonctions Principales et Fonctions Contraintes (FP et Fc) ainsi que les Fonctions techniques FT, et, de l'autre côté (lignes), les éléments du système et les milieux extérieurs. Le Tableau 8 présente un exemple ou modèle de TAF.

		Fonctions de service					Fonctions de conception							
		FP1	Fa1	Fa2	Fa3	Fa4	B1	A1	A2	A3	A4	A5	A6	A7
Eléments du système	E1	●	●				●	●	●		●			
	E2	●		●			●		●	●		●		
	E3				●	●	●				●	●	●	●
Milieux Extérieurs ou de l'environnement	A1	●												
	A2					●								
	A3	●												
	A4					●								
	A5					●								
	A6				●									
	A7			●										
	B1	●												

Tableau 8 : Exemple de TAF.
Source initiale : exemple du cours d'analyse fonctionnelle de l'Institut Ligeron

Un autre exemple plus significatif et plus complet, est présenté ci-après (Tableau 9). La première colonne présente d'abord les éléments constitutifs du système TR@IN-MD, c'est-à-dire les sous-systèmes Balise GPS, COIW (communication interne wagon), CSAW (communication externe wagon), CGEN (capteurs génériques), SISOL(système d'information au sol, comprenant la base de données), COES (communication externe wagon), SUPE (supervision externe SNCF) et SUPI (supervision interne SNCF), ainsi que les éléments d'environnement (à savoir l'infrastructure ferroviaire, le personnel de la RAT, l'environnement ferroviaire, les clients internes, wagonnier, les client externes, SI fret, train de MD et wagon de MD), alors que la première ligne fournit la liste des différentes fonctions (fonctions principales, fonctions contraintes et fonctions de contact). Par ailleurs, les contacts entre les éléments du système sont aussi mis en évidence à l'aide d'une ligne de couleur noire.

	Fonctions principales							Fonctions contraintes									Fonctions de contacte
	F1	F2	F3	F4	F5	F6	F7	Fc1	Fc2	Fc3	Fc4	Fc5	Fc6	Fc7	Fc8	Fc9	
BALISE GPS	■	■						■	■		■						C1 C4
COIW								■	■								C1 C2 C3
CSAW								■	■							■	C2
CGEN								■	■							■	C3
SI SOL			■				■			■					■		C5 C6 C7
COES																	C4 C5
SUPE				■	■								■	■			C6
SUPI						■						■					C7
Infrastructure ferroviaire	X									X							
Personnel de la RAT							X				X						
Environnement ferroviaire								X									
Clients internes						X						X					
Wagonnier				X										X			
Clients externes					X								X				
SI Fret		X					X								X		
Train de MD			X														
Wagon MD	X	X	X	X	X	X			X							X	

Tableau 9 : Exemple de TAF (Projet TR@IN-MD)

Note : *Ce tableau TAF a été crée par Ali Azarian dans le cadre du projet de recherche Prédit- TR@IN-MD.*

3. Cohérence fonctionnelle

La démarche d'analyse fonctionnelle suppose évidemment un contrôle approfondi, accompagné d'une série de vérifications détaillées, avant l'approbation du dossier d'analyse fonctionnelle complet.

Plusieurs types d'erreurs sont susceptibles d'être commis par un analyste. Nous indiquons ci-dessous les principales erreurs, souvent rencontrées, et qu'il convient bien sûr d'éviter

Sur le diagramme « Bête à cornes »*, on trouve parfois des objets présentés comme réponse à la question : « *À qui cela rend-il service ?* ». Il va de soi que l'analyste n'a pas l'intention de rendre service à un objet sans vie ou à un matériel, mais plutôt à une personne physique (de type opérateur, utilisateur, usager, etc.), ou à une personne morale (une entreprise ou un département, les pouvoirs publics, une région ou une commune, etc.). Rendre service à un objet est souvent critiqué, car cela n'a pas de sens.

Sur le diagramme « Bête à cornes »*, on trouve parfois les mêmes réponses données aux deux questions : « *À qui cela rend-il service ?* » et « *Sur qui ou sur quoi cela agit-il ?* ». Il convient d'analyser ce type de réponse. Le système peut rendre service à un opérateur de maintenance, et peut agir sur son niveau de compétence ou sur son savoir-faire, mais il est difficile d'imaginer que le système puisse agir physiquement sur l'opérateur. La question « *Sur qui ou sur quoi cela agit-il ?* » est donc davantage orientée vers des objets (physiques ou abstraits), sur des documents, du matériel ou du logiciel, des procédures ou encore des protocoles, etc. On peut également imaginer un impact sur une activité, comme par exemple une activité de maintenance ou de conception.

Une fonction peut s'avérer être en fait une sous-fonction d'une autre fonction déjà identifiée. À titre d'exemple, quand on transporte des voyageurs grâce à un système comme un train, chaque voyageur a naturellement des bagages, des sacs ou encore un ordinateur portable, etc. Il n'est donc pas nécessaire de définir une fonction indépendante comme « *transporter les bagages des voyageurs* ». Il s'agit d'une sous-fonction ou d'une *fonction implicite* de la fonction principale « *transporter des passagers* ». Cette vérification s'appelle la vérification de la *cohérence fonctionnelle verticale*, car, soit on descend au niveau inférieur, soit on monte au niveau supérieur.

Une *fonction principale* (FP) ou une *fonction contrainte* (Fc) peut avoir un double sens, ou encore s'appliquer dans les deux directions. Quand l'analyste oublie malencontreusement, ou bien omet volontairement d'indiquer les flèches, les choses deviennent difficiles à cerner, et plusieurs interprétations deviennent possibles. Pour chaque fonction, il faut donc se poser la question suivante : « D'où vient-on ? » (point de départ) et « Vers où va-t-on ? » (point d'arrivée). C'est ce qu'on appelle parfois la vérification de la *cohérence fonctionnelle horizontale*.

Note : *L'utilisateur est souvent considéré comme le point de départ d'une fonction principale ou, plus précisément, d'une fonction d'usage d'un produit ou d'un système. Bien évidemment, rien n'empêche que l'utilisateur exerce ou impose aussi une contrainte sur le système.*

Lorsqu'on étudie un système complexe, plus ou moins sophistiqué, il est nécessaire de décliner l'analyse fonctionnelle au niveau des sous-systèmes, voire au niveau des équipements, ou encore des ensembles, et ce afin de mieux cerner le problème. Cette décomposition nécessite une attention toute particulière, car elle constitue la source de beaucoup d'erreurs.

Donnons un exemple en présentant un BDF d'un système comprenant trois sous-systèmes SS1, SS2 et SS3. La Figure 23 présente cet exemple. Sur ce schéma, nous constatons que le système possède une fonction principale FP, qui relie le milieu extérieur ME1 à ME3, en passant par les 3 sous-systèmes. ME1 a une fonction contrainte FcSS101, et ME3 a aussi une fonction contrainte qui est FcSS301.

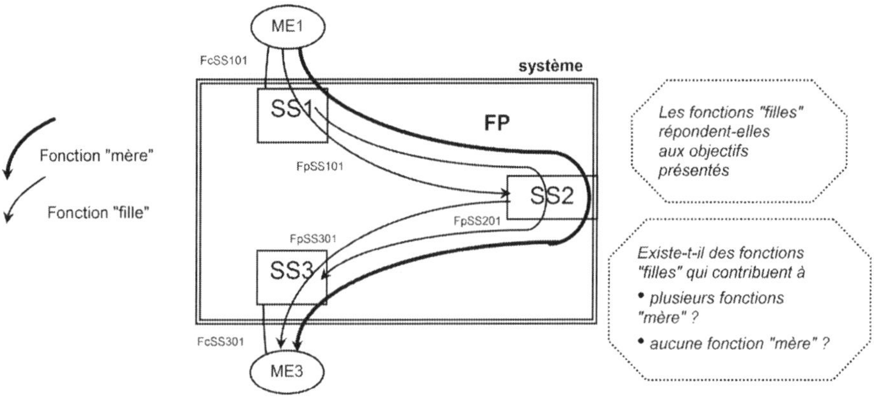

Figure 23 : BDF d'un système ayant trois sous-systèmes.
Source : Cours d'analyse fonctionnelle de l'Institut Ligeron

Quand l'analyste aborde l'analyse fonctionnelle du sous-système SS1, le sous-système SS2 devient un milieu extérieur pour SS1. La fonction principale de ce sous-système SS1 devient FpSS101, qui relie le milieu extérieur ME1 à SS2. On appelle cette fonction «*Fonction fille*» par rapport à FP, laquelle est une «*Fonction mère*». Pour SS1, le sous-système SS3 ainsi que ME3 sont invisibles et écartés. De même, si l'on essaie d'établir le diagramme correspondant pour SS2, FpSS201 est alors la fonction principale (fonction fille), qui relie SS1 à SS3. Les milieux extérieurs ME1 et ME3 ne sont plus à considérer pour SS2. En revanche, SS1 et SS3 sont des milieux extérieurs pour SS2. Enfin, le diagramme correspondant à SS3 fait apparaître une fonction principale FpSS301 (fonction fille) reliant SS2 à ME3. La fonction contrainte FcSS301 s'applique aussi, mais ME1 et SS1 n'existeront plus pour l'analyse fonctionnelle de SS3.

La vérification de cette cohérence fonctionnelle est donc, en fait, basée sur les réponses aux questions suivantes :

- Les fonctions filles répondent-elles aux objectifs présentés dans l'analyse fonctionnelle du système tout entier ?
- Existe-t-il des fonctions filles qui ne contribuent à aucune fonction mère ?
- Existe-t-il des fonctions filles qui contribuent à plusieurs fonctions mères ?

En synthèse, lorsqu'on décline l'analyse fonctionnelle d'un système vers ses sous-systèmes, il convient de contrôler la *cohérence verticale*, c'est-à-dire la cohérence fonction mère vers fonction fille, et vice versa.

Un autre exemple est donné par la Figure 22 (BDF d'une éolienne), où FS1 est décomposée en FS1.1, FS1.2 et FS1.3.

4. Procédure d'analyse fonctionnelle

La démarche d'analyse fonctionnelle suit la procédure suivante présentée sur la Figure 24.

La démarche commence naturellement par l'analyse fonctionnelle externe, et prend fin à la clôture de l'analyse fonctionnelle interne, avec la production du tableau d'analyse fonctionnelle (TAF). Le dossier d'analyse fonctionnelle comprend souvent des conclusions et des recommandations. En annexe de ce dossier, on retrouve parfois la liste des données et des informations, avec présence possible d'un glossaire. Enfin, il faut rappeler que le dossier d'analyse fonctionnelle sert de donnée d'entrée à la rédaction du cahier des charges fonctionnel (CdCF), ainsi que du document de spécification technique du besoin (STB).

A.AZARIAN	Processus d'analyse fonctionnelle (MISME)	ANALYSE FONCTIONNELLE	Méthodologie - Logique de déroulement
Documents / Data	Procédure AFE-AFI - Méthodologie MISME		Analyse Fonctionnelle Externe ou Interne

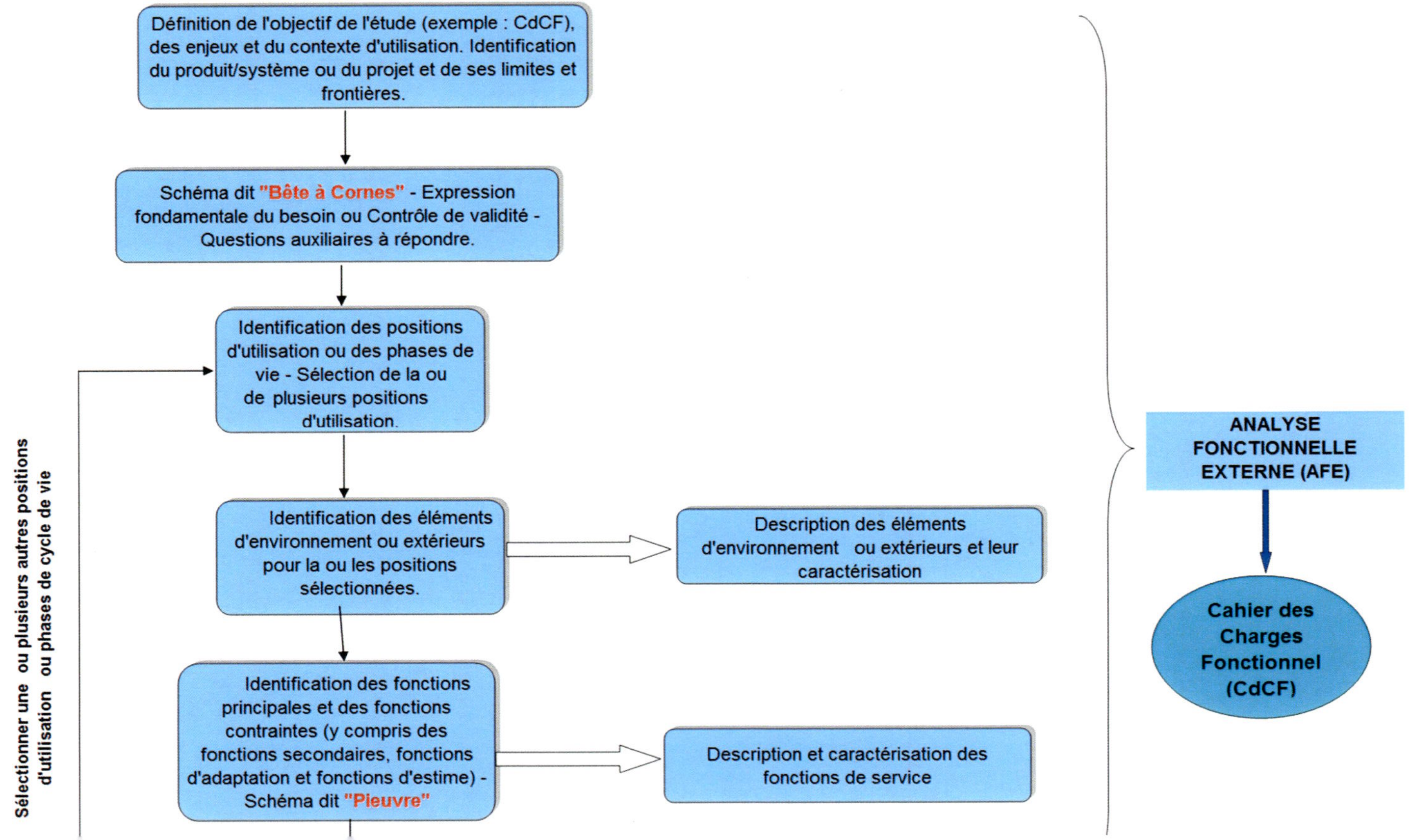

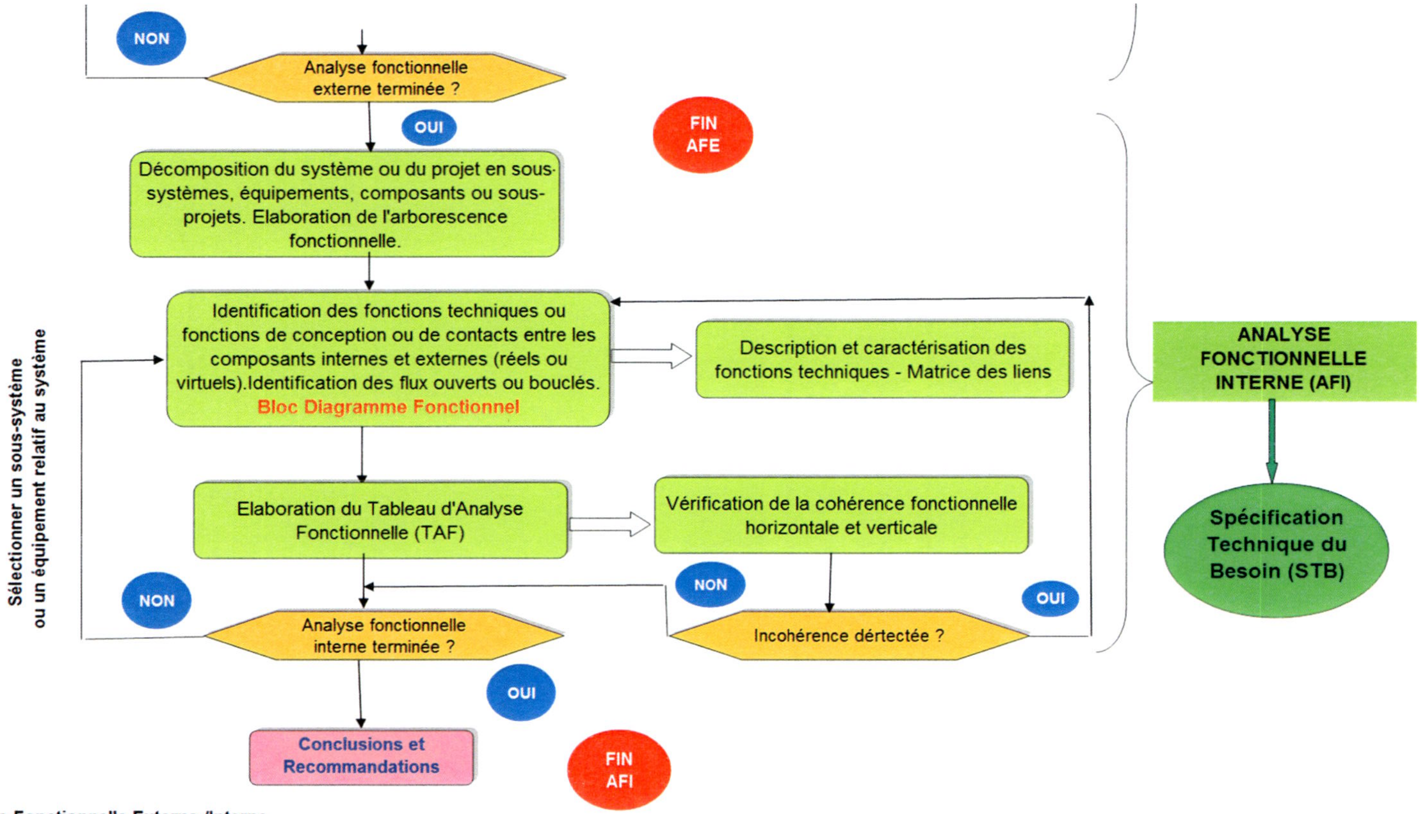

AFE/I : Analyse Fonctionnelle Externe /Interne
Conçu par : Ali AZARIAN - Copyright©
Date et N° de version ou indice : 24/11/2015 - v2
Les termes employés comme Bête à cornes - Pieuvre et BDF sont liés à la méthode APTE®

Figure 24: Procédure de la démarche d'analyse fonctionnelle basée sur la méthode MISME

5. Exercices

Répondez par vrai ou faux et justifiez votre réponse par une ou deux phrases simples.

1. **Pour un système tel que la porte du wagon d'une rame, le bornier wagon est un élément du système.**

☐ Vrai ☐ Faux

2. **Pour une souris d'ordinateur, le moniteur est à l'extérieur du produit.**

☐ Vrai ☐ Faux

3. **On considère un ordinateur portable (*lap top*). Le vidéoprojecteur destiné à projeter des « transparents » est un élément d'environnement.**

☐ Vrai ☐ Faux

4. **On considère un ordinateur de bureau (*desk top*). Le clavier est un élément extérieur.**

☐ Vrai ☐ Faux

5. **La démarche de l'analyse fonctionnelle externe (AFE) commence par la définition de l'objectif de l'étude et des limites du système faisant l'objet de l'étude.**

☐ Vrai ☐ Faux

6. **On a besoin de systèmes éoliens, car les ressources énergétiques fossiles sont limitées et épuisables.**

☐ Vrai ☐ Faux

7. **Pour transporter des voyageurs, il y a l'autocar. On n'a donc pas besoin d'un système comme le train.**

☐ Vrai ☐ Faux

8. **On peut commencer l'analyse fonctionnelle externe d'un logiciel (non temps réel) par la définition des scénarios d'utilisation.**

☐ Vrai ☐ Faux

9. **Le stylo est un produit qui doit être adapté à la main de l'utilisateur.**

☐ Vrai ☐ Faux

10. Une fonction d'usage est en fait une fonction de service.

☐ Vrai ☐ Faux

11. La maintenance ou la réparation d'une rame de métro constituent une position d'utilisation.

☐ Vrai ☐ Faux

12. La construction d'une voie ferrée est une position d'utilisation d'un train.

☐ Vrai ☐ Faux

13. L'analyse fonctionnelle externe (AFE) n'a pas besoin d'éléments d'entrée.

☐ Vrai ☐ Faux

14. On a déjà effectué le contrôle de validité. Pour certaines positions du système, il convient de refaire le schéma dit «bête à cornes»*.

☐ Vrai ☐ Faux

15. Dans une voiture classique, un réservoir sert à contenir du carburant.

☐ Vrai ☐ Faux

16. Pour un système donné, on ne peut avoir qu'une et une seule fonction principale.

☐ Vrai ☐ Faux

17. Lorsqu'on change de position d'utilisation, on a forcément un autre diagramme de contexte ou schéma «pieuvre»*.

☐ Vrai ☐ Faux

18. On ne peut pas avoir une fonction contrainte dans les deux sens entre un élément extérieur et le système.

☐ Vrai ☐ Faux

19. La fonction d'estime a un lien avec la valeur du système ou du produit.

☐ Vrai ☐ Faux

20. La fonction complémentaire n'est pas une fonction indispensable.

☐ Vrai ☐ Faux

Exercice résolu 1 (source initiale : cours d'analyse fonctionnelle de l'Institut Ligeron) **:** On considère un ordinateur portable (*lap top*), équipé de logiciels bureautiques (de type Microsoft Office). Définir une fonction d'usage. Définir au moins trois milieux extérieurs pour la position d'utilisation normale où l'utilisateur travaille avec ce système. Le clavier est-il un milieu extérieur ? Définir au moins deux fonctions contraintes ou d'adaptation. Identifier au moins deux interfaces pour ce système.

Solution de l'exercice 1 : *Fonction d'usage : l'utilisateur travaille avec l'ordinateur en marche pour élaborer un document (Microsoft Word, Excel ou PowerPoint), modifier ou consulter un fichier, accéder à un site internet ou à ses messages : FP1 : Travailler sur un fichier ou accéder à un site ou à la messagerie via internet*

Pour la position d'utilisation normale, quelques milieux extérieurs sont donnés ci-après :

ME1 : Utilisateur

ME2 : Energie électrique (prise de courant)

ME3 : Environnement (air : température – pression - degré hygrométrie, etc.)

ME4 : Clé USB, disque dur externe, DVD

ME5 : Table ou bureau (support de système)

ME6 : Internet via wifi

ME7 : Serveur de messagerie

etc.

Le clavier fait partie du système. Il ne constitue pas un milieu extérieur.

Fonctions contraintes :

Fc1 : Être facile d'emploi (ergonomie)

Fc2 : Être adaptable au courant électrique 220V et 60 Hz

Fc3 : Avoir un poids raisonnable (< à 5 kg)

Fc4 : Avoir un volume raisonnable. Être transportable dans une sacoche

Fc5 : Être conforme aux normes et en particulier à la norme de sécurité

etc.

Interfaces : câbles (exemple câble pour rétroprojecteur), imprimante, clé USB, disque externe, vidéoprojecteur, etc.

◇◇

Exercice résolu 2 (source initiale : cours d'analyse fonctionnelle de l'Institut Ligeron) **:** On considère un vélo. Établir le Bloc Diagramme Fonctionnel (BDF) pour la fonction d'usage « position normale de roulage avec un cycliste ».

....

Solution de l'exercice 2 : *Fonction d'usage : permettre au cycliste des déplacements routiers par la force musculaire. Le cycliste est assis sur la selle ; il a le guidon entre les mains et il pédale.*

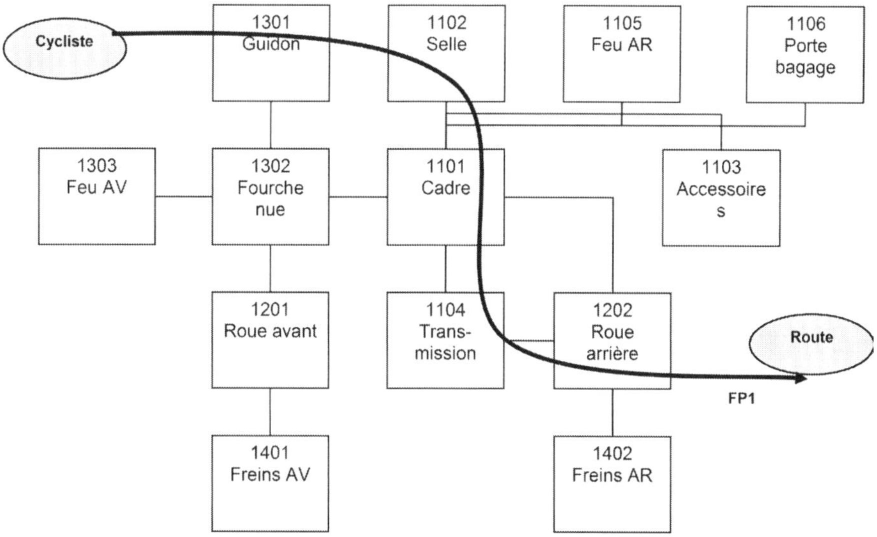

Figure 25 : Schéma bloc diagramme fonctionnel (BDF) (AF interne)

Exercice résolu N° 3 : Pour un pare brise de voiture, effectuer le contrôle de validité et tracer le schéma dit « bête à cornes »*. Identifier les phases de cycle de vie du produit. Pour une position d'utilisation normale de ce produit installé sur un véhicule, établir le diagramme d'environnement.

Solution de l'exercice 3 : *Voici le schéma de contrôle de validité :*

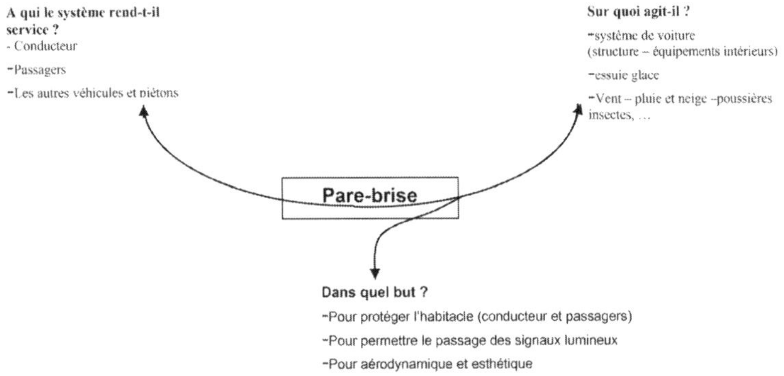

Figure 26 : Schéma de contrôle de validité dit « bête à cornes* »

Pourquoi ce besoin ? *Parce que le conducteur et les passagers ont besoin d'être protégés. Parce qu'ils ont besoin d'avoir une visibilité sur ce qui se passe à l'extérieur, en particulier sur la route.*

Qu'est-ce qui ferait disparaître ce besoin ? *Peut-être un casque, mais il n'y a pas beaucoup de solutions de rechange, éventuellement périscope ou caméra (peu probable).*

Qu'est-ce qui ferait évoluer un tel besoin ? *Une nouvelle technologie ou un nouveau matériau (peu probable).*

Les deux schémas de cycle de vie et « pieuvre » pour l'utilisation normale sont présentés ci-après :

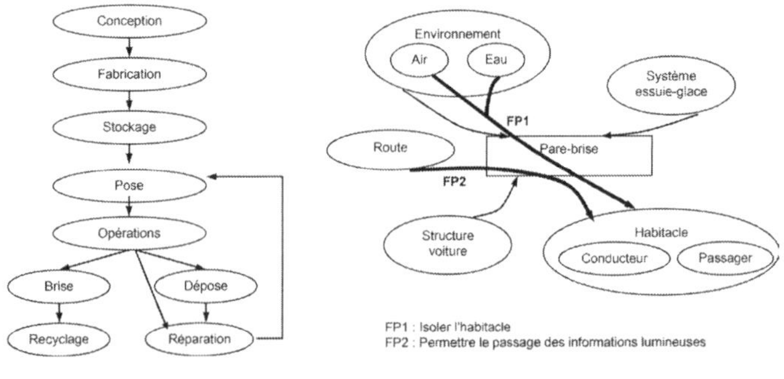

Figure 27 : Cycle de vie et diagramme de contexte ou « pieuvre* »

Exercice résolu N° 4 (source : cours d'analyse fonctionnelle de l'Institut Ligeron) : On considère un système dont le schéma est présenté ci-après. Identifier la nature de ce système. Présenter sur le schéma la ou les fonctions principales et les fonctions contraintes. Donner le bloc diagramme fonctionnel et identifier les fonctions de contact.

Solution de l'exercice 4 : *Voici le graphe de contexte de ce système, qui n'est autre qu'un chauffe-eau. Le schéma ci-dessous fournit également le BDF de ce système. On remarquera que l'enveloppe externe ne touche pas le sol.*

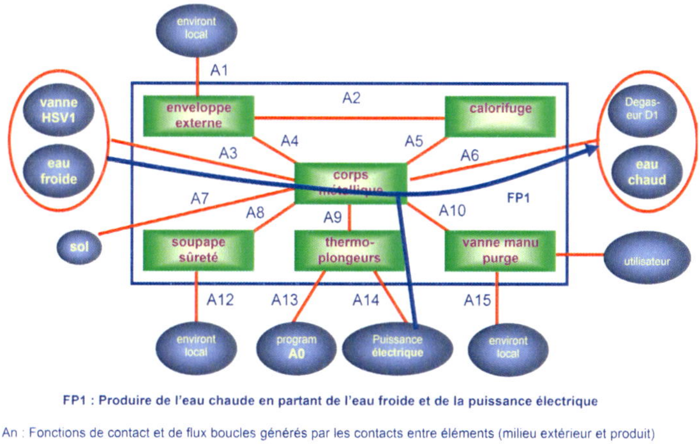

Figure 28 : BDF : fonction principale et fonctions de contact.
Source : Cours d'analyse fonctionnelle de l'Institut Ligeron

Découlant de FP1 :

- *Recevoir l'eau froide de la vanne HSV12.*
- *Permettre le chauffage de l'eau froide à l'aide de la puissance électrique.*
- *Transférer l'eau chaude au dégazeur D1.*

A3 : *Participer à la connexion avec la vanne HSV12.*

A4 : *Participer à la connexion avec l'enveloppe externe.*

A5 : *Participer à la tenue du calorifuge.*

A6 : *Participer à la connexion avec le dégazeur D1.*

A7 : *Participer à la connexion avec le sol.*

A8 : *Participer à la connexion avec la soupape de sûreté.*

A9 : *Participer à la connexion avec les thermoplongeurs.*

A10 : *Participer à la connexion avec la vanne manuelle de purge.*

Exercice résolu N° 5 : Un « surchauffeur » est un échangeur de chaleur qui permet de produire de la vapeur d'eau surchauffée (haute température et haute pression). L'objectif ultime de ce dispositif est de faire tourner une turbine à vapeur, connectée à un alternateur, afin de produire de l'énergie électrique.

Fluide 1 : Vapeur d'eau : Température d'entrée = 212°C. Température de sortie = 430°C. Pression = 20 bar. Débit = 36 tonnes/heure.

Fluide 2 : Fumées de combustion de gaz naturel : Température d'entrée = 780°C. Température de sortie = 560°C. Pression autour de 1 bar. Débit = 14 Nm^3/Nm^3 de gaz.

Dimensions de dispositif à co-courants : Longueur=5,5 m. Largeur=Hauteur=1,1 m. Nombre de tubes=900.

Établir, les diagrammes bête à cornes* et pieuvre* pour la position d'utilisation correspondant au régime permanent de fonctionnement. Présenter le BDF.

Solution de l'exercice 5 : *Voici le diagramme « Bête à cornes ».*

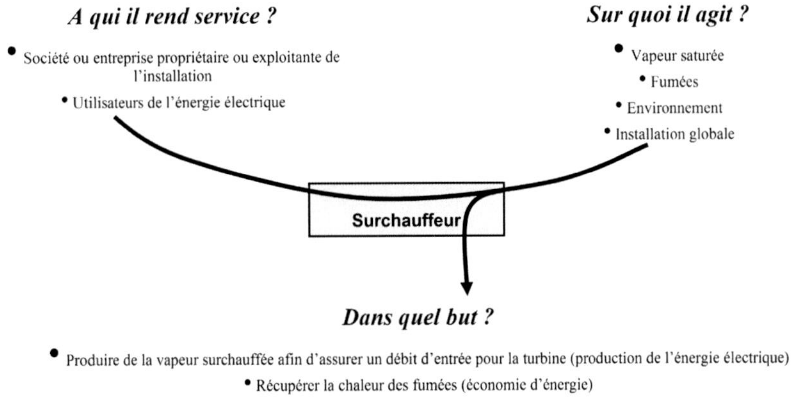

Figure 29 : Contrôle de validité ou diagramme dit «bête à cornes *»

Pourquoi ce besoin ? *Parce qu'il est nécessaire de préparer le fluide (vapeur d'eau) pour alimenter la turbine.*

Qu'est-ce qui ferait disparaître ce besoin ? *Abandon du projet (probable). Envoi direct de la vapeur d'eau à 430°C et 20 bar (préparée par d'autres moyens) dans la turbine (peu probable).*

Qu'est ce qui ferait évoluer ce besoin ? *Nouvelle génération de turbines plus performantes (peu probable). Autre fluide que la vapeur d'eau (peu probable).*

Le diagramme pieuvre pour l'utilisation normale (régime permanent) est présenté ci-après :*

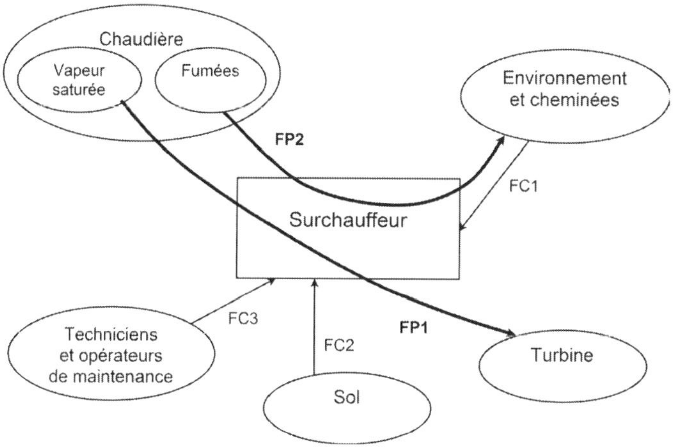

Figure 30 : Diagramme de l'environnement ou « pieuvre* »

On remarquera que la chaudière est située en amont du surchauffeur, et que les deux fluides proviennent de la chaudière. Les fumées, après avoir cédé leur chaleur, sont éjectées dans l'atmosphère. Cependant, la cheminée et l'envoi des fumées sont soumis à une réglementation d'environnement.

Nous avons ici deux fonctions principales :

***FP1 :** Produire de la vapeur surchauffée (à 430°C et 20 bar) afin d'alimenter la turbine*

***FP2 :** Récupérer la chaleur des fumées*

Les 3 fonctions contraintes sont :

***FC1 :** Être conforme à la réglementation d'environnement*

***FC2 :** Être le support du surchauffeur*

***FC3 :** Être maintenable*

Le Bloc Diagramme Fonctionnel (BDF) est présenté ci-après. On remarquera que la vapeur circule à l'intérieur des tubes (haute pression), alors que les fumées circulent à l'extérieur des tubes.

Le surchauffeur comprend essentiellement les 900 tubes, des chicanes et une calandre.

Afin de tenir 900 tubes sur une longueur de 5,5 m, il est nécessaire d'avoir un support de type chicane (demi plan troué). Les fumées restent en contact avec les tubes, les chicanes et la calandre.

Nous avons deux fonctions de contacts :

***F1 :** Contact entre tubes et chicanes*

***F2 :** Contact entre les chicanes et la calandre*

Il n'existe évidemment pas de contact entre la calandre et les tubes.

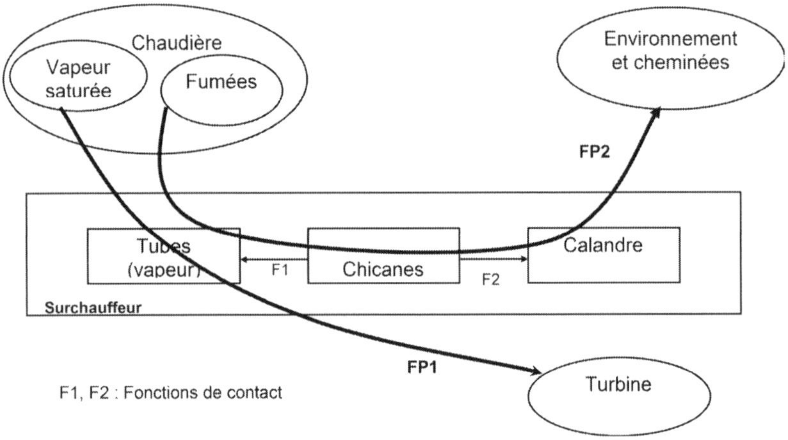

Figure 31 : BDF : fonction principales et fonctions de contacts

◇◇

Exercice 1 non résolu : Pour un radar de détection d'obstacle, monté sur un véhicule, faire un schéma « Bête à cornes* » et valider le besoin. Tracer le diagramme pieuvre* pour l'utilisation de véhicule avec radar en marche.

◇◇

Exercice 2 non résolu : Pour un ordinateur de bureau (*desk top*) faire le diagramme pieuvre* pour la position de veille et la position normale d'utilisation.

◇◇

Exercice 3 non résolu : Pour un projet de liquéfaction de gaz naturel, stockage et transport, tracer le diagramme « Bête à cornes* ». Identifier les différentes positions. Quelles sont les fonctions principales et les fonctions contraintes pour le stockage de gaz liquéfié dans un navire de transport ?

Reponses aux exercices MISME :

1. **Pour un système tel que la porte du wagon de la rame, le bornier wagon est un élément du système.**

   Réponse : ***Faux.*** *Le bornier wagon est un élément extérieur au système (porte).*

2. **Pour une souris d'ordinateur, le moniteur est à l'extérieur du produit.**

   Réponse : ***Vrai.*** *Une souris permet de déplacer le pointeur ou la flèche sur le moniteur (élément extérieur).*

3. **On considère un ordinateur portable (*lap top*), le vidéoprojecteur est un élément d'environnement.**

   Réponse : ***Vrai.*** *Le vidéoprojecteur ne fait pas partie du système.*

4. **On considère un ordinateur de bureau (*desk top*), le clavier est un élément extérieur.**

   Réponse : ***Faux.*** *Le clavier fait partie du système.*

5. **La démarche de l'analyse fonctionnelle externe (AFE) commence par la définition de l'objectif de l'étude et les limites du système faisant l'objet de l'étude.**

   Réponse : ***Vrai.*** *C'est l'étape N° 1 de l'AFE.*

6. **On a besoin de systèmes éoliens, car les ressources énergétiques fossiles sont limitées et épuisables.**

   Réponse : ***Vrai.*** *C'est un fait connu.*

7. **Pour transporter des voyageurs, il y a l'autocar. Donc, on n'a pas besoin d'un système comme le train.**

   Réponse : ***Faux.*** *L'autocar ne peut transporter qu'un nombre limité de voyageurs. De plus, la vitesse de l'autocar est limitée, alors que le train peut rouler beaucoup plus vite.*

8. **On peut commencer l'analyse fonctionnelle externe d'un logiciel (non temps réel) par la définition des scénarios d'utilisation.**

   Réponse : ***Faux.*** *Sans ce cas, l'étape N° 1 (objectif de l'étude et définition du système et de ses limites) serait court-circuitée. La procédure n'est pas respectée.*

9. **Le stylo est un produit qui doit être adapté à la main de l'utilisateur.**

   Réponse : ***Vrai.*** *C'est une contrainte ou une fonction d'adaptation. Un stylo ne peut pas peser plusieurs kilos et ne peut pas être volumineux.*

10. **Une fonction d'usage est en fait une fonction de service.**

    Réponse : ***Vrai.*** *C'est la définition même d'une fonction de ce type.*

11. La maintenance ou la réparation d'une rame de métro constitue une position d'utilisation.

Réponse : ***Vrai.*** *Le système peut être arrêté pour raison de maintenance ou réparation.*

12. La construction d'une voie ferrée est une position d'utilisation d'un train.

Réponse : ***Faux.*** *Car la voie est en principe en dehors du système (train), et constitue donc un élément extérieur car le train interagit avec.*

13. L'analyse fonctionnelle externe (AFE) n'a pas besoin d'éléments d'entrée.

Réponse : ***Faux.*** *Les documents types « note de cadrage » et « dossier d'orientation » (appelé aussi dossier d'initialisation), ou encore les résultats de QQOQCPC ou Mind-Map, sont des éléments d'entrée de l'AFE.*

14. On a déjà effectué le contrôle de validité. Pour certaines positions du système, il faut refaire ce schéma de bête à cornes*.

Réponse : ***Faux.*** *Le contrôle de validité ou expression fondamentale du besoin, appelé couramment « bête à cornes* », est un schéma que l'on fait une fois pour toutes afin de valider le besoin.*

15. Dans une voiture classique, un réservoir sert à contenir du carburant.

Réponse : ***Vrai.*** *C'est la fonction principale de cet élément.*

16. Pour un système donné, on ne peut avoir qu'une et une seule fonction principale.

Réponse : ***Faux.*** *Le système peut avoir deux ou plusieurs fonctions principales.*

17. Quand on change la position d'utilisation, on a forcément un autre diagramme du contexte ou « schéma pieuvre »*.

Réponse : ***Faux.*** *Le diagramme du contexte (ou « schéma pieuvre »*) peut rester identique malgré le changement de position.*

18. On ne peut pas avoir une fonction contrainte dans les deux sens entre un élément extérieur et le système.

Réponse : ***Faux.*** *Une fonction contrainte peut fonctionner dans les deux sens (voir l'exemple d'une éolienne avec le mât et le sol).*

19. La fonction d'estime a un lien avec la valeur du système ou du produit.

Réponse : ***Vrai.*** *C'est la définition de la fonction d'estime.*

20. La fonction complémentaire n'est pas une fonction indispensable.

Réponse : ***Vrai.*** *C'est la définition d'une fonction complémentaire ou secondaire. Toutefois, lors de l'analyse fonctionnelle, il est recommandé de prendre en compte une telle fonction.*

Chapitre 4

Les méthodes SADT®, SA-RT et FAST

INTRODUCTION

Dans ce chapitre, nous présentons les principes et concepts généraux des méthodes :

- SADT® (Structured Analysis Design Technique), appelée parfois IDEF0 (Integration Definition for Functional Modelling) ;
- SA-RT (ou SA/RT ou encore SART : Structured Analysis for Real Time) ;
- FAST (Function Analysis System Technique).

En France, ces méthodes sont beaucoup moins utilisées et répandues que la méthode MISME. Cependant, ces méthodes restent toujours d'actualité pour les raisons suivantes :

1. Elles sont faciles à utiliser et intuitives. Leur usage permet de faciliter la communication entre les parties prenantes et les membres de l'équipe projet.
2. Les ingénieurs et techniciens expérimentés, ou les experts âgés, continuent souvent d'utiliser ces méthodes, qu'ils ont apprises il y a plusieurs années, et qu'il utilisent depuis. La bonne maîtrise de ces techniques par ces experts est un argument qui va dans le sens d'un encouragement à leur utilisation.
3. Ces méthodes sont employées surtout par les anglo-saxons et les entreprises étrangères. Lorsque des ingénieurs français sont amenés à travailler en collaboration ou en partenariat avec des entreprises étrangères, ces méthodes peuvent alors être recommandées, voire imposées.
4. Enfin, si la méthode MISME est souvent employée pour la partie analyse fonctionnelle externe, l'analyste décide parfois de changer de méthode et d'employer soit SADT® (IDEF) soit encore FAST pour la partie qui concerne l'analyse fonctionnelle interne.

Dans ce qui suit, nous présenterons les principes généraux de ces différentes méthodes, sans entrer dans les détails de chacune.

1. Méthode SADT® - IDEF0®

1.1. Introduction et présentation générale

SADT® (*Structured Analysis Design Technique*) est une méthode qui est bien présentée dans le livre de Michel Lissandre, intitulé *Maîtriser SADT*[5]. Bien sûr, il ne s'agit pas ici de copier ce livre, lequel reste un document de référence en matière de SADT®, et nous nous bornerons à présenter les grands principes qui sous-tendent cette méthode. Les auteurs invitent ainsi les lecteurs qui souhaiteraient approfondir cette méthode ou obtenir des informations plus détaillées à consulter cet ouvrage.

Il faut rappeler que « SADT® » est une méthode, parfois qualifiée de *langage* de modélisation, et qui aide l'analyste à définir les fonctions du système à étudier. Elle permet de modéliser des systèmes existants ou futurs afin d'en **comprendre le fonctionnement** et d'envisager par la suite des solutions techniques.

Note : *Dans ce qui suit, nous considérons bien SADT® comme une méthode sachant que certains la qualifient, comme nous venons de l'évoquer, de langage. Ces derniers prennent en compte uniquement l'aspect de langage de modélisation, lequel constitue en effet l'aspect prédominant afférent à l'apport de SADT®.*

Il s'agit d'une méthode protégée, même si son niveau de protection reste faible. IDEF (Integration Definition for Functional Modelling), et plus exactement IDEF0, est la version non protégée de SADT®.

Cette méthode a vu le jour dans les années 1970. C'est une méthode d'origine américaine développée à *Softech* par Doug Ross en 1977, puis introduite en Europe, notamment par Michel Galiner. Elle se répand alors vers la fin des années 1980 comme l'un des standards de description graphique d'un système complexe, par *analyse fonctionnelle descendante*, c'est-à-dire par le biais d'une analyse allant du général (dit « niveau A-0 ») vers le particulier et le détaillé (dits « niveaux A_{ij} »). SADT® est une démarche systémique de modélisation d'un système complexe ou d'un processus opératoire. Elle est appliquable à tous les systèmes complexes, en particulier les systèmes informatiques ou encore les systèmes d'information comprenant du logiciel et du matériel.

On emploie SADT® dès la phase d'expression du besoin, afin de mieux cerner les problèmes et clarifier les STBS (Spécification Techniques du Besoin Système), ou les spécifications techniques informatiques.

5 Michel Lissandre, *Maîtriser SADT*, Armand Colin, 1991.

La méthode préconise une approche d'analyse par niveaux successifs de description d'un ensemble. Les fonctions sont représentées par des *boîtes* (rectangles), connectées aux autres fonctions (également des boîtes) via des liens symbolisant les interactions (figurées sur le plan graphique par des flèches).

SADT® est plutôt orientée systèmes d'information, logiciels et automatismes. Cette méthode met en jeu deux types d'acteurs : l'*auteur* qui crée les diagrammes SADT® et le *lecteur* (ou vérificateur-approbateur) qui critique et valide ces diagrammes. On retient donc ici une approche itérative, qui permet de respecter une bonne traçabilité, avec des contrôles internes de cohérence.

Note : *IDEF+numéro est une famille de standards. IDEF0 est le modèle fonctionnel qui standardise SADT®. En fait, IDEF était initialement l'abréviation de « ICAM Definition ». Ce nom a été modifié en 1999 pour s'appeler « Integration DEFinition ». Il s'agit d'une famille de langages de modélisation relatifs au domaine de l'ingénierie système. IDEF0 est le langage de la modélisation fonctionnelle basée sur SADT®.*

IDEF1 constitue la suite logique, à savoir, la définition d'un langage graphique pour modéliser les données (basé sur l'approche Entité-Association ou Entité-Relation). IDEF1X s'adresse pour sa part à la modélisation d'information et données ainsi qu'à la conception de base de données.

1.2. Concepts de base

SADT® ou IDEF0 est une méthode (langage) basée sur les 7 concepts fondamentaux indiqués ci-dessous :

1. SADT® permet la création et la construction d'un modèle de système (ou produit) avec des frontières bien définies.
2. SADT® est basée sur une analyse descendante, modulaire, hiérarchique et structurée.
3. SADT® différencie le modèle fonctionnel du matériel remplissant les fonctions.
4. SADT® modélise à la fois les choses (objets, documents, entités, données, etc.) et les événements (activités, actions, opérations, tâches, etc.). C'est ce qu'on appelle la dualité activités-données.
5. SADT® est basée sur une représentation graphique.
6. SADT® favorise le travail d'équipe (vérification et validation) et facilite la communication entre les acteurs du projet.
7. SADT® exige une mise en forme par écrit d'un certain nombre d'informations avec un *canevas standard* proposé par la méthode.

Le concept N° 1, invitant l'analyste à bien définir les limites et frontières de son système ou de son projet, est un concept d'ordre général, et que l'on retrouve pratiquement dans toutes les méthodes d'analyse fonctionnelle.

En revanche, dans le concept N° 2, on trouve 4 mots-clés à savoir : descendante (*top-down*), modulaire, hiérarchique et structurée, qui résument les caractéristiques particulières de l'approche proposée.

La Figure 32 présente l'approche globale d'une décomposition SADT®, laquelle est donc une approche descendante (*top-down*) allant du plus général vers le plus détaillé. La figure présentée est inspirée par un schéma issu du livre de M. Lissandre.

Il est recommandé de découper un système (ou un projet), dans la pratique souvent complexe et difficile à cerner, en modules, afin de faciliter sa compréhension et sa maîtrise. Ce découpage doit normalement respecter une hiérarchisation ainsi qu'une organisation structurée. C'est pourquoi on emploie des termes comme diagramme père (ou mère ou parent) et diagramme enfant, afin d'établir une hiérarchie permettant de définir une notion d'héritage.

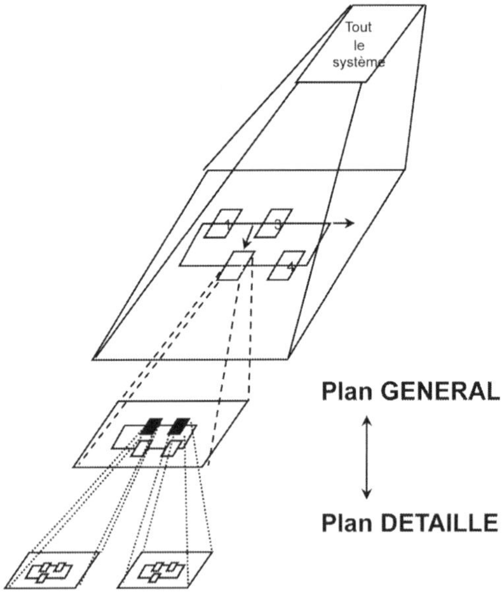

Figure 32: Approche *top-down* (descendante) de la méthode SADT®.
Source : pagesperso.lina.univ-nantes.fr

La Figure 33 présente la décomposition d'un module, en l'occurrence la boîte N° 2.

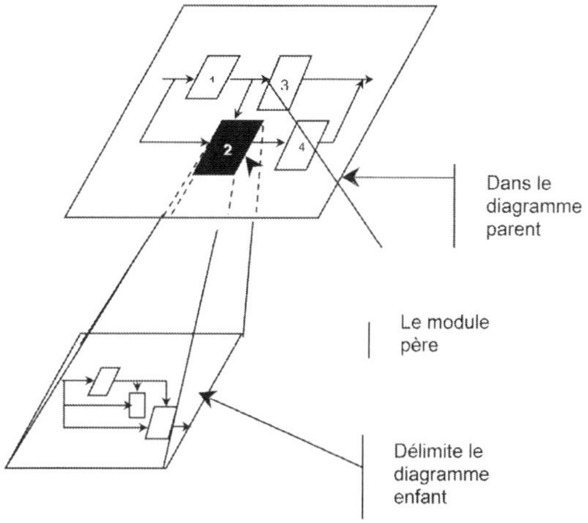

Figure 33: Notion de module et décomposition de boîte.
Source: Michel Lissandre

Le concept N° 4 (dualité) recommande pour sa part une modélisation conjointe des activités et des données. La Figure 34 illustre ce concept de dualité. Dans une analyse, il arrive un moment où l'analyste doit privilégier soit un modèle d'activités, dont les diagrammes sont appelés ***« actigrammes »***, soit un modèle des données, dont les diagrammes sont alors appelés ***« datagrammes »***. Dans le contexte de l'état de l'art en France, le choix est le plus souvent orienté vers les actigrammes.

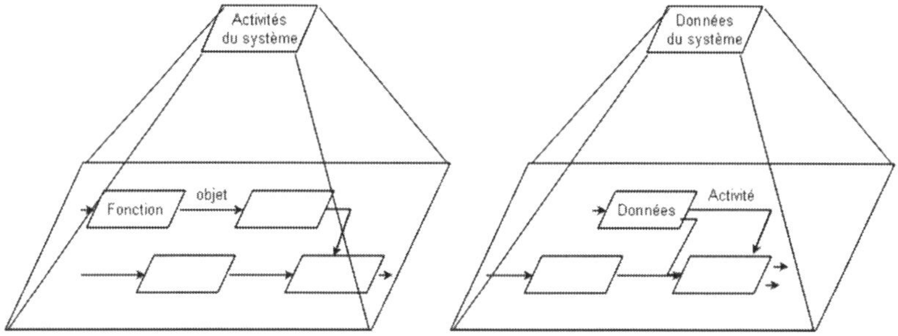

Figure 34: Concept de dualité activité-données

La méthode SADT® est basée sur une représentation graphique comprenant des boîtes et des flèches. Le dossier d'analyse comprend en annexe la liste de toutes les données, y compris celles générés par les boîtes internes d'actigrammes.

Un diagramme SADT® facilite la communication entre les membres de l'équipe d'un projet. Il permet donc d'arriver à un consensus quant à la compréhension d'un problème, souvent *a priori* complexe et difficile à cerner.

Enfin, le concept de base N° 7 propose d'employer un canevas de description, présenté sur la Figure 35.

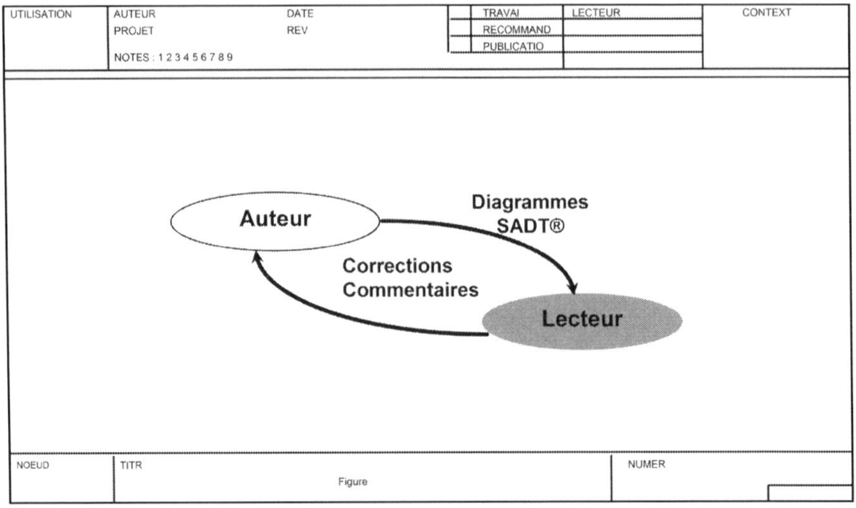

Figure 35: Canevas standardisé de SADT®

Dans ce formulaire à renseigner, les informations suivantes doivent apparaître :

- l'utilisation (exemple : « pour la spécification technique informatique »),
- le nom de l'auteur ou créateur du diagramme,
- la date de création du diagramme,
- le numéro de révision (version) et son indice (exemple : révision 2. indice 4),
- le nom du projet pour lequel le diagramme est élaboré,
- le contexte (exemple : contrat N° --- avec le client ---),
- l'identification du nœud qui commence souvent par A avec 2 ou 3 chiffres à la suite (exemple : A23),
- le titre ou la description du diagramme,
- le numéro chronologique identifiant le numéro du diagramme.

Chaque diagramme, ou ensemble des diagrammes, SADT® créé par un auteur est envoyé à un lecteur (ou vérificateur-valideur) pour remarques et approbation. Des itérations permettent de corriger et d'affiner les diagrammes ainsi élaborés.

1.3. Décomposition SADT®

Le premier diagramme, souvent appelé diagramme mère ou diagramme de haut niveau, fournit des indications d'ordre très général sur le système. Ce diagramme est appelé *diagramme de niveau A-0*.

La décomposition de cette boîte unique de plus haut niveau aboutit nécessairement à plusieurs sous-boîtes (terme employé en SADT®). La figure ci-après (Figure 36) présente cette première décomposition d'A-0, qui donne lieu à la création du diagramme appelé A0 ou diagramme enfant, et qui possède ici 3 sous-boites 1, 2 et 3, ou plutôt A1, A2 et A3. Ici, l'analyste décide d'aller plus loin au niveau de la décomposition. Dans ce schéma, la boîte 3 (ou A3) est alors décomposée à son tour pour permettre d'introduire plus de détail. On remarquera que cette décomposition d'A3 nous donne ici 4 sous-boîtes, et que le diagramme ainsi détaillé s'appelle A3. Enfin, les sous-boîtes 3 et 4 sont également à leur tour décomposées. Les diagrammes correspondants sont alors nommés A33 et A34.

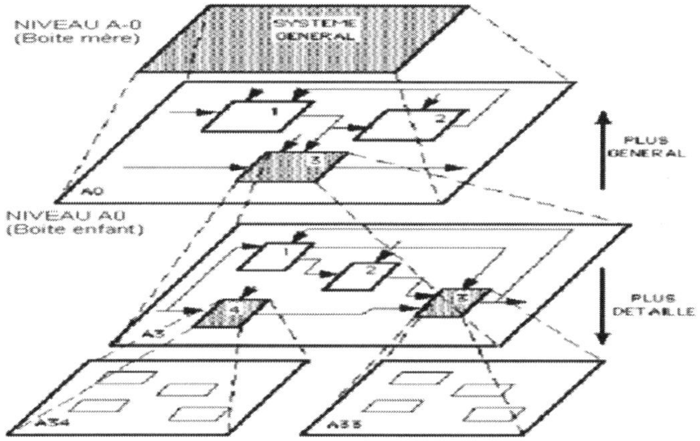

Figure 36: Logique de la décomposition SADT®
Source : wikimeca.org

1.3.1. Système de numérotation des diagrammes SADT®

Le système de numérotation des diagrammes suit une loi hiérarchique, à la fois simple et logique.

La Figure 37 présente sur un exemple une telle liste hiérarchique de boîtes et de diagrammes SADT®.

Le diagramme A-0 (ou la boîte A0) est d'abord décomposé.

Note : *Le diagramme s'appelle A-0 mais la boîte est numérotée A0. On prêtera attention à la confusion possible entre la « boîte A0 » et le « diagramme A0 ».*

Cette décomposition aboutit à 3 sous-boîtes respectivement appelées A1, A2 et A3, placées dans le diagramme correspondant que l'on appelle A0. Ensuite, sur ce même schéma, on voit la décomposition de la sous-boîte A3, laquelle permet d'obtenir

4 sous-sous-boîtes, à savoir A31, A32, A33 et A34. Le diagramme correspondant s'appelle naturellement A3, car il concerne les détails afférents à la boîte A3. Enfin, la sous-sous-boîte A32 est décomposée à son tour pour donner 3 sous-sous-sous boîtes à savoir A321, A322 et A323. Le diagramme correspondant s'appelle A32, selon l'application de la même règle.

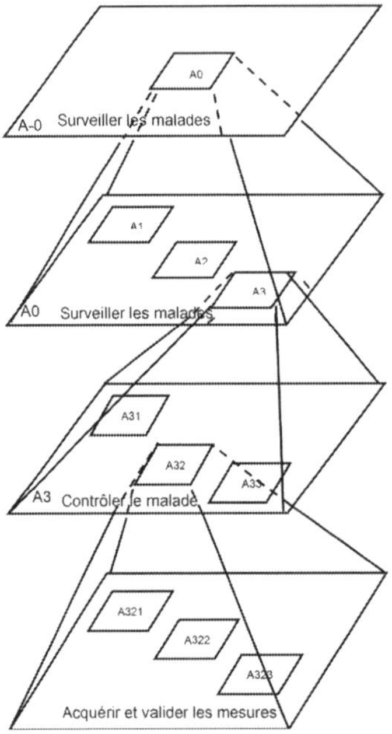

LISTE HIERARCHIQUE

A-0 : Surveiller les malades
A0 : Surveiller les malades

A1 : Placer un malade sous contrôle
A2 : Retirer un malade du contrôle
A3 : Contrôler le malade

A31 : Choisir le malade à examiner
A32 : Acquérir et valider les mesures

A321 : ...
A322 : ...
A323 : ...

A33 : Contrôler la valeur des mesures

Figure 37 : Système de numérotation des boîtes SADT®.
Source : Cours d'analyse fonctionnelle de l'Institut Ligeron

1.4. Dualité actigramme - datagramme

Il existe deux types de diagrammes ou représentations graphiques. On représente une activité, une fonction, une action, une tâche ou une opération par une boîte qu'on appelle couramment un *« actigramme »*. Cette boîte possède naturellement des données d'entrée, des éléments de sortie, mais aussi ce que l'on appelle des *contrôles* et des *mécanismes* (ces derniers étant parfois appelés *ressources*). L'ensemble des éléments est caractérisé par le sigle MECS (qui signifie Mécanismes, Entrées, Contrôles, Sorties, en anglais ICOM : Input, Control, Output and Mechanism). L'actigramme prend les données d'entrée et les transforme en données de sortie. Pour mener une telle opération :

- Il faut des données qui *contrôlent* (par exemple qui déclenchent l'action), voire qui vérifient le déroulement de l'opération ou de la transformation opérée (par exemple une autorisation issue d'une fenêtre de contrôle).

- Il faut des *mécanismes* ou *ressources* (type ressources humaines, ressources matérielles et outils, logiciels et ordinateur, etc.), indispensables pour que l'opération ou la transformation ait lieu.

Le « MECS » est le plus souvent constitué d'objets de type données/informations, notamment documents, contrats, normes et standards, outils, etc.

L'actigramme est décrit par une expression avec une verbe à l'infinitif (par exemple : « effectuer », « calculer », « présenter », etc.).

La Figure 38 présente de manière schématique un actigramme, tandis que la Figure 39 en fournit un exemple générique. Il faut rappeler que « SADT® » décrit un système par le biais d'actigrammes, en utilisant des boîtes et des flèches, lesquels représentent des flux entrants et sortants. Un flux comporte un label précisant les données véhiculées par ce flux. A_n spécifie le niveau d'analyse (nœud).

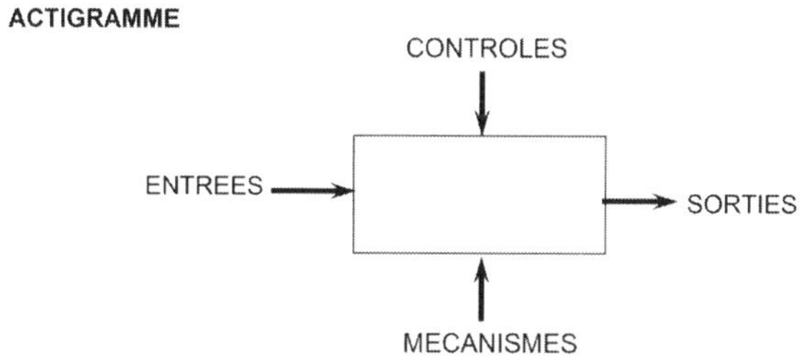

Figure 38 : Schéma de principe d'un actigramme

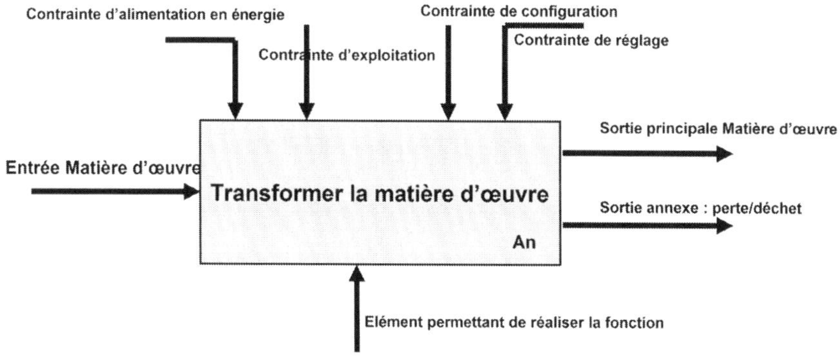

Figure 39 : Exemple générique d'actigramme.
Source initiale : balandier.nicolas.free.fr

En SADT® on peut également représenter un objet ou une donnée de la même manière qu'une activité, c'est-à-dire par une boîte. Celle-ci représente alors l'objet (par exemple un composant), la chose (par exemple un document) ou la donnée considérée, et constitue alors un élément placé dans un *« datagramme »*. Dans une telle boîte, l'entrée est l'activité qui permet de créer l'objet. La sortie est également une activité, celle qui utilisera l'objet modélisé. Enfin, il y a une activité de contrôle, ainsi qu'une activité de stockage de l'objet.

En France, comme nous l'avons indiqué, l'utilisation des *datagrammes* s'avère très limitée.

La Figure 40 présente le schéma de principe d'un *datagramme*. L'activité de création de donnée s'appelle parfois l'activité d'entrée et l'activité d'utilisation de cette donnée est alors nommée activité de sortie.

Note : *Dans certaines entreprises en France, on emploie parfois des datagrammes schématiques. Par exemple, pour un code de calcul, on essaie de suivre l'évolution d'une variable clé (donnée) pour vérifier les différents traitements subis par cette variable. Exemple : v étant la vitesse de fluide à l'instant zéro. Elle est d'abord saisie et introduite comme donnée d'entrée du code. Ensuite cette variable subit un changement d'unité, puis on calcule ½ pv², etc.*

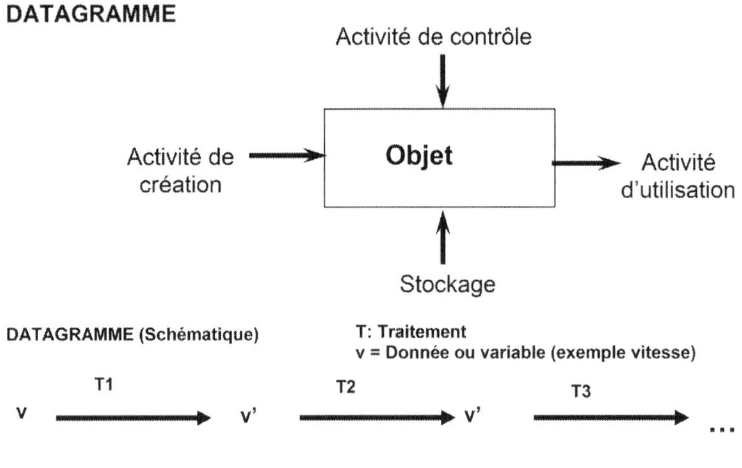

Figure 40 : Schéma de principe d'un datagramme

Afin d'illustrer les différences entre *actigramme* et *datagramme*, donnons ici un exemple.

Faire pousser des légumes constitue une *activité*, tandis que les légumes sont pour leur part des *objets*. Cet exemple est souvent cité dans les différents cours de SADT®. Le fermier utilise des graines et de l'eau pour faire pousser des légumes. Bien entendu, le processus n'est pas instantané et dépend du temps. Les légumes doivent être « créés » c'est-à-dire cultivés d'abord pour exister. Après avoir poussé, les légumes sont gardés dans des paniers, d'où on les vend, en considérant les prix du marché, ou on les consomme.

La Figure 41 présente les deux schémas d'actigramme et de datagramme correspondants à cet exemple :

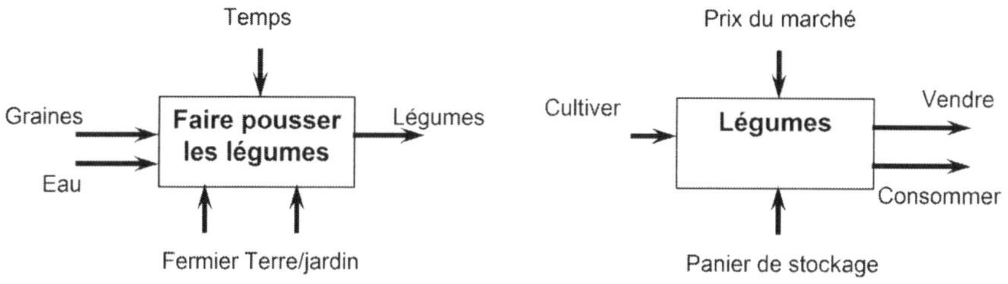

Figure 41 : Actigramme et datagramme

On peut améliorer l'actigramme ci-dessus de la manière suivante (Figure 42) :

- Au lieu de mettre « fermier » comme ressource, on peut envisager que le savoir-faire du fermier contrôle l'activité. On place alors ce savoir-faire comme contrôle de la boîte « faire pousser des légumes ».
- En général, on a aussi besoin d'engrais comme élément d'entrée. Ce produit sera absorbé tout comme l'eau. On place donc l'engrais en entrée de cette boîte.
- Enfin, si le prix de marché est trop bas, dans ce cas, on abandonnera peut-être cette activité qui ne s'avère pas rentable. Ceci conduit donc, afin d'en rendre compte, à placer ce prix comme entrée supplémentaire de l'activité.

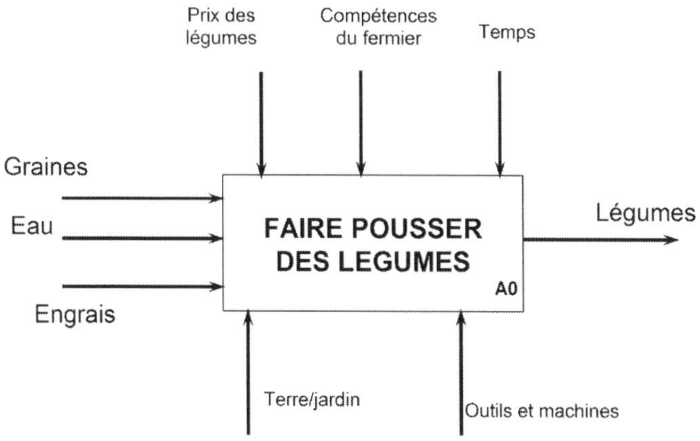

Figure 42 : Actigramme amélioré

Ces améliorations montrent que, même au niveau le plus élevé, plusieurs diagrammes SADT® d'un même système sont possibles. Ainsi, dans notre cas, on peut mettre en ressource le fermier comme on peut mettre le savoir-faire et les compétences de ce fermier en tant que donnée de contrôle.

Essayons maintenant de décomposer cette boîte ou actigramme. La Figure 43 montre une décomposition possible de la boîte A0 en 5 sous-boîtes A1 (sélectionner les graines), A2 (préparer le jardin), A3 (planter), A4 (entretenir) et A5 (récolter).

Bien entendu, chaque sous-boîte pourra être à son tour également décomposée.

Il est à noter que, sur la Figure 43, on retrouve les 3 données d'entrée à savoir: E1 (graines), E2 (eau) et E3 (engrais), la donnée de sortie (S1 : légumes) et les 3 données de contrôle C1 (prix des légumes), C2 (compétences du fermier) et C3 (temps), ainsi que les deux mécanismes à savoir, la terre (jardin) et les outils/machines.

Il arrive souvent que lors de la décomposition d'une boîte on oublie une donnée. L'objet de contrôle MECS ou ICOM consiste précisément à vérifier dans le diagramme enfant les données héritées du diagramme parent.

Ici, l'analyste décide de s'arrêter pensant qu'il n'est pas nécessaire d'aller vers plus de détails.

Note : *Le contrôle des données MECS (Mécanismes, Entrées, Contrôles et Sorties) ou ICOM en anglais, est une tâche indispensable, car la plupart des erreurs concernant les diagrammes SADT® sont liées aux données.*

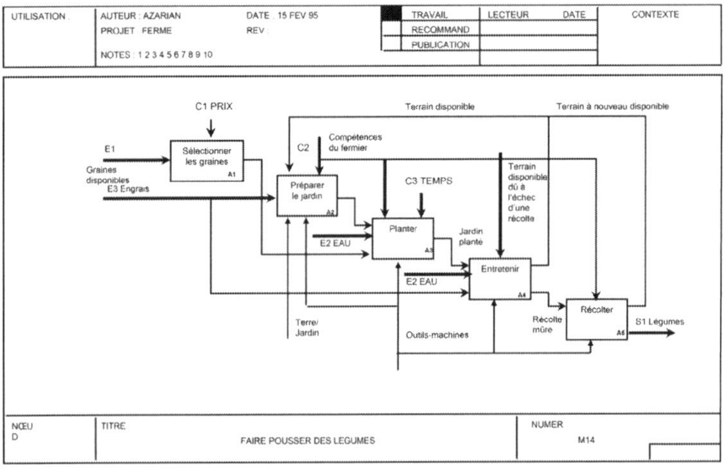

Figure 43 : Décomposition de la boîte A0

1.5. Conventions

Plusieurs conventions doivent être respectées lors de l'élaboration de diagrammes SADT®.

Ainsi, nous avons déjà évoqué :

- l'utilisation d'un canevas standardisé ;
- le respect du système de numérotation des diagrammes ;
- le suivi de la logique actigramme ou bien datagramme (dans une décomposition SADT®, on ne doit pas changer de logique) ;
- un nombre maximal de boîtes limité à 6, afin de préserver la lisibilité d'un diagramme ;
- le contrôle MECS et l'héritage qui se transmet du diagramme parent vers le diagramme enfant.

Il existe d'autres conventions à respecter. Celles-ci sont détaillées ci-dessous :

1. La sortie d'une boîte peut être l'entrée d'une, deux ou plusieurs autres boîtes. La Figure 44 montre que la sortie de la boîte A1 sert d'élément d'entrée aux boîtes A2 et A3. Dans le cas où la sortie d'une boîte est une donnée de contrôle pour une autre boîte (Figure 44 pour la sortie de la boîte A2), on préfère le terme activation. Autrement dit, cette donnée ou sortie déclenche ou contrôle la boîte suivante. La Figure 44 montre que la sortie de la boîte A2 déclenche ou contrôle l'activité A3. Enfin, une sortie peut aussi générer un contrôle en retour. C'est ici un peu la philosophie des systèmes avec asservissements.

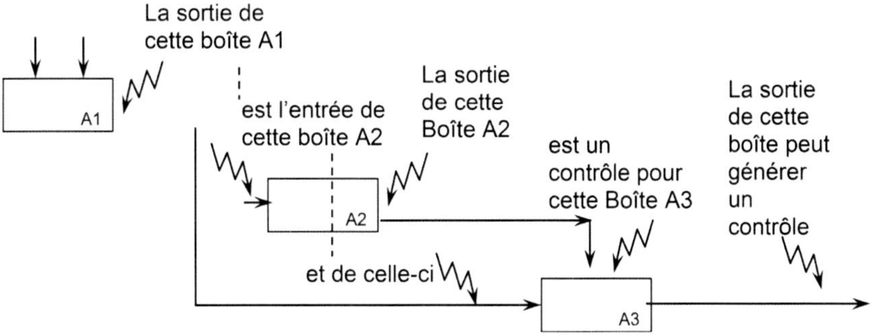

Figure 44 : Convention relative aux données MECS

2. La finalité d'une boîte de type actigramme peut être variée. Par exemple, un médecin reçoit un patient. Il s'agit de diagnostiquer sa maladie et de délivrer la prescription d'un remède. Mais rien n'empêche le médecin de faire aussi une statistique des patients ayant la même maladie, par exemple la grippe, sur une

durée donnée. Ainsi, le médecin pourra alerter les pouvoirs publics sur les risques d'une épidémie dans sa région.

3. La Figure 45 présente la convention des flèches multiples et des classes ou des sous-classes.

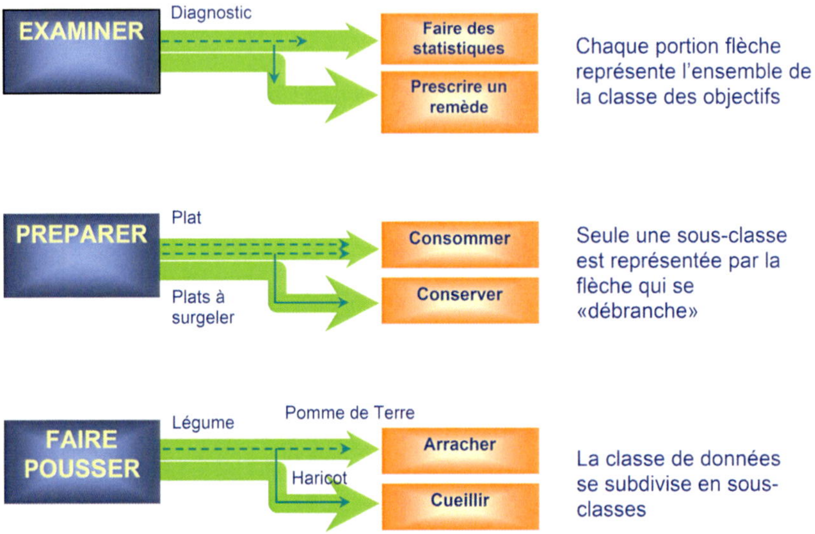

Figure 45: Convention relative à la finalité des objectifs d'une activité.
Source: Cours d'analyse fonctionnelle de l'Institut Ligeron

4. Il est possible que la sortie d'une boîte X soit l'entrée de la boîte Y et vice versa. On appelle cette situation *entrée réciproque*. Afin de simplifier le diagramme correspondant, on place ici une flèche à double sens. La même situation peut exister pour contrôle réciproque. La convention relative à l'entrée réciproque et contrôle réciproque est schématisée par la Figure 46 ci-après.

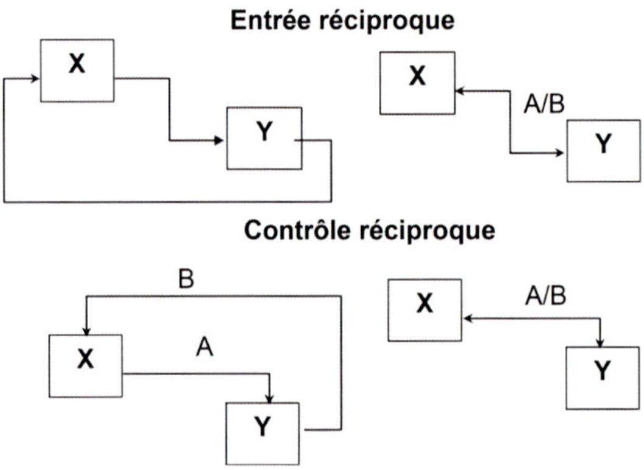

Figure 46: Convention d'entrée réciproque et contrôle réciproque

Note : *Dans un dossier d'analyse fonctionnelle comprenant les diagrammes SADT®, on présente souvent en annexe la liste des données MECS.*

Il arrive souvent que l'analyste emploie la méthode MISME pour la partie analyse fonctionnelle externe, et ensuite SADT® pour la partie analyse fonctionnelle interne.

On notera que l'outil Microsoft Visio permet d'élaborer des diagrammes IDEF en opérant un contrôle automatique.

1.6. Limites de la méthode SADT®

Cette méthode possède naturellement beaucoup de points positifs comme, par exemple, le caractère « atemporel » et la hiérarchisation des diagrammes, le découpage en modules, etc. Pour modéliser les activités humaines ou une organisation, cette modélisation s'applique sans problème. Toutefois, la méthode présente certains inconvénients, voire certaines imperfections, développés ci-dessous :

1. Si l'analyse fonctionnelle effectuée à l'aide de la méthode SADT® devient relativement détaillée, le lecteur peut alors éprouver quelques difficultés à comprendre et à exploiter le dossier.
2. La lisibilité d'un diagramme SADT®, étoffé par le biais de nombreuses flèches et flux d'entrée-sorties dans tous les sens, est souvent problématique.
3. Il subsiste souvent un doute dans le choix entre données d'entrée et données de contrôle. Donnons un exemple : le contrat est un document dont la présence est nécessaire pour commencer les activités du projet. Mais il peut aussi contrôler le déroulement du projet, car les activités doivent être conformes aux modalités du contrat.
4. Il y a parfois également des doutes possibles entre données de contrôle d'une part et mécanismes d'autre part. Exemple : maintenancier ou opérateur de maintenance (ressource) et savoir-faire ou compétence en maintenance de cette personne.
5. La vue générale du produit ou du système est fournie de manière claire dans les diagrammes A-0 et A0, mais très vite, cette vue est diluée dans les diagrammes de détails.
6. Il n'y a pas de diagramme de séquences ou d'activité afférentes au comportement, c'est-à-dire à la dynamique du produit ou du système (notion bien développée en UML). On se limite ici à une représentation des fonctions.
7. Il est difficile voire impossible d'inclure des tests comme « SI …, Alors …. »

SADT®, en principe, ne reconnaît pas les portes logiques « ET » et « OU » ou les opérateurs Booléens.

2. Méthode SA-RT® (SA/RT®)

2.1. Introduction et présentation générale

SA-RT® ou SA/RT® ou SART® (Structured Analysis for Real Time) ou Analyse fonctionnelle pour le temps réel est une méthode permettant de modéliser un système temps réel complexe. Il s'agit d'une adaptation de la méthode ou langage SA, pour les systèmes présentant un aspect temps réel ou encore de contrôle commande. SA-RT® s'applique lorsque le système à analyser est un système dynamique avec une dimension temporelle importante. SA-RT® fait partie d'une catégorie de méthodes d'analyse et de conception que l'on applique en informatique et en robotique. L'approche globale de modélisation est, comme pour SA, plus ou moins la même que celle de toute méthode *top-down* comme SADT®.

La méthode SA-RT (*Structured Analysis for Real Time*) est donc une extension de la méthode SA (*Structured Analysis*) adaptée au temps réel.

Note : *Suite à notre recherche, il semble que la méthode SA-RT ne soit pas protégée.*

2.2. Principes de base

Rappelons que la méthode SA se propose de modéliser un système sur le plan fonctionnel à l'aide de diagrammes, appelé *Diagrammes de Flux de Données (DFD)*, qui comportent, d'une part des fonctions, appelées ici *processus*, représentées par des cercles, et d'autre part des «*datastore*», qui modélisent des lieux de stockage d'information (voire de matière ou d'énergie), et sont représentés par des doubles trait horizontaux. Les liens directionnels figurent les flux d'information entre processus, ou encore entre *processus* et *datastores*. En comparaison avec SADT®, nous remarquons ici l'introduction des points de stockage, qui ajoutent une richesse supplémentaire à la modélisation, permettant de représenter des *besoins en mémorisation*, lesquels restaient implicites en SADT®. Comme dans SADT®, la modélisation est de nature *hiérarchique*, et un processus (fonction) peut ainsi être détaillé par le biais d'un nouveau diagramme, avec bien sûr la contrainte déjà évoquée de cohérence des flux d'entrée et de sortie d'un niveau de décomposition à l'autre. Lorsqu'un processus rend compte d'une fonction suffisamment simple, ne donnant plus lieu à un besoin en décomposition, on définit alors précisément cette fonction par le biais d'une spécification, appelée *P.Spec*. Une P.Spec comporte d'une part une entête rappelant les entrées et sorties de la fonction, et d'autre part un corps, définissant par un moyen de description parmi différents moyens possibles (pseudo code, table logique, ...) la transformation opérée par la fonction. Enfin, il est possible de coupler une telle description fonctionnelle SA à un *dictionnaire de données*, représenté par le biais d'un *diagramme Entité-association* (analogue à un MCD de la méthode MERISE), et modélisant les différents types de données impliquées dans les flux et les stockages.

La Figure 47 ci-dessous présente un exemple de modélisation SA, figurant la fonction réalisée par un automate bancaire. On y voit des processus P1, P2, P3, P4 et P5, représentant les différentes fonctions utiles à délivrer de l'argent à un client, mais aussi deux *datastores* exprimant la nécessité de stocker temporairement les données lues sur la carte bancaire, dans l'attente de la saisie du code, ainsi que le besoin en stockage d'argent en espèce dans le distributeur. Nous trouvons également une *P.spec* associée au processus P2, ainsi qu'un dictionnaire explicitant ce qu'est un code confidentiel, une validité et enfin ce que sont des espèces. Bien sûr, ce diagramme fonctionnel vient détailler le *diagramme de contexte* présentant le système dans son environnement, que nous présentons sur la Figure 48 ci-après. En ce qui concerne les flux de données, les éléments de l'environnement apparaissent alors sous la forme de *sources* (délivrant des entrées au système) et/ou de *puits* (recevant des sorties du système).

Toutefois, la méthode SA ne rend pas compte de l'aspect dynamique d'un système, c'est-à-dire de l'ordre dans lequel sont effectués les traitements associés aux processus, et les possibles contraintes de synchronisation, en particulier lorsque ces processus sont exécutés en concurrence, ou déclenchés par des événements. Dans SA, on considère simplement qu'un processus est exécuté lorsque ses données d'entrée sont disponibles, et que son exécution est infiniment rapide ; il s'agit d'une idéalisation du comportement, laquelle ne rend pas convenablement compte de la dynamique du système, en particulier lorsque celle-ci revêt un caractère crucial comme dans les systèmes dits « temps réel ». La méthode SA-RT est l'extension de SA répondant à ce besoin. Nous la présentons ici dans sa version de Hatley et Pirbhai.

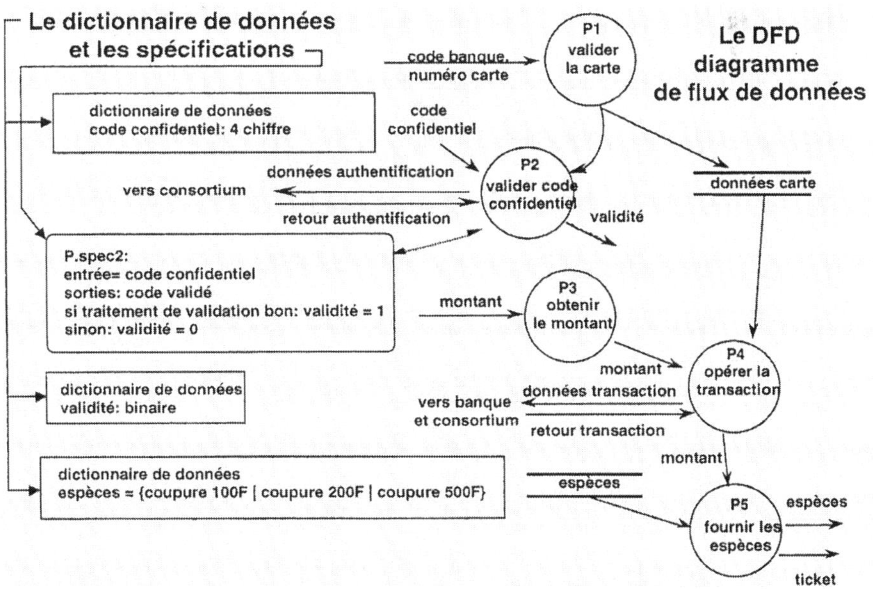

Figure 47 : Exemple de diagramme SA (automate bancaire) (d'après Jean-Pierre Meinadier)

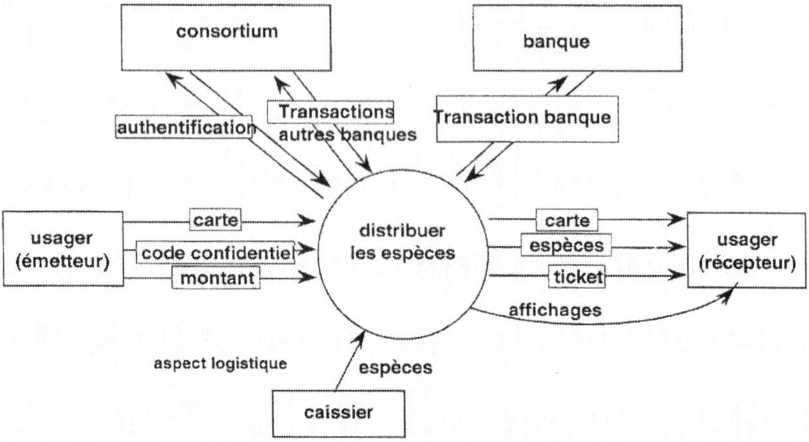

Figure 48: Diagramme de contexte du système (d'après Jean-Pierre Meinadier)

Le but d'un modèle SA-RT est d'intégrer l'aspect fonctionnel (décrit par un Diagramme de Flux de Données, ou DFD vus ci-dessus) et la dynamique d'activation des fonctions (aspect contrôle). Pour ce faire, et comme symbolisé ci-dessous (Figure 49), SA-RT permet d'adjoindre à un modèle fonctionnel un modèle de contrôle, ou *Diagramme de Flux de Contrôle*, générant des événements à destination du modèle de flux de données, qui permettront de rendre compte très précisément du moment où doivent être activitées telle et telle fonction de ce modèle. Nous modélisons donc ainsi non plus seulement la *décomposition fonctionnelle* d'un système, mais aussi son *comportement*.

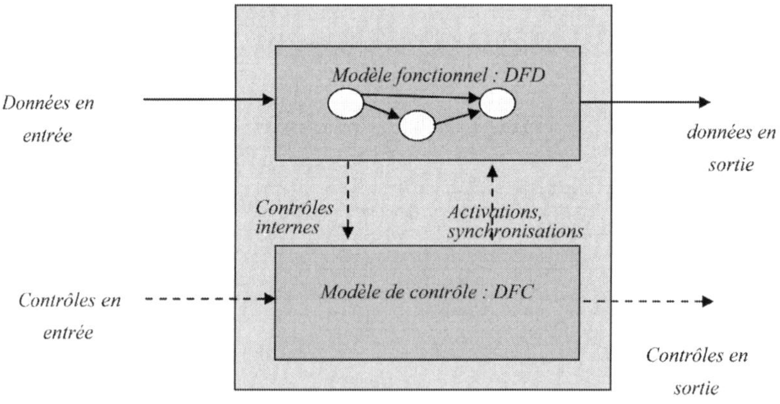

Figure 49: Diagramme de contexte du système (Réf : Philippe Larvet)

De manière générale, en SA-RT, un processus aura ainsi en entrée un *flux de données*, et, si besoin, un *flux de contrôle*, et, en sortie, de même, un autre flux de données, ainsi que, si besoin également, un autre flux de contrôle. Le flux de contrôle entrant permettra de spécifier les événements déclencheurs des sous-processus contenus dans le processus considéré. Le flux de contrôle sortant est généré au contraire par le processus, et représente des événements de contrôle qui permettront de moduler l'activité d'autres processus.

Un processus SA-RT est représenté sur la Figure 49, et comparé avec un processus tel que défini en SA.

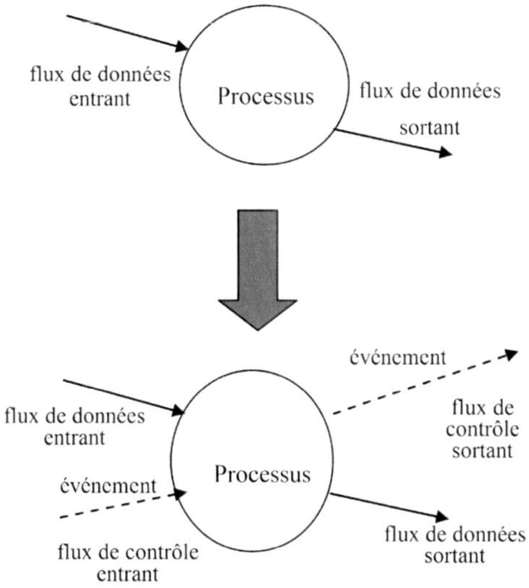

Figure 50 : Notations comparées d'un processus dans les méthodes SA et SA-RT.
(Réf : Philippe Larvet)

Pour modéliser les lois de contrôle, présidant à la dynamique d'un processus, on introduit un troisième type d'élément (outre les *processus* et les *datastores*) appelé *C.Spec*. Une C.Spec reçoit en entrée des flux de contrôle et génère en sortie d'autres flux de contrôle. Elle est notée par un trait vertical comme indiqué sur la Figure 50. Il y a 0 ou 1 C.Spec par processus. Une C.Spec pourra être spécifiée par du pseudocode, une table logique, ou encore, par exemple, un automate à états finis.

La Figure 51 ci-après représente ainsi la décomposition d'un processus par le biais d'un nouveau diagramme. Nous trouvons dans celui-ci trois processus A, B et C (les sous-fonctions à réaliser), un *datastore* (un besoin en mémorisation des données issues de B avant leur lecture par C) et enfin une *C.Spec,* spécifiée par un automate d'état. Cette C.spec prend en entrée un flux de contrôle issu de A, et génère en sortie un flux de contrôle à destination de C, tandis que la C.Spec active dans le même temps B, c'est-à-dire lance simplement l'exécution de la fonction associée. Nous voyons ici la notation d'un *flux d'activation* que l'on note en SA-RT par une flèche brisée. La C.Spec est ici elle-même spécifiée par le biais d'un automate d'état, lequel sera placé dans un diagramme placé à part.

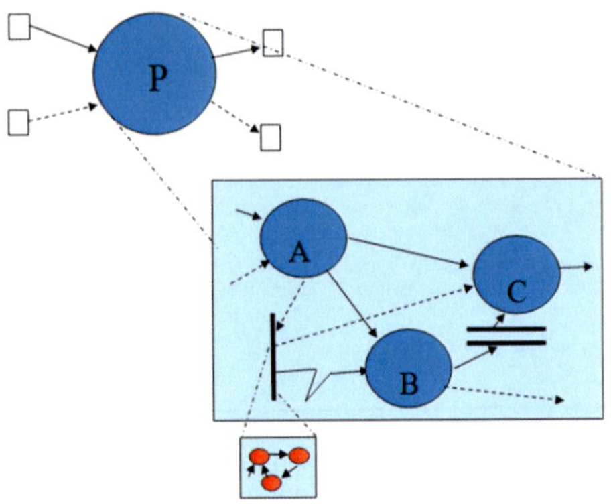

Figure 51: Décomposition d'un processus en SA-RT – (Réf : Philippe Larvet)

2.2.1. Exemple

La figure ci-dessous (Figure 52) nous montre un exemple de modélisation SA-RT reprenant l'exemple de l'automate bancaire.

Nous noterons que SA-RT est une *méthode*, laquelle ne se limite pas à la modélisation fonctionnelle et comportementale. Elle propose également des notations graphiques permettant de représenter non seulement les éléments fonctionnels, mais aussi les éléments concrets qui composeront le système, les connecteurs par lequel ces éléments interagissent (architectures logique et physique), ainsi que les flux d'information transitant sur ces connecteurs (*diagrammes de flux* et *diagrammes d'interconnexion*).

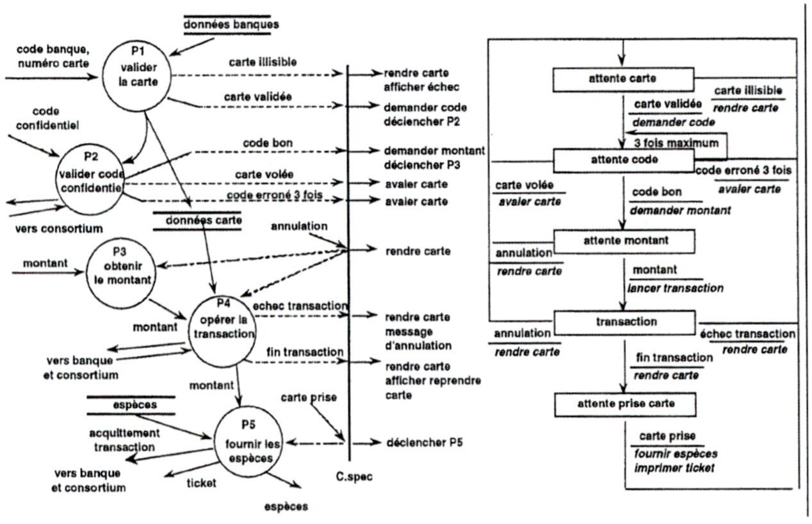

Figure 52: Exemple de diagramme SA-RT (automate bancaire)
(d'après Jean-Pierre Meinadier)

2.3. Outils SA-RT

L'application de la méthode SA-RT présente le plus souvent une certaine complexité qui nécessite l'utilisation d'un outil informatique. Parmi ces outils, on citera :

- Envision SART,
- AxiomSys,
- Orchis.

De nos jours, on emploie rarement SA-RT, car le langage UML, surtout dans ses versions récentes (au-delà de 2.14), est d'un abord plus simple et tout autant adapté pour traiter ce type de problématique. « UML » est supporté par une large panoplie d'outils informatiques (par exemple *Objecteering*) permettant d'aider l'analyste dans l'édition des différents diagrammes.

3. Méthode FAST

3.1. Introduction et présentation générale

La méthode FAST (Function Analysis System Technique) a été créée par Charles W. Bitheway en 1964. Elle permet de présenter, pour une solution, les fonctions dans un enchaînement logique en répondant aux questions *pourquoi, comment et quand.* L'utilisation de cette méthode est préconisée pour des systèmes « matériels » ou des organisations. Elle est plus difficilement applicable aux projets de développement logiciel, surtout temps réel, ou encore pour des systèmes automatisés.

FAST est une technique qui étudie les fonctions actuelles d'un produit ou d'un système existant, ou encore d'un produit ayant un produit semblable ou du même type. Comme dans toute autre méthode classique, il s'agit d'abord de traduire des fonctions de services (exigences fonctionnelles) en fonctions techniques, puis en solutions matérielles (conception). Les différentes fonctions sont identifiées par le biais de cette méthode de façon intuitive et naturelle. Si la technique FAST est utilisée pour le développement de produits nouveaux, elle sera mise en œuvre lorsque le produit aura pris corps, car on aborde ici l'ébauche d'une solution. Bien entendu, FAST propose autant de diagrammes que d'arrangements des constituants au niveau de l'architecture du produit ou du système.

3.2. Trilogie et différents types de fonctions

FAST est un *outil graphique* de communication entre les intervenants. Cette méthode se focalise sur les relations entre produits et fonctions, car elle permet de représenter la logique des relations entre fonctions par répétition de «*Pourquoi - Comment - Quand*» appliquée à chaque étape de l'analyse.

FAST présente les relations existant entre produits et fonctions à l'intérieur d'un domaine délimité strictement.

Les diagrammes FAST sont utilisés pour définir les priorités des objectifs et des fonctions du produit. Une fois les objectifs priorisés, on peut alors évaluer les différentes options pour avoir une meilleure valeur, c'est-à-dire :

- Cibler les vrais besoins et les vraies attentes des utilisateurs.
- Identifier les besoins et les fonctionnalités attendus, en se posant la question : «*Que fait le produit ?*», plutôt que : «*Quel est le produit ?*» («*What the function accomplishes*» *versus* «*What the product is*»), sans entrer dans les calculs d'optimisation des coûts.
- Ajouter des coûts additionnels afin d'améliorer les performances.
- Améliorer les performances du produit et réduire en même temps les coûts.

La Figure 53 présente les 4 directions principales du diagramme FAST. Pour chaque direction l'analyste devra répondre à la question liée au déplacement dans la direction concernée. Quand on se déplace vers la gauche, on est ainsi supposé répondre à la question «Pourquoi ?» («*Why ?*» en anglais), c'est-à-dire «*Pourquoi cette fonction ?*». Dans un déplacement à droite, il s'agit cette fois de répondre à la question «Comment ?» («*How ?*» en anglais), soit «*Comment cette fonction est-elle matérialisée ?*». Dans les deux sens verticaux (du haut vers le bas et vice versa), on doit fournir la réponse à la question «Quand ?» («*When ?*» en anglais) : «*Quand cette fonction se manifeste-t-elle ?*».

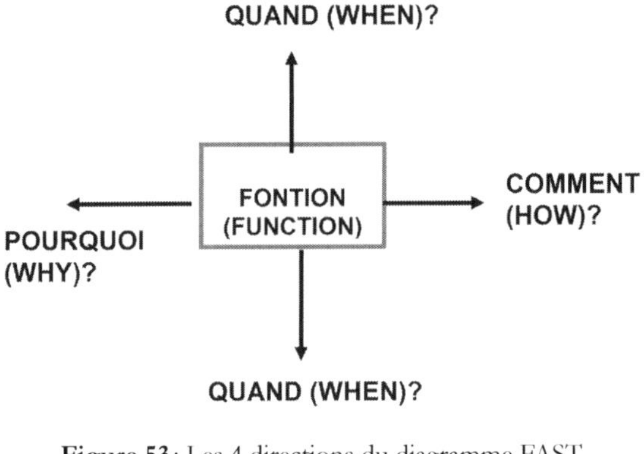

Figure 53 : Les 4 directions du diagramme FAST

La méthode FAST est basée sur une philosophie qui consiste à définir les liens entre les différentes fonctions du produit. Mais ces fonctions ne sont évidemment pas toutes du même type ni d'ailleurs du même niveau, d'où la nécessité de se déplacer en s'appuyant sur la trilogie : *Pourquoi, Comment et Quand ?*

La Figure 54 présente les différents types de fonction. En se déplaçant vers la gauche l'analyste définit la fonction de niveau supérieur, tandis que vers la droite l'analyste identifie cette fois des fonctions de niveau inférieur. Enfin, le déplacement vers le haut permet d'identifier les fonctions indépendantes et vers le bas, on identifie les activités nécessaires pour que la fonction considérée ait lieu. Par exemple, pour faire fonctionner une voiture et transporter des passagers, il faut un conducteur. L'activité du conducteur est indispensable et elle a lieu en même temps que la fonction de transport des passagers.

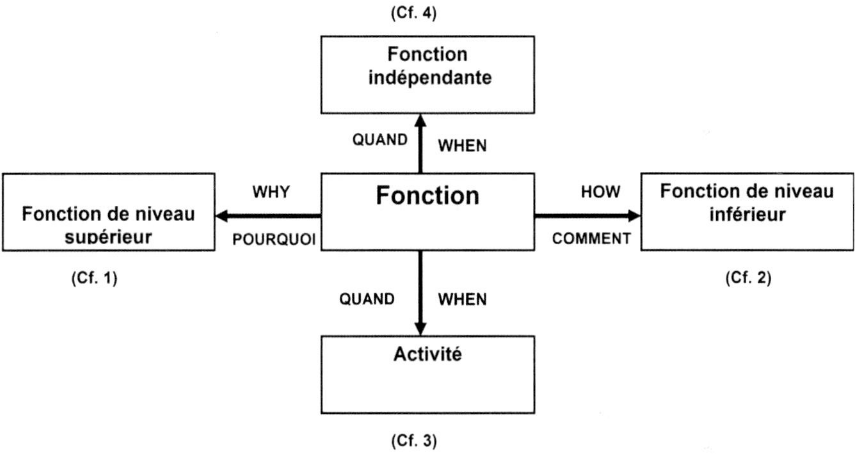

- **WHY (POURQUOI) ? Fonction nécessaire à remplir – il est nécessaire de .... (Cf. 1)**
- **HOW (COMMENT) ? Fonction à remplir - il est nécessaire de détailler ...(Cf. 2)**
- **WHEN (QUAND) ? Si cela fonction, alors qu'est-ce qui arrive ? (Cf. 3 ou 4)**

Figure 54 : Différents types de fonctions dans le diagramme FAST

La Figure 55 synthétise la philosophie conduisant à l'emploi des liens dans un diagramme FAST, avec les liens :

- entre la fonction de base et les fonctions secondaires,
- entre les exigences, les besoins et les fonctions,
- entre les fonctions et les solutions techniques.

On remarquera sur cette figure les limites du projet. Quand on considère une fonction, et que l'on se pose la question « Pourquoi cette fonction ? », naturellement on se déplace à gauche, et on va alors soit vers la fonction de niveau supérieur, soit vers les besoins.

Le déplacement vers la droite aboutit aux solutions techniques. Le raisonnement a ainsi un caractère intuitif.

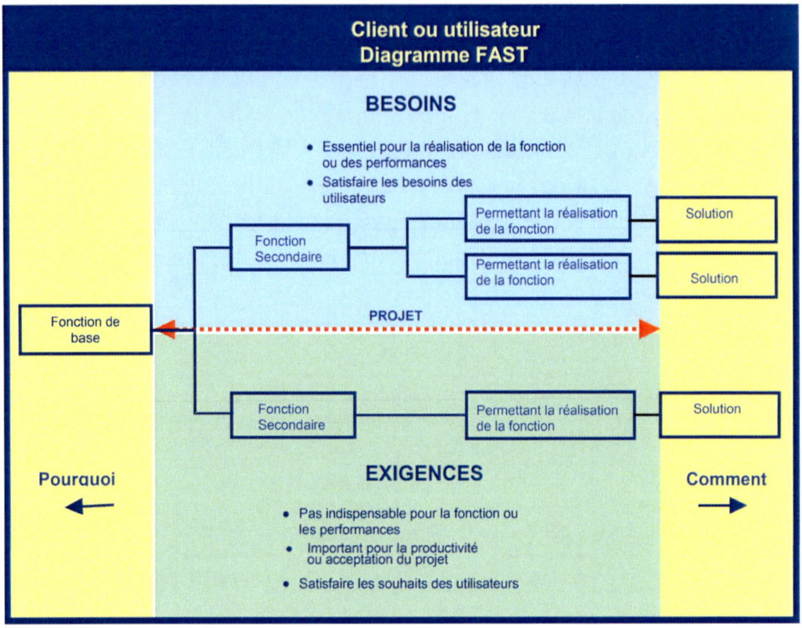

Jasna Sims Barch (Hon) TVM PVM Association for Project Management Thames Valley Branch Presentation January16, 2002.
(traduit et adapté en français)

Figure 55 : Philosophie de la méthode FAST

3.2.1. Exemple de diagramme FAST

La Figure 56 présente un exemple, en l'occurrence issu d'un cours de formation à cette méthode.

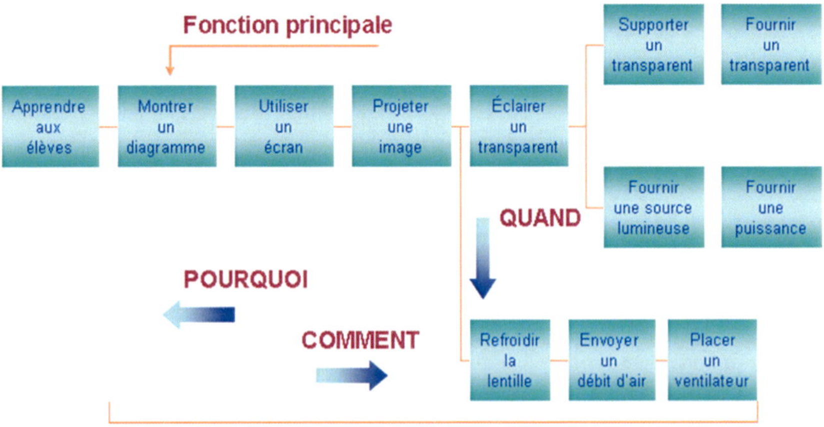

Figure 56 : Exemple FAST de présentation des transparents lors d'une formation – Source : Cours d'analyse fonctionnelle de l'Institut Ligeron

4. Exercices

Répondez par vrai ou faux et justifiez votre réponse par une ou deux phrases simples.

1. **SADT® est une méthode orientée objet.**

   ☐ Vrai ☐ Faux

2. **Une boîte SADT® peut avoir plusieurs sorties.**

   ☐ Vrai ☐ Faux

3. **SADT® est une méthode bien adaptée aux activités humaines.**

   ☐ Vrai ☐ Faux

4. **SADT® n'est pas adaptée à l'analyse fonctionnelle externe (AFE) ; elle ne traite que l'analyse fonctionnelle interne (AFI).**

   ☐ Vrai ☐ Faux

5. **On peut envisager de commencer une analyse fonctionnelle par la méthode SADT®, et terminer celle-ci par la méthode MISME.**

   ☐ Vrai ☐ Faux

6. **MECS (ICOM) : ce sont les données des diagrammes SADT®.**

   ☐ Vrai ☐ Faux

7. **Une donnée d'entrée d'une boîte SADT® peut également sortir de cette même boîte telle quelle.**

   ☐ Vrai ☐ Faux

8. **SADT® ne traite que les logiciels.**

   ☐ Vrai ☐ Faux

9. **On peut remplacer SADT® par le langage UML dans le cas d'un projet de développement d'un logiciel de calcul.**

   ☐ Vrai ☐ Faux

10. **Le dossier SADT® comprend en annexe la liste de toutes les données.**

    ☐ Vrai ☐ Faux

11. La méthode FAST est très adaptée pour inventer un nouveau produit.

☐ Vrai ☐ Faux

12. Si l'on emploie la méthode SADT®, il faut parallèlement employer FAST.

☐ Vrai ☐ Faux

13. La méthode FAST permet de mieux recenser et cerner les fonctions techniques.

☐ Vrai ☐ Faux

14. Pour un projet de développement d'un logiciel temps réel, la méthode FAST est recommandée.

☐ Vrai ☐ Faux

15. La trilogie de la méthode FAST (Pourquoi ? Comment ? et Quand ?) est basée sur l'intuition.

☐ Vrai ☐ Faux

◇◇

Exercice résolu 1 : On considère le schéma ci-dessous (Figure 57) qui concerne le projet d'installation d'un système de vidéo-surveillance dans un lycée situé en zone sensible (projet lancé par un Conseil Régional). Que pensez-vous de ce schéma SADT® ? Y-a-t-il des erreurs ?

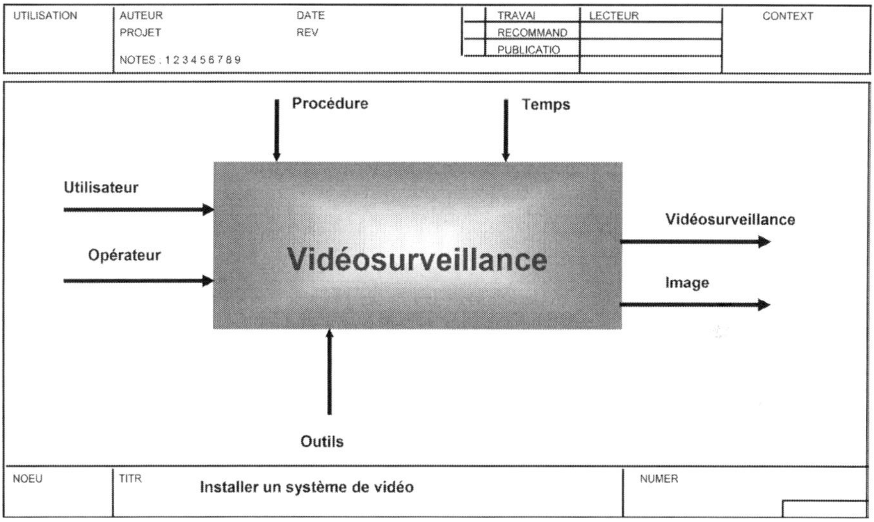

Figure 57 : Boîte SADT®

Solution de l'exercice 1 : *La boîte SADT® sans numéro montre un objet « vidéosurveillance ». Si ce schéma est un datagramme, alors nous devrions avoir des activités ou verbes en entrées-sorties. Or ce n'est pas le cas. Donc, on ne peut pas déterminer si ce schéma est un actigramme ou un datagramme. Il faut d'abord clarifier ce point.*

Partons de l'hypothèse qu'il s'agit d'un actigramme. L'utilisateur et l'opérateur ne peuvent figurer en données d'entrée, car la boîte est supposée transformer ces données en données de sortie !

« Image » est un résultat produit et intégrée dans le système installé.

En résumé, ce diagramme présente plusieurs erreurs. On trouvera ci-dessous le schéma que nous proposons à titre de correction (Figure 58). Rappelons ici qu'une boîte SADT® doit être numérotée et que le canevas (ou template) doit être rempli.

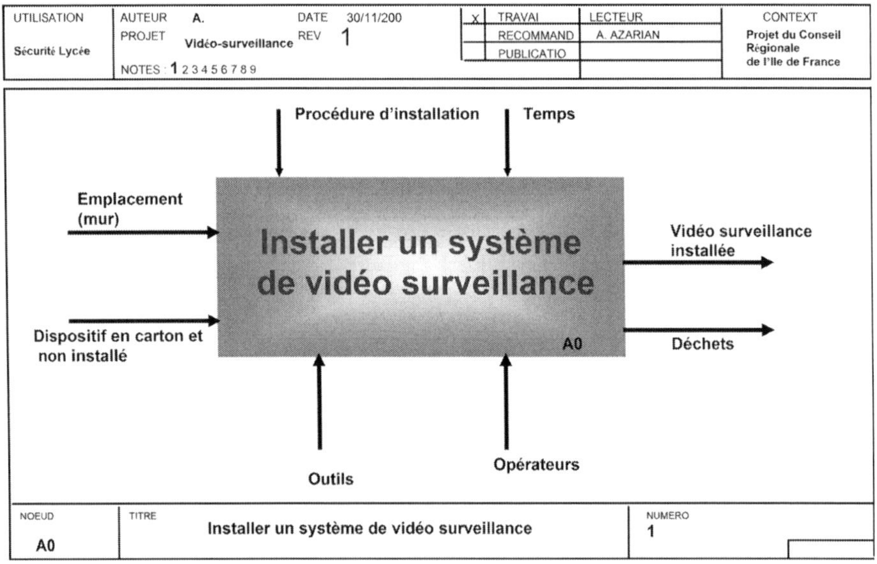

Figure 58 : Boîte SADT® corrigée

Exercice résolu 2 : On considère le schéma d'une installation industrielle fourni ci-après (Figure 59). Établir le diagramme A-0 puis la première décomposition de cette boîte c'est-à-dire le diagramme A0.

Solution de l'exercice 2 : *Cette installation classique comprend :*

- Un foyer (F), ou chambre de combustion, alimenté par un combustible gazeux et par de l'air ambiant envoyé par le biais d'un ventilateur.
- Un surchauffeur ou un échangeur de chaleur co-courants. Les fumées de combustion chauffent la vapeur saturante à une température de surchauffe (□*v*).
- Une turbine connectée à un alternateur. Cette machine est alimentée par la vapeur d'eau surchauffée. L'objectif est de produire de l'énergie électrique qui servira également à faire fonctionner les brûleurs dans la chambre de combustion.

Par ailleurs :

- La vapeur, après détente turbine, sera utilisée dans les ateliers de l'usine.
- Une partie de la vapeur sera condensée après son utilisation dans les ateliers (eau liquide à 60°C). Une pompe centrifuge (dispositif d'appoint) enverra de l'eau liquide à 20°C avec l'eau condensée dans les économiseurs E et E. Ces dispositifs sont des échangeurs de chaleur qui récupéreront encore la chaleur des fumées avant son envoi vers la cheminée de l'usine.
- L'eau liquide après avoir été chauffée dans les économiseurs (température □l) entre dans le foyer sous forme liquide, afin de produire de la vapeur saturante à la température □e.

Afin d'établir le diagramme A-0, il nous faut identifier et recenser les entrées et sorties de l'installation. Nous avons :

- **Entrées :** eau liquide – gaz (combustible) – air ambiant – électricité
- **Sorties :** fumées – fluide (eau + vapeur) – énergie électrique

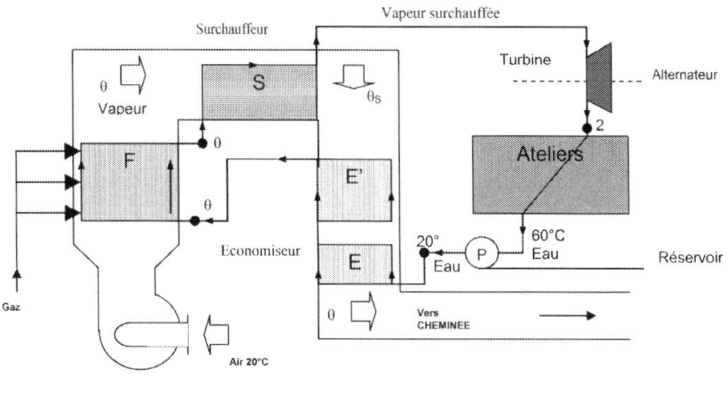

Figure 59 : Schéma d'une installation industrielle

Le diagramme A-0, ou boîte A0, est présenté ci-après.

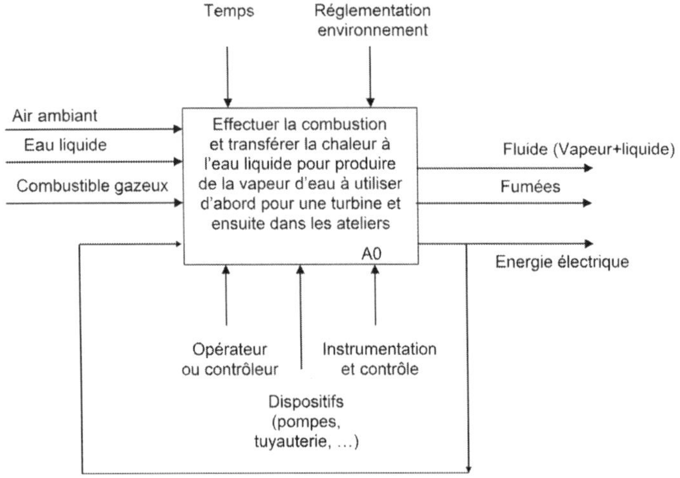

Figure 60 : Diagramme A-0 ou Boîte A0

La décomposition de cette boîte A0 (Figure 60) suit la logique des activités fournies par l'installation. Le premier niveau de cette décomposition est présenté ci-après avec 4 boîtes A1, A2, A3 et A4 sachant que l'analyste pourra poursuivre sa décomposition, et établir un diagramme pour chacune des boîtes (Figure 61).

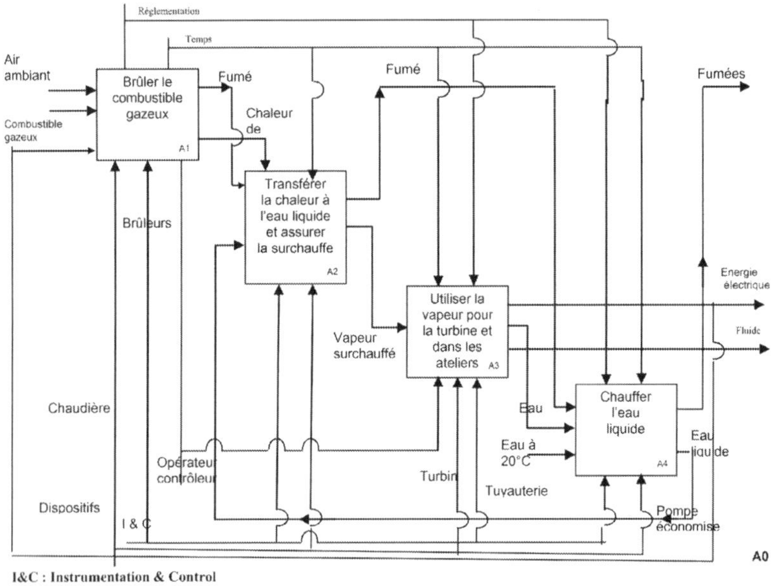

Figure 61 : Diagramme SADT® de 1er niveau (A0)

Exercice résolu 3 (FAST) (source : cours d'analyse fonctionnelle de l'Institut Ligeron) : on considère un aspirateur :

- Identifier et formuler le besoin d'un tel système (à quel besoin ce système répond-il ?).
- Quels sont les éléments d'environnement d'un tel système ?
- Quelles sont ses fonctions ? Quel est l'objectif de ces fonctions ? (répondre à la question « Pourquoi ? »)
- Comment peut-on aspirer la poussière ? Trouver une solution technique (répondre à la question « Comment ? »).
- Comment peut-on séparer les particules de poussière (répondre à la question « Comment ? »)
- Définir le séquencement des fonctions liées à la poussière (répondre à la question « Quand ? »)

Solution de l'exercice 3 : *Ce système répond au besoin de nettoyage d'un local.*

Les éléments d'environnement de ce système, en dehors de l'utilisateur et du local à nettoyer, sont : le courant électrique, l'air ambiant et la poubelle.

Il s'agit d'enlever la poussière et la saleté du local que l'on souhaite nettoyer.

On peut aspirer la poussière en créant un flux d'air à l'aide de l'énergie électrique.

On peut séparer les particules à l'aide d'un filtre.

*Le diagramme FAST correspondant est présenté ci-après (*Figure 62*).*

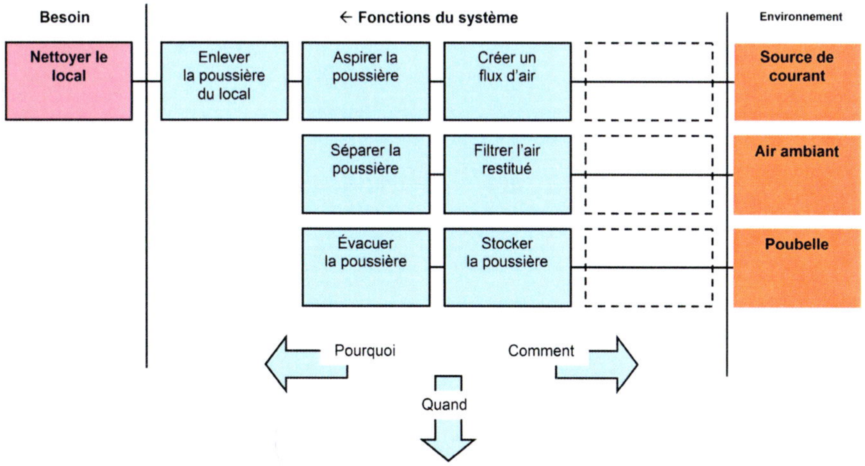

Figure 62 : Diagramme FAST d'un aspirateur.
Source : Cours d'analyse fonctionnelle de l'Institut Ligeron

Réponses des exercices SADT® et *FAST* :

1. **SADT® est une méthode orientée objet.**

   Réponse : ***Faux.*** *La méthode* SADT® ne fournit pas d'éléments relatifs à la réutilisation. De plus, l'évolutivité n'est pas garantie.

2. **Une boîte SADT® peut avoir plusieurs sorties.**

   Réponse : ***Vrai.*** *Une boîte SADT® peut avoir plusieurs sorties de même que plusieurs entrées, contrôles et mécanismes.*

3. **SADT® est une méthode adaptée aux activités humaines.**

   Réponse : ***Vrai.*** *Cette méthode est tout à fait adaptée aux activités humaines, qu'elles soient menées en séquentiel ou en parallèle.*

4. **SADT® n'est pas adaptée à l'analyse fonctionnelle externe (AFE) ; elle ne traite que l'analyse fonctionnelle interne (AFI).**

   Réponse : ***Vrai.*** *La méthode SADT® n'identifie pas les interactions du système avec les milieux extérieurs. En revanche elle est adaptée à l'identification des fonctions techniques.*

5. **On peut envisager de commencer l'analyse fonctionnelle par la méthode SADT® et terminer par la méthode MISME.**

   Réponse : ***Faux.*** *C'est l'inverse qu'il faut faire. On doit commencer par la méthode MISME pour l'AFE, puis terminer par SADT®.*

6. **MECS (ICOM) : ce sont les données des diagrammes SADT®.**

   Réponse : ***Vrai.*** *Les boîtes SADT® sont basées sur les données MECS (en anglais ICOM).*

7. **Une donnée d'entrée d'une boîte SADT® peut également sortir de cette boîte telle quelle.**

   Réponse : ***Vrai.*** *Prenons le cas d'une photocopieuse. On photocopie un document d'origine et on récupère ce document tel quel. Mais ce cas est rare.*

8. **SADT® ne traite que les logiciels.**

   Réponse : ***Faux.*** *La méthode SADT® est également employée dans le cas d'autres projets que des projets logiciels (par exemple la réorganisation d'un service).*

9. **On peut remplacer SADT® par UML dans le cas d'un projet de développement logiciel de calcul.**

   Réponse : ***Vrai.*** *De nos jours, pour un logiciel on emploie le langage UML qui s'avère plus puissant que SADT®.*

10. **Le dossier SADT® comprend en annexe la liste de toutes les données.**

    Réponse : ***Vrai.*** *Il est courant que le dossier d'analyse fonctionnelle basé sur la méthode SADT® comprenne en annexe toutes les données MECS avec leurs significations et description.*

11. **La méthode FAST est bien adaptée pour inventer un nouveau produit.**

    Réponse : ***Faux.*** *La méthode FAST n'est pas adaptée pour ce type de projet, car il faut avoir une idée du système et de ses fonctions pour pouvoir appliquer cette méthode.*

12. **Si l'on emploie la méthode SADT®, il faut en parallèle employer FAST.**

    Réponse : ***Faux.*** *Les deux méthodes peuvent être employées séparément.*

13. **La méthode FAST permet de mieux recenser et cerner les fonctions techniques.**

    Réponse : ***Vrai.*** *C'est un point fort de la méthode FAST.*

14. **Pour un projet de développement de logiciel temps réel, la méthode FAST est recommandée.**

    Réponse : ***Faux.*** *La méthode FAST ne peut pas traiter l'aspect dynamique d'un système type logiciel temps réel. Il faut employer le langage UML (version 2.14 et au-delà).*

15. **La trilogie de la méthode FAST (Pourquoi ? Comment ? et Quand ?) est basée sur l'intuition.**

    Réponse : ***Vrai.*** Cet aspect de la méthode constitue un point faible.

Chapitre 5

Autres méthodes et techniques d'analyse fonctionnelle

Introduction

Dans ce chapitre, nous présentons de manière synthétique les principes généraux d'un certain nombre de méthodes et techniques d'analyse fonctionnelle, employées notamment en France. L'utilisation de ces méthodes reste dans l'ensemble relativement limitée dans l'industrie française, en comparaison avec celle des techniques MISME, SADT® et FAST que nous venons d'examiner.

On notera bien que la liste des méthodes abordées dans la présente section ne prétend pas du tout à l'exhaustivité. En effet, en premier lieu, il est extrêmement difficile d'avoir une visibilité parfaite, constamment actualisée, sur l'ensemble des méthodes et des techniques pratiquées dans l'ensemble des pays du monde, comme sur l'état de l'art des pratiques. L'exemple de la méthode KANO, couramment employée au Japon mais peu pratiquée en Europe, est à ce propos éloquent. C'est pourquoi nous nous limitons en premier lieu à des méthodes couramment employées en France. Par ailleurs, les méthodes basées sur le langage de modélisation UML (*Unified Modelling Language*), adaptées tout particulièrement au développement de logiciel, ou encore à la création de systèmes d'information, sont des méthodes dont les présentations nécessiteraient à elles seules un chapitre voire un livre entier. Nous avons donc fait le choix d'exclure de cet ouvrage les présentations de celles-ci, sachant qu'elles sont par ailleurs davantage liées à la modélisation et à la conception de logiciel qu'à l'analyse fonctionnelle en tant que telle. Toutefois, on notera que le langage UML est couramment employé pour l'élaboration de spécifications techniques de systèmes informatisés, ainsi que pour leur analyse. Actuellement, dans la pratique, en matière de logiciels, les méthodes SADT® et SA/RT sont quasiment toujours remplacées par l'emploi de diagrammes UML.

Il convient de noter que la plupart des techniques récentes sont basées sur les approches de modélisation et de simulation, dont le diagramme d'analyse fonctionnelle ne constitue qu'une partie limitée. L'objectif de ce livre est davantage orienté vers l'analyse fonctionnelle, et non vers la modélisation et/ou la simulation.

1. La méthode Reliasep®

1.1. Présentation générale de la méthode RELIASEP®

La méthode RELIASEP® (*RELIAbility developed by SEP*) est une méthode d'analyse fonctionnelle orientée vers la sûreté de fonctionnement (SdF). Cette méthode a été développée au sein de la société *SEP* (Société Européenne de Propulsion), et ensuite enrichie par la société *SOFRETEN* (en particulier par Emmanuel Arbaretier), avec l'objectif de mener des conceptions sûres et sécurisées. À partir du besoin, exprimé en termes de fonctions, l'analyste recherche alors les sous-fonctions nécessaires à la satisfaction de ce besoin, en se basant sur l'*arbre fonctionnel*.

RELIASEP® intègre les exigences de la SdF à toutes les étapes de la vie d'un système ou d'un produit. L'arbre fonctionnel sert également de base à l'*AMDEC fonctionnelle*, permettant de visualiser le « cheminement fonctionnel » des dégradations ou des dysfonctionnements au sein du système ou du produit. RELIASEP® est une méthode adaptée aux systèmes complexes (systèmes matériels), et son emploi dans un projet de logiciel technique ou scientifique (temps réel ou non), un logiciel de gestion, ou encore un logiciel de pilotage ou de contrôle-commande est, *a priori,* à exclure.

La méthode RELIASEP® a été préconisée aux fins de mener l'analyse fonctionnelle de grands systèmes complexes, tels que, par exemple, la conception des nouvelles tranches de production d'énergie par EDF. Cette méthode est supposée augmenter l'efficacité du personnel impliqué dans les tâches de conception.

De manière générale, RELIASEP® est une technique de nature *progressive* (par questionnements successifs) et adaptée à la phase de développement du système. Nous nous proposons maintenant de décrire les principales étapes de la démarche RELIASEP®.

1.2. Principes généraux de la méthode RELIASEP®

Le principe général de cette démarche consiste à prendre connaissance du besoin à satisfaire, à décrire la façon dont il est réalisé, et à analyser alors comment il peut *ne pas être satisfait.*

Il est ensuite indispensable d'effectuer la décomposition des fonctions sous la forme d'une arborescence fonctionnelle. Enfin, il importe de caractériser ces fonctions par le biais de leurs performances et des contraintes qui s'y appliquent. Certaines entreprises ont inclus en outre une étape dédiée à l'analyse des « points de vue ».

En résumé, avec RELIASEP®, il s'agit :

- d'effectuer une *description fonctionnelle du besoin à satisfaire*, exprimé en termes de fonctions à remplir, accompagnées de performances et des contraintes à respecter ;
- d'établir *l'arbre fonctionnel,* permettant de mettre en évidence les fonctions nécessaires à la réalisation du besoin, en utilisant un principe que l'on peut synthétiser par : **1) acquisition d'un flux en entrée, 2) transformation de ce flux, 3) transmission d'un flux en sortie** ;
- d'établir *l'arbre matériel* se superposant à l'arbre fonctionnel ; ce croisement est utile notamment en termes de risques techniques et dysfonctionnements ;
- d'analyser alors les défaillances (AMDEC), en utilisant l'arbre fonctionnel, puis d'émettre des recommandations (actions préventives).

De manière générale, on utilise souvent le questionnement du type :

- À quoi cette fonction est-elle destinée ?
- Sur quoi agit-elle pour se réaliser ?

En fait, on se base, comme déjà indiqué, sur le triptyque suivant :

1. Capter un flux d'entrée.
2. Transformer ce flux.
3. Transmettre un flux de sortie.

Le diagramme ci-dessous (Figure 63) présente *l'arborescence de raisonnement fonctionnel* utilisée dans la méthode RELIASEP :

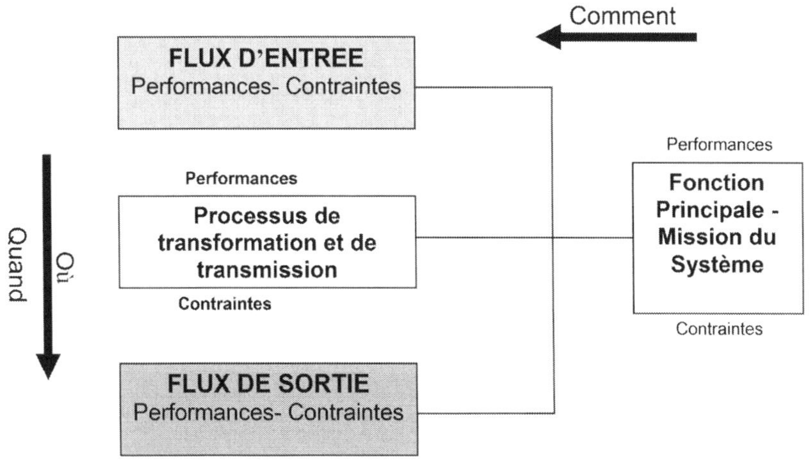

Figure 63 : Approche de base de RELIASEP®. Inspiré de TECRIS slideplayer.fr

2. Le Grafcet®

Le GRAFCET est un langage graphique de représentation et d'analyse, normalisé par l'*Union Technique de l'Electricité* (UTE), et s'adressant plus particulièrement à la conception d'automatismes. Le langage et le formalisme GRAFCET (avec par exemple les *diagrammes de transition* proposés) sont ainsi employés en préalable à la programmation d'automates programmables.

Le « GRAFCET » propose une représentation graphique des comportements attendus du système, laquelle consiste à décrire un fonctionnement séquentiel à partir des spécifications fonctionnelles d'un équipement automatisé. En somme, un GRAFCET permet de décrire la partie « commande » d'un système automatisé.

Le « GRAFCET » fait l'objet de la norme CEI 848 (décembre 1988). C'est un *langage*. Nous considérons donc ici l'usage du formalisme proposé par le GRAFCET comme une « méthode » au sens large du terme.

Le GRAFCET[6] est donc un outil graphique de définition destiné à des automatismes séquentiels fonctionnant en « tout ou rien ». Mais il est également utilisé dans beaucoup de cas « combinatoires » où un grand nombre, voire une quasi infinité de possibilités de fonctionnement, s'offre à l'analyste. À titre d'exemple, c'est le cas lorsqu'il y a une séquence à respecter, mais l'état des capteurs suffirait pour résoudre le problème en combinatoire, limitant ainsi le nombre de possibilités ou de situations.

Cette technique utilise une représentation graphique. C'est un langage clair, rigoureux et dénué d'ambiguïtés, permettant au réalisateur de montrer au donneur d'ordre comment il a compris le cahier des charges. Le langage, qui présente un caractère générique, permet de spécifier un comportement attendu de manière indépendante de sa réalisation pratique. Dans un second temps, on peut alors « câbler » le comportement spécifié par le biais de séquenceurs, le programmer sur un automate, voire sur un ordinateur.

Prenons ici un exemple : considérons un chariot qui peut avancer (A) ou reculer (R), et placé sur un rail limité par deux capteurs G et D. Le cahier des charges pourrait formuler le comportement attendu suivant : « Quand on appuie sur le bouton « DEPART », on avance jusqu'en D, puis on revient ». Une telle exigence serait manifestement incomplète et imprécise. La spécification du comportement en GRAFCET conduit immédiatement à pointer cette incomplétude. On voit ainsi immédiatement ici qu'il faudra être aussi en mesure de répondre aux questions suivantes :

6 http ://www-ipst.u-strasbg.fr/pat/autom/grafcet.htm

- Que fait-on avant l'appui sur « DEPART » ?
- Jusqu'où revient-on ?
- Quelles sont les conditions initiales ?

On réécrit donc le cahier des charges, en spécifiant maintenant quatre phases :

1. Attendre jusqu'à l'appui de DEPART,
2. Avancer jusqu'en D,
3. Reculer jusqu'en G,
4. Attendre à nouveau DEPART et recommencer.

On suppose le chariot initialement placé en G (sinon, il conviendrait alors de procéder à un cycle l'amenant en G). On a alors bien spécifié, de manière précise et sans ambiguïté le comportement attendu de notre système. La Figure 64 présente le diagramme GRAFCET exprimant le comportement spécifié dans cet exemple.

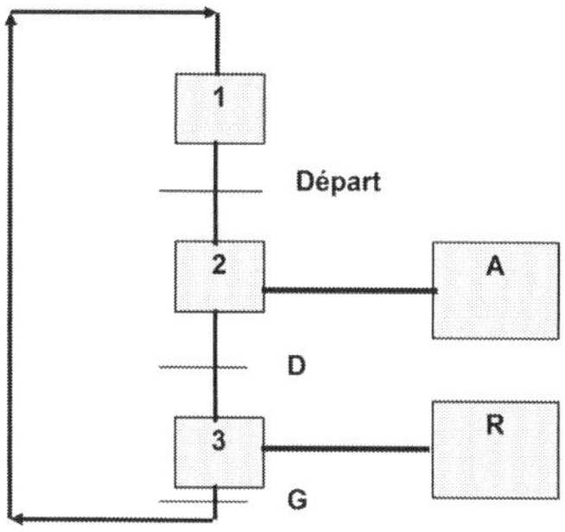

Figure 64 : Diagramme GRAFCET d'un chariot pouvant avancer et reculer.
Source : Cours d'analyse fonctionnelle de l'Institut Ligeron

3. La méthode QFD®

3.1. Présentation générale de QFD

« *Quality Function Deployment* (QFD) » est une méthode structurée permettant de définir des besoins client et de traduire ceux-ci en plan de production, conduisant à des solutions et/ou à des produits techniques. Les besoins client, explicites et implicites, doivent être identifiés de manière formelle. Le point de départ reste bien sûr le souhait du client, et l'objectif consiste à satisfaire celui-ci.

QFD a été créée par deux professeurs japonais (Y. Akao et S. Mizuno) au cours des années 1960. La méthode suppose que les principaux besoins du client soient facilement identifiables, ce qui n'est pas toujours vrai. En effet, on observe que les clients ou les utilisateurs ont souvent tendance à exprimer *comment* les besoins pourraient être satisfaits, plus que *le vrai besoin proprement dit*. Une fois les besoins identifiés « en vrac », il convient de les organiser et de les structurer. Le volume important d'informations ainsi collectées doit déboucher sur des « phrases clés » exprimant clairement et sans ambiguïté les besoins.

Dans ce cadre, la méthode *Quality Function Deployment* (QFD) est une *approche matricielle* de conception de produit (ou de service), visant à répondre le mieux possible aux attentes du client. Cette méthode prend en compte l'ensemble des besoins du marché et/ou les « désirs » des futurs utilisateurs, dès la conception d'un produit (ou du service), et permet d'élaborer le meilleur processus de fabrication et d'élaboration, en accord avec des impératifs de qualité fixés *a priori*.

3.2. Concepts de base de QFD

Le principe général du QFD consiste, comme on pourrait l'exprimer de manière imagée, « à *faire entrer la voix du client dans l'entreprise* ».

Dans QFD, le besoin du client peut être identifié de différentes manières :

- par des entretiens directs, en face à face, et des interviews, notamment téléphoniques ;
- par des questionnaires ;
- par des études, et des observations de l'usager en situation ;
- par les travaux de groupe de travail ou de réflexion ;
- par l'analyse de documents formels et de fichiers de données existants, notamment issus de projets similaires déjà menés ;
- etc.

Les besoins sont ensuite traduits en ce que l'on appelle la « **Maison de Qualité** » ou « **voix du client** » dite encore **matrice de plan de production.** La matrice de haut niveau, qui reflète les besoins, sera ensuite décomposée en d'autres matrices de type solutions techniques.

La Figure 65 présente la « Maison de Qualité », illustrant la manière de la construire étape par étape (Russell & Taylor Operations of Management – 1998).

D'après Adam Stoehr, la méthode *Quality Function Deployment* (QFD) est en fait la traduction à partir du japonais de ce que nous comprenons en matière de la qualité vis-à-vis des exigences du client. Ensuite, il faut étudier comment réaliser ces exigences de manière dynamique. En tout cas, QFD est une méthode très focalisée sur le client.

QFD permet à l'analyste d'effectuer le lien entre, d'une part, ce que le client exige et, d'autre part, la manière dont cette exigence peut être satisfaite.

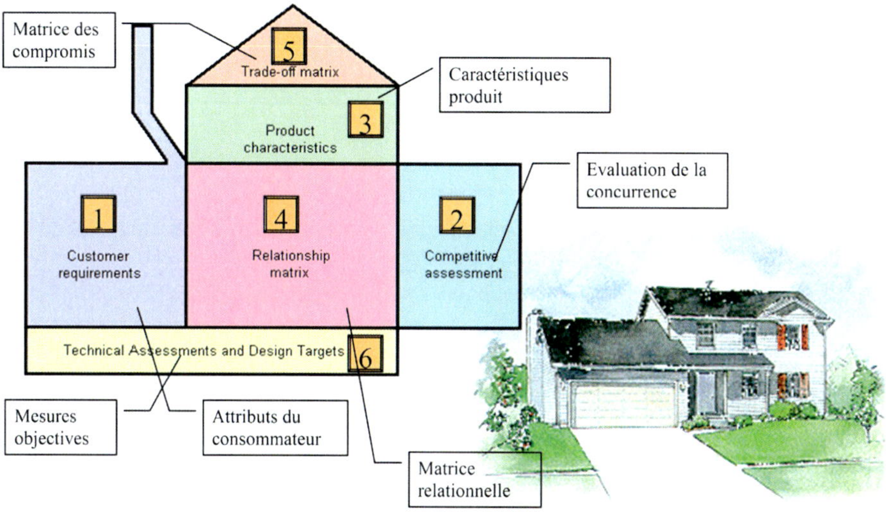

Figure 65: Comment construire la maison de la qualité (QFD).
Source: Cours d'analyse fonctionnelle de l'Institut Ligeron

La technique proposée par QFD présente les avantages suivants:

- Elle améliore la connaissance des exigences du client.
- Elle contribue à la satisfaction du client.
- Elle facilite la communication.
- Elle encourage le travail d'équipe et le travail collaboratif.
- Elle permet de prédire les défaillances et les imperfections.
- Elle permet de réduire le temps passé et, de ce fait, de réduire les coûts.
- Elle permet de se positionner par rapport à la concurrence.

La Figure 66 présente, sous forme de tableau, les corrélations recherchées (cf. chohmann.free.fr) entre, d'une part, les attentes du client et, d'autre part, plusieurs solutions techniques. Les attentes du client répondent à la question « Quoi ? », alors que les solutions techniques répondent à la question « Comment ? ». Trois types de relations sont alors prédéfinies pour caractériser le lien existant entre une attente client et une solution technique: la *relation forte*, la *relation modérée,* et enfin la *relation faible*. Remarquons cependant qu'il peut y avoir des cas où aucun lien n'existe ou n'est identifié. Dans le tableau représenté, on dénote le type de relation par un symbole particulier placé dans la case en question, avec la convention indiquée par la légende.

À titre d'exemple, considérons la solution N° 1 référencée dans le tableau. Nous avons une relation forte avec une exigence, notée 10 points. Le coefficient de poids est fixé à 5 (7e colonne, 2e ligne). Le total de la valeur obtenue par la solution 1 est donc 50.

L'objectif consiste à appliquer un système de notation visant à sélectionner la solution la plus adaptée. Ainsi, dans l'exemple de la Figure 66, c'est la solution N° 2 qui doit être retenue.

Enfin, la Figure 66 montre également une corrélation entre les différents produits ou solutions techniques. Il n'est pas possible de quantifier ce type de corrélation. Toutefois, des classes de corrélations sont définies de manière à caractériser ce type de lien. Cette partie de la *Maison de la Qualité* s'appelle la *matrice de compromis*.

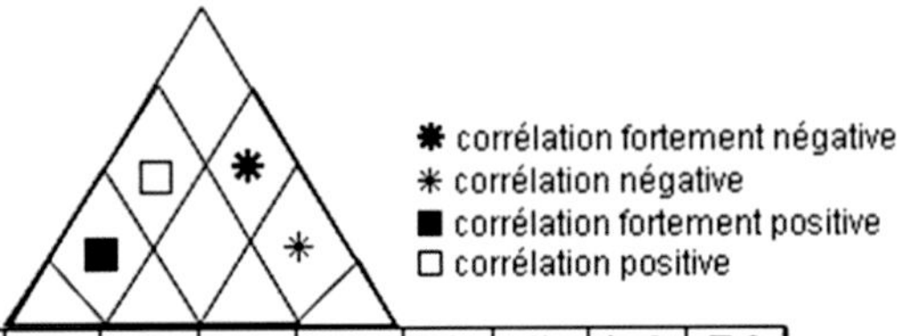

Comment ? / Quoi ?	Solution 1	Solution 2	Solution 3	Solution 4	Segment 2	Segment 1	Concurrent A	Concurrent B
Attente 1	●	●	○		1	5	4	2
Attente 2		⊙	●		4	3	4	4
Attente 3				●	4	5	5	5
Attente 4			○	⊙	1	3	4	1
Attente 5		●	⊙		1	3	3	2
Attente 6		⊙		○	2	4	2	2
Valeur cible	2,5	<1	10 à 15	>22	HConline			points
					Relation forte ●			10
Unité	mm	Kg	s	mm	Relation modérée ⊙			5
Valeur pondérée	50	115	53	69	Relation faible O			1

Figure 66: Corrélations entre attentes client et solutions techniques. Source : chohmann.free.fr

3.3. La méthode MERISE

3.4. Présentation générale de MERISE

La méthode MERISE (Méthode d'Étude et de Réalisation Informatique) est issue de l'analyse systémique. Cette méthode est le résultat des travaux menés par René Colletti, Arnold Rochfeld et Hubert Tardieu dans les années 1970, travaux qui s'inscrivaient dans le cadre d'une réflexion menée en particulier autour du modèle relationnel d'Edgar Frank Codd. Elle est devenue une technique opérationnelle au début des années 1980, et a surtout été utilisée en France par les SSII de ses membres fondateurs (Sema-Metra, ainsi que la CGI Informatique). Elle a été appliquée principalement à des projets d'envergure en France, notamment dans de grandes administrations publiques et de grandes sociétés privées. La méthode MERISE a connu d'emblée la concurrence de méthodes anglo-saxonnes, telles SSADM, SDM/S ou encore Axial. Jacques Lesourne a rédigé le livre qui constitue l'ouvrage de référence de cette méthode.

MERISE a été très utilisée dans les années 1970-1980 lors de l'informatisation massive des organisations. Elle a été enrichie par divers éléments au fur et à mesure de son utilisation. Cette méthode, spécifiquement française, a cherché ensuite à s'adapter aux évolutions rapides des technologies de l'information, notamment avec *Merise/objet*, puis *Merise/2*, destinées à intégrer le contexte de la modélisation par objet et des technologies client-serveur. MERISE constituait un courant majeur au cœur des réflexions autour d'une « Euro Méthode », laquelle n'a pas réussi à percer. La méthode MERISE a également connu diverses tentatives d'adaptation, en particulier avec les SGBD (Système de Gestion de Base de Données) relationnels, les interfaces homme-machine (IHM) interactives, l'analyse par objets, le développement de la microinformatique, les outils « CASE », les processus de rétro-ingénierie, etc. Mais toutes ces adaptations n'ont pas connu le même succès.

La méthode MERISE est une méthode d'analyse et de conception de systèmes d'information. Elle est donc très orientée vers les systèmes d'information (SI), avec les systèmes de gestion de bases de données relationnelles (SGBD Relationnels) et les logiciels d'application. En amont, elle se situait dans le prolongement naturel d'un schéma directeur en informatique. MERISE est moins adaptée aux projets transverses des organisations, qui gèrent le plus souvent des informations à caractère sociétal (environnemental et social), avec diverses parties prenantes. La méthode MERISE est basée sur la représentation d'un système par le biais de ses éléments invariants les plus simples qui le composent (sous-systèmes de rang n). Ensuite, il s'agit d'optimiser des liens et relations entre ces éléments invariants, afin d'établir la construction d'un nouveau système sur la base de ces éléments, liens et relations nécessaires au fonctionnement du système. Cette méthode a eu des équivalents à l'étranger en ce qui concerne les modèles de données, avec toutefois des différences significatives. Par exemple, les *cardinalités* (nombre possible d'éléments susceptibles d'être mis en relation par un lien) n'étaient pas toujours aussi détaillées dans les modèles anglo-saxons. En revanche, la modélisation des traitements était en MERISE beaucoup plus complexe que dans les méthodes anglo-saxonnes. On notera que l'émergence du langage standard UML et son adoption à très grande échelle a remis complètement en cause cette situation.

3.5. Principes de la démarche MERISE

MERISE, en tant que méthode d'analyse et de conception, propose une démarche articulée autour de trois axes, permettant de hiérarchiser les préoccupations et les questions auxquelles il faut répondre lors de la conduite d'un projet. Ces axes sont :

- **Le cycle de vie**, qui comprend les phases de conception, de réalisation, de maintenance, et se poursuit sur un nouveau cycle de projet.
- **Le cycle de décision**, qui concerne les grands choix (en particulier STOP or GO ou GO-NO GO des études préalables), la définition du projet (étude détaillée), et ce jusqu'aux petites décisions afférentes aux détails de la réalisation et de la mise en œuvre du système d'information. Chaque étape est documentée et marquée par une prise de décision.
- **Le cycle d'abstraction**, qui comprend le niveau conceptuel, les niveaux de l'organisation, logique et physique/opérationnel (du plus abstrait au plus concret). L'objectif du *cycle d'abstraction* est de prendre d'abord les grandes décisions métier, relatives aux principales activités (aspect conceptuel), sans rentrer dans le détail afférent aux questions en rapport avec l'organisation ou la technique.

La Figure 67 présente la logique de la méthode MERISE, sur la base des trois niveaux considérés dans cette méthode, à savoir le niveau conceptuel, le niveau logique et le niveau physique.

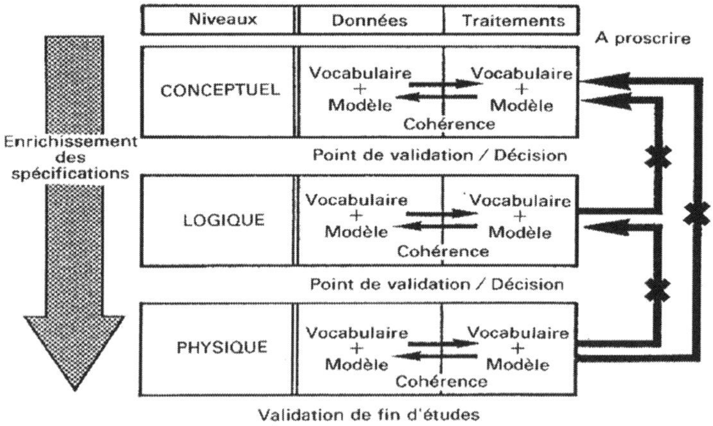

La méthode MERISE préconise d'analyser séparément données et traitements, à chaque niveau.

Figure 67 : Les différentes couches de la méthode MERISE
https://fr.wikipedia.org/wiki/Merise_(informatique) - http://fdigallo.online.fr/cours/merise.pdf

En utilisant la méthode MERISE, on aborde l'élaboration du *modèle conceptuel des données* (MCD), qui a pour but de décrire de manière formelle la structure des données utilisées par le système d'information. Il s'agit d'une représentation des données, qui doit être facilement compréhensible. Elle permet de décrire les informations à gérer à l'aide d'entités et de relations entre celles-ci. On utilise donc ici un métamodèle de base, à savoir le modèle dit *entité-relation* (E-R). Les diagrammes ainsi produits sont appelés «*entity relationship diagrams*», en anglais, abrégé en ERD. Un modèle ainsi produit, ou diagramme entité-relation, est en réalité un modèle de données constituant une description de haut niveau, appelée modèle conceptuel de données (MCD).

De manière très générale, une *entité* est la représentation d'un élément matériel ou immatériel (concept), ayant un rôle particulier dans le futur système, et que l'on désire décrire.

On appelle *classe d'entité* un ensemble composé d'entités du même type, c'est-à-dire d'entités définies selon le même modèle. Le classement des entités au sein d'une classe s'appelle *classification* (ou abstraction). Une entité est une *instanciation* de la classe, c'est-à-dire un élément concret issu de celle-ci. Chaque entité est décrite par des valeurs des propriétés caractéristiques ou *attributs*, données élémentaires permettant de la décrire par le biais de valeurs données à ceux-ci.

Considérons, par exemple, trois voitures particulières, une Renault (Clio), une Peugeot 308 et enfin une Citroën C3. Il s'agit ici de trois entités faisant partie d'une même classe d'entités, que l'on pourrait appeler la classe «voiture particulière». La Clio est une instanciation particulière de cette classe, au même titre que la 308 et la C3. Chaque entité possède des propriétés ou les caractéristiques type, qui pourront être le modèle de la voiture, l'année, la puissance du moteur, ou encore sa couleur, etc.

Les classes d'entités sont représentées graphiquement par un rectangle. Ce rectangle est séparé en deux champs:

- Le champ du haut contient le libellé, c'est-à-dire le nom donné à la classe. Pour simplifier, ce libellé peut être une abréviation, mais il faut vérifier qu'à chaque classe d'entité corresponde un et un seul libellé, et réciproquement (c'est-à-dire qu'il existe une relation biunivoque entre libellés et classes).
- Le champ du bas contient la liste des propriétés caractéristiques ou attributs de la classe d'entité. Par exemple, pour un fournisseur, on pourra avoir comme attributs le nom de l'entreprise, son numéro de SIRET (identifiant), son adresse, le contact, etc. De même, pour une entité de type «commande», le numéro de commande, la date de celle-ci, son montant, etc., peuvent constituer des attributs.

Une *relation* (appelée aussi parfois *association*) est représentée par une ellipse ou un hexagone. Elle caractérise et indique les liens de sens pouvant exister entre deux ou plusieurs entités. Par exemple, un fournisseur appartient à la classe des « fournisseurs », chaque fournisseur pouvant proposer un ou plusieurs « produits ». On définit alors une relation entre les classes « fournisseur » et « produit ». Une classe de relations contient donc toutes les relations de même type qui relient des entités appartenant à des mêmes classes d'entités. Une classe de relation peut lier plus de deux classes d'entité (relations N-aires, et donc pas seulement binaires).

Les *cardinalités* permettent de caractériser ou quantifier le lien qui peut exister entre une entité et la relation à laquelle elle est reliée. La cardinalité d'une relation est composée d'un couple de nombres entiers (allant de zéro à « N »), comportant une borne maximale et une borne minimale, définissant ainsi un intervalle au sein duquel la cardinalité d'une entité (nombre d'éléments) peut prendre sa valeur. Ainsi :

- La borne minimale (généralement 0 ou 1) décrit le nombre *minimum* de fois qu'une entité peut participer à une relation.
- La borne maximale (généralement 1 ou N) décrit le nombre *maximum* de fois qu'une entité peut participer à une relation (ou l'absence de limite supérieure).

Un *identifiant* est un ensemble de propriétés (constitué donc d'une ou plusieurs propriétés) permettant d'identifier parfaitement une et une seule entité au sein de sa classe.

La Figure 68 présente un exemple simple de schéma E-R où les champs des propriétés (ou caractéristiques ou attributs) ne sont pas remplis. Dans cet exemple un produit peut avoir un ou plusieurs fournisseurs, tandis qu'un produit peut ne pas faire l'objet d'une commande.

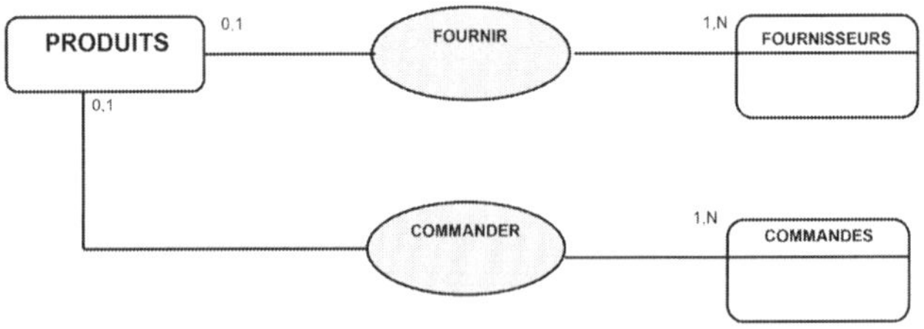

Figure 68 : Exemple simple de schéma entité-relation basé sur la méthode MERISE

Dans la pratique, un modèle conceptuel de données peut s'avérer complexe et fastidieux à établir.

La Figure 69 présente un exemple de modèle conceptuel de données basé sur la méthode MERISE.

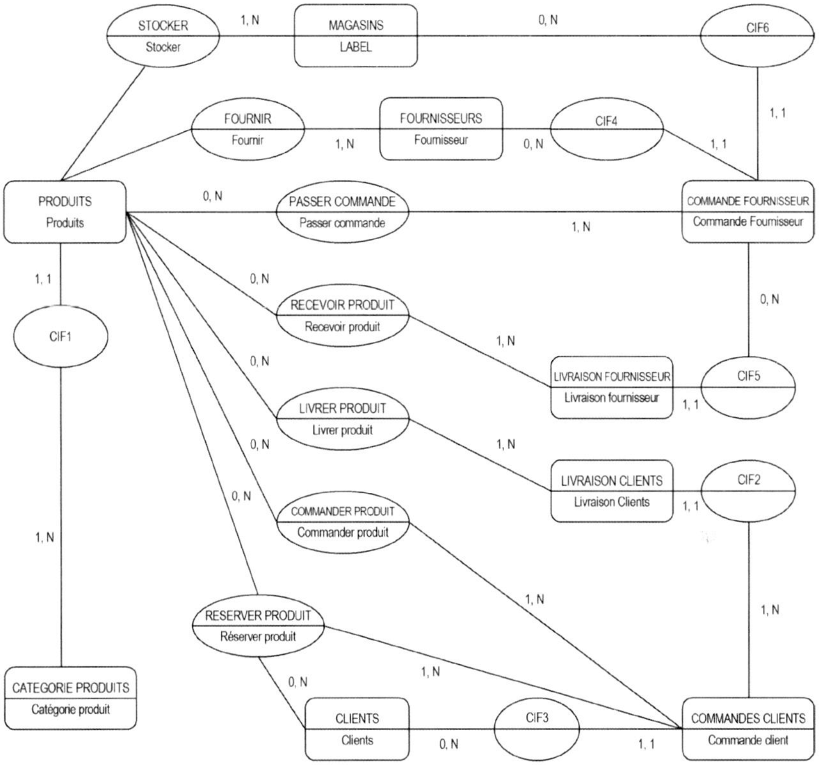

Figure 69: Modèle conceptuel des données basé sur la méthode MERISE.
Source: Cours d'analyse fonctionnelle de l'Institut Ligeron

3.6. La méthode KANO

La méthode KANO a été créée par le qualiticien Japonais Noriaki KANO en 1984. Elle permet de comprendre en quoi les différents éléments composant un produit contribuent à la satisfaction de l'usager. KANO avait en effet constaté que la satisfaction ou l'insatisfaction, résultant chez un observateur de la perception d'un produit ou d'un service, ne sont pas des concepts symétriques. D'après lui, l'existence d'une caractéristique d'un produit ou service peut satisfaire un utilisateur, sans que son absence ne provoque une sensation d'insatisfaction. Le but de cette méthode est de permettre de comprendre quelles sont les composantes de la satisfaction d'un produit ou service. Pour ce faire, elle identifie des « natures » de fonctions différentes.

KANO est une théorie intéressante et féconde pour l'évaluation, la conception et le développement d'une offre de produit/service. Comme il convient de le souligner:

- Elle se fonde sur la perception du client réel ou potentiel.
- Elle prend en compte les attentes explicites, mais peut également faire émerger des *attentes latentes* (c'est-à-dire implicites ou non exprimées) du client.

- Elle permet de renouveler, le cas échéant, la vision initiale du début du cycle de vie, qui peut être sujette avec le temps à « banalisation ».

Dans la conduite de projets d'innovation, la méthode KANO peut être utilisée pour hiérarchiser les fonctions (permettant donc de faire des arbitrages fonctionnels) et, par extension, pour composer des gammes déclinant le potentiel d'usage d'un produit ou service.

La méthode KANO est très simple à mettre en œuvre, au moins, précisons-le, dans sa version « théorique »... Son principe est également lumineux. Le revers de cette simplicité de KANO est que les résultats produits sont le plus souvent très grossiers.

Les attributs d'un produit/service sont les supports des attentes des clients. Ils peuvent être classés en cinq catégories :

1. « obligatoires », « indispensables » (*must-be*) ;
2. « attractifs » (attirantes - *attractive*) ;
3. « proportionnelles » ou linéaires (*one-dimensional*) ;
4. « indifférents » (*neutral*) ;
5. « à double tranchant » (*reverse*).

La Figure70 illustre ces catégories à travers la présentation du diagramme dit « KANO ».

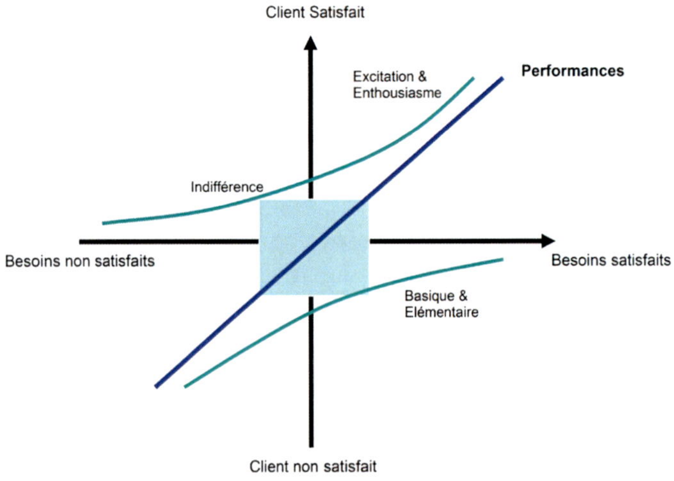

Figure70 : Diagramme KANO - https://fr.wikipedia.org/wiki/Mod%C3%A8le_de_Kano

3.7. La méthode OMT®

La méthode OMT (*Object Modeling Technique*[7]) était à l'origine une méthode développée au sein de General Electric, à la fin des années 1980, par Rumbaugh, Blaha, Premerlani, Eddy et Lorensen. Elle propose une analyse par objets, faisant un lien entre des objets concrets du monde réel et des objets « abstraits » du système à concevoir ou à étudier, visant à représenter les premiers.

OMT est basé sur le paradigme de la programmation par objet, dont les concepts servent ici de base. Un *objet* est rattaché à une *classe*, dont il est une *instance*. Une classe est une entité logicielle qui possède des comportements définis par le biais de procédures appelées *opérations*, ainsi que des propriétés définies sous la forme de champs dits *attributs* de l'objet. OMT permet la définition d'une relation de spécialisation / généralisation, dite « héritage », définie entre une classe plus générique et une classe plus spécifique, laquelle « hérite » des propriétés de la première. Par exemple, si la classe « Camion » hérite de la classe « Véhicule », cela signifie qu'un objet de la classe « Camion » possédera lui-même toutes les propriétés et les comportements définis dans la classe « Véhicule ». Les concepts de base y sont donc ici la *classe*, l'*objet* (c'est-à-dire l'instance d'une classe) l'*attribut* de classe et l'*opération*.

Ainsi, cette méthode orientée objet favorise la ré-utilisabilité et l'évolutivité.

OMT (en anglais *Object Modeling Technique*, « technique de modélisation objet ») est également, avec Booch et OOSE, l'un des langages de modélisation objet à l'origine d'UML. Le nom OMT est susceptible de créer une certaine confusion ainsi qu'un problème lié à la propriété intellectuelle. En conséquence, les auteurs sont ici amenés à limiter la description de cette méthode, compte tenu de l'emploi fréquent et de l'applicabilité des langages type UML et SysML qui limitent son utilisation.

7 Marque déposée/Copyright©1998 INRIA : Mamoun Alissali.

Chapitre 6

Applications de l'analyse fonctionnelle

Introduction

Les applications de l'analyse fonctionnelle sont nombreuses. Nous allons montrer ici comment les résultats de l'analyse fonctionnelle peuvent être exploités et pris en compte dans le cadre d'autres activités de l'ingénieur.

Bien sûr, un exposé exhaustif consignant toutes les applications possibles de l'analyse fonctionnelle serait extrêmement difficile, voire impossible à établir en pratique. C'est pourquoi on notera bien que ce qui suit ici ne prétend nullement à une telle exhaustivité, et ne saurait couvrir l'intégralité des contextes d'application, de l'analyse fonctionnelle, ni de son exploitation dans les activités de l'ingénieur.

1. Le cahier des charges fonctionnel (CdCF)

Une application importante des résultats de l'analyse fonctionnelle est l'élaboration du *cahier des charges fonctionnel* (CdCF). Ce document intègre, en effet, en principe, les résultats de l'analyse fonctionnelle externe (AFE).

Compte tenu de l'importance du CdCF et de la STB (Spécification Technique du Besoin), nous avons jugé utile d'y consacrer une section entière et séparée (cf. §7.1 et § 7.2). Nous ne détaillerons donc pas ici ces deux aspects.

Ce que l'on appelle usuellement le Cahier des Charges (CdC) contient en fait le contenu du Cahier des Charges Fonctionnel lui-même, avec, en plus, d'autres exigences ou besoins que nous évoquerons par la suite. En synthèse et très schématiquement, on peut écrire : CdCF $\subseteq$ CdC, c'est-à-dire que le contenu du CdCF est inclus dans celui du CdC. Ce point sera précisé dans la section 1 du chapitre 7.

2. La spécification technique du besoin (STB)

Le document de STB constitue pour sa part ce que l'on pourrait appeler l'« expression figée » du CdCF, en fixant ainsi précisément ce qui doit être réalisé. Ce document n'a donc plus de flexibilité au niveau des fonctions ni au niveau des performances, lesquelles doivent être parfaitement bien spécifiées. Ce document comprend normalement les résultats de l'*analyse fonctionnelle interne* (AFI), en particulier le BDF (cf. § 7.2).

3. L'ANALYSE DE LA VALEUR (AV)

3.1. Introduction

L'*analyse de la valeur* (ou AV) est une méthode créée aux États-Unis à la fin de la Seconde Guerre mondiale, grâce aux efforts de *Lawrence Delos Miles*, ingénieur qui travaillait alors pour la Société *General Electric*. À l'époque, Miles avait la charge de résoudre un problème de pénurie de matériaux dits nobles. Il a alors réalisé que, dans un produit, ce qui compte véritablement est la *fonction* que celui-ci assure, quelle que soit la solution technique utilisée par ailleurs pour satisfaire cette fonction. À partir de ce constat, il a alors étudié des méthodes créatives visant à réaliser des économies en réduisant les coûts, basées sur la recherche de solutions de produits, et avec le but de répondre *uniquement au juste besoin pour lequel le produit existe*.

L'*analyse de la valeur* (AV) a ensuite été largement améliorée au Japon, avant enfin d'être importée en Europe dans les années 1960, via les filiales des entreprises américaines. En France, c'est le cabinet APTE qui a introduit la pratique de l'*analyse de la valeur* dès l'année 1963, en se basant également sur les concepts de l'*analyse fonctionnelle* menée par le biais de la méthode APTE®. L'*analyse de la valeur* est une méthode, plus exactement une « technique rationnelle d'optimisation d'un *produit* » (ou d'un *procédé*, ou encore d'un *processus* voire d'une *organisation*). Il convient donc de ne pas limiter cette méthode uniquement à l'aspect lié à la réduction des coûts.

L'*analyse de la valeur* est donc une démarche visant à *optimiser la valeur d'un produit* dans le but d'augmenter sa compétitivité. Être « compétitif » consiste ici à posséder le « meilleur » produit (c'est-à-dire offrant le plus de fonctionnalités, avec des performances accrues, qualité et fiabilité, etc.), mais répondant au *juste besoin nécessaire* et au *moindre coût*. Cette démarche peut donc être utilisée soit pour *améliorer un produit ou un service* déjà existant, soit être *mise en œuvre directement au moment de la conception de celui-ci*[8]. Le but de cette méthode d'analyse de la valeur (AV) est donc de *concevoir un « produit » parfaitement adapté aux besoins de son utilisateur, et ce au coût le plus faible*.

Indiquons ici la définition donnée par l'AFNOR : « *L'analyse de la valeur est une méthode de compétitivité, organisée et créative, visant à la satisfaction du besoin de l'utilisateur, par une démarche spécifique de conception, à la fois fonctionnelle, économique et pluridisciplinaire* ».

C'est donc une démarche pluridisciplinaire de nature à la fois fonctionnelle et économique.

8 https://fr.wikipedia.org/wiki/Conception

Les caractéristiques d'une telle démarche sont les suivantes :

- Elle s'intéresse aussi bien aux *produits* qu'aux *processus*.
- Elle repose sur des *concepts* bien précis.
- Elle s'appuie sur les *coûts*.
- Elle s'articule autour des *fonctions*.
- Elle utilise des idées et des voies de *solution*.

Les résultats de l'*analyse fonctionnelle* constituent les piliers de base de l'*analyse de la valeur* (AV). Ainsi, il n'est pas concevable d'effectuer une *analyse de la valeur* sans avoir effectué au préalable une *analyse fonctionnelle*.

L'*analyse de la valeur* est orientée vers les études de *compromis technico-économiques*. Il s'agit de faire un bilan des solutions selon le point de vue technique, mais aussi selon le point de vue économique, sachant que la technique et l'économie sont en principe, ici, sur le même pied d'égalité.

Aujourd'hui, on privilégie cependant plutôt l'économie au détriment de l'aspect technique.

En synthèse, l'*analyse de la valeur* est une méthode qui, à partir d'une expression formalisée du besoin, et en utilisant l'*analyse fonctionnelle*, conduit une équipe pluridisciplinaire composée d'experts à concevoir des solutions techniques qui répondent de façon optimale à l'ensemble des besoins recensés.

Elle propose un cadre pour réaliser des *arbitrages objectifs* dans les comparaisons de solutions.

Le *management par la valeur* est l'application de l'analyse de la valeur au management de l'entreprise et en particulier à l'arbitrage entre projets.

3.2. Concepts fondamentaux de l'analyse de la valeur

L'*analyse de la valeur* est basée sur quatre concepts fondamentaux, appelés aussi notions fondamentales, et qui sont :

- le *besoin* (la notion d'exigence),
- la *fonction* (la fonctionnalité attendue),
- le *coût* (notion économique incluant le budget, le prix, etc.)
- la *valeur* (notion de satisfaction des utilisateurs au moindre coût).

On remarquera que les deux premiers concepts sont directement liés à l'*analyse fonctionnelle*. Le besoin est traité dans l'*analyse fonctionnelle externe*, notamment à l'aide de la « Bête à cornes* ».

Un *produit* ou un *système* peut être considéré, non comme un ensemble de composants matériels ou logiciels, mais comme un ensemble de *fonctions*. L'AFNOR définit les *fonctions* comme les « *actions d'un produit ou de l'un de ses constituants exprimées exclusivement en termes de finalité* ». Par exemple, un classeur (qui est un produit) est fait pour classer des documents (c'est une fonction). La fonction dénote ici à quoi sert le produit, c'est-à-dire quelle finalité il assure ou à quelle finalité il concourt.

Remarquons que les deux dernières notions sont liées à l'économie, soit directement (à travers le coût), soit indirectement (à travers la valeur).

3.2.1. La notion de coût

L'AFNOR définit un *coût* comme une « *charge ou une dépense supportée par un intervenant économique par suite de la production ou de l'utilisation d'un produit ou de l'ensemble des deux* ».

On peut en fait citer plusieurs types de coût :

- Le coût variable. C'est un « ensemble de charges dont le montant total varie en proportion du niveau d'activité ». C'est par exemple un coût de production.
- Le coût fixe. C'est un « ensemble de charges fixes, dont le montant total reste constant, dans une fourchette définie de niveau d'activité ». C'est, par exemple, le loyer des ateliers.
- Le coût direct, qui est « l'ensemble des charges directes par rapport à un produit, c'est-à-dire des charges causées, au premier degré et sans ambiguïté, par l'existence même de ce produit ». C'est par exemple le coût des matières premières.
- Le coût indirect, qui est pour sa part « l'ensemble des charges qui affecte le produit de manière indirecte », c'est-à-dire « celles qui, non attachées à un produit en particulier, sont engendrées par l'environnement nécessaire à l'élaboration de plusieurs produits ». C'est par exemple le coût lié à la facture d'électricité, ou encore à l'abonnement téléphonique de l'entreprise.

On notera qu'il existe bien sûr de nombreux autres types de coût, non cités ici, notamment le coût lié au marketing, le coût commercial, le coût (ou prix) de revient, le prix de vente, le coût global, etc. Les auteurs se proposent de définir ces coûts au fur et à mesure de l'apparition de ces notions dans l'ouvrage.

Le coût d'un produit dépend en fait de deux types de paramètres : ce sont, en premier lieu, les *paramètres externes* (tel le procédé de fabrication, la stratégie de diffusion, la décision de « faire ou faire faire », etc.) et, en second lieu, les *paramètres* du produit dits *chiffrables* (tels les dimensions géométriques, le volume, le poids, etc.).

3.2.2. La notion de valeur

La norme AFNOR X50 150 définit la *valeur* comme étant « *un jugement porté sur le produit par l'utilisateur sur la base de ses attentes ou de ses motivations* ». Plus précisément, c'est la grandeur qui croît lorsque la satisfaction de l'utilisateur augmente ou que la dépense afférente au produit diminue. Ce jugement résulte d'une observation *objective*, qui est le jugement porté par l'utilisateur en fonction de l'utilité qu'il retire du produit (c'est-à-dire la *valeur d'usage*) mais aussi d'une évaluation *subjective*, qui est la considération affective que l'utilisateur attache au produit (c'est-à-dire la *valeur d'estime*). La définition de la valeur est illustrée par la Figure 71 ci-dessous, dans l'exemple où l'on considère trois solutions techniques candidates.

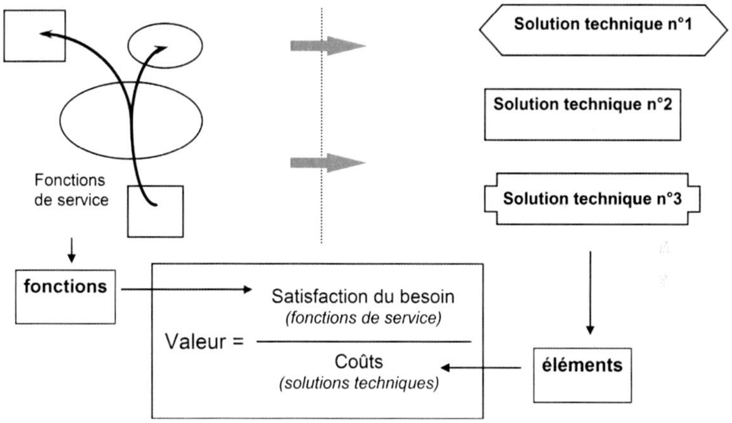

Figure 71 : Trois solutions techniques permettant de répondre aux fonctions de service identifiées lors de l'analyse fonctionnelle. Définition de la valeur du produit. Source : Cours AV de Pierre Barbier

Le concept de *valeur* reste en fait abstrait. En effet :

- le dénominateur (coût) est facilement quantifiable,
- en revanche, le numérateur (satisfaction du besoin) ne l'est que dans des cas simples, tant il est difficile de chiffrer la *valeur d'usage* et la *valeur d'estime*.

La *valeur* d'un produit est finalement une grandeur qui croit lorsque la satisfaction du besoin augmente et/ou que le coût du produit diminue. La valeur peut donc être considérée comme *le rapport entre l'aptitude du produit aux fonctions demandées divisée par le coût de la solution considérée.*

On notera ici que ce qu'il est convenu d'appeler à l'heure actuelle la « valeur attitude » consiste justement à *créer une valeur perçue* pour l'ensemble des parties prenantes.

En analyse de la valeur, le couteau suisse est souvent cité comme exemple illustrant la notion de valeur. La Figure 72 montre un tel produit classique, souvent donné comme exemple en analyse de la valeur, sachant que, par ailleurs, ce produit a un faible usage quant à certaines fonctions. En somme, il n'y a pas vraiment d'unanimité vis-à-vis de cet exemple pourtant souvent cité. Certains considèrent que seulement une partie des fonctions est réellement utile aux utilisateurs.

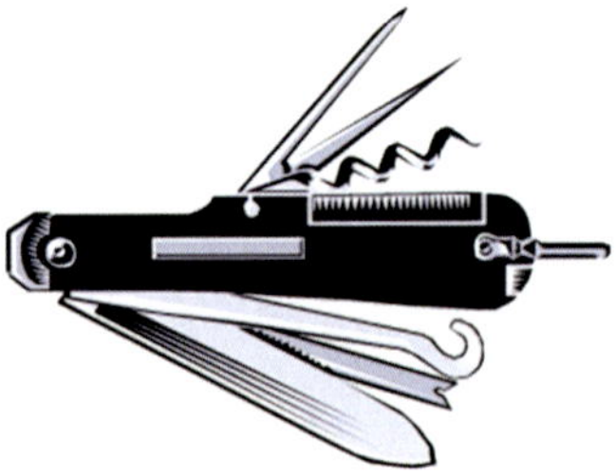

Figure 72: Couteau Suisse: exemple de produit classique en analyse de la valeur ayant une grande valeur au sens de la formule définie ci-dessus

On notera ici que l'analyse de la valeur vit et évolue par l'intermédiaire d'associations, telles la SAVE aux États-Unis, le VDI en Allemagne, et l'AFAV en France. Par ailleurs, il faut savoir que l'analyse de la valeur est *normalisée par l'AFNOR au niveau français*.

3.3. Les phases de la démarche d'analyse de la valeur

La démarche d'analyse de la valeur comporte sept phases, comme indiqué dans la Figure 73 ci-dessous. Chacune de ces phases est brièvement décrite dans la suite.

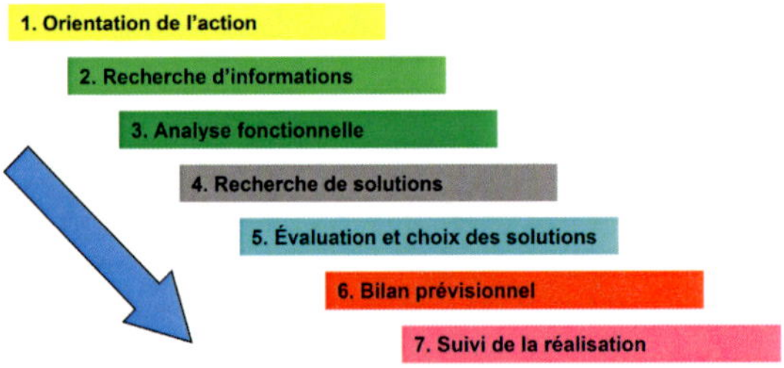

Figure 73: Démarche de l'analyse de la valeur en 7 phases. Source: Cours AV de Pierre Barbier

3.3.1. Phase 1 : Orientation de l'action

Dans cette phase, le demandeur fixe les objectifs de l'étude, mais aussi les contraintes. Plus précisément, le but est ici de bien cerner :

1. l'*objet* ou le *produit* étudié, le *champ* et le *périmètre technique* de l'étude,
2. les *causes* du déclenchement de l'analyse,
3. les *objectifs* de l'étude et les *enjeux* associés,
4. les *contraintes* de l'étude,
5. la constitution du *groupe de travail multidisciplinaire* (qui s'avère être un aspect essentiel).

On notera ici les points particuliers suivants :

- Le *délai*, ou encore la *confidentialité*, sont d'autres aspects importants à considérer.
- Un *animateur* doit être désigné pour piloter l'ensemble de l'étude. Il est essentiel qu'il maîtrise la démarche d'analyse de la valeur.
- Un *plan de travail* bien formalisé doit être rédigé, puis approuvé par le demandeur à l'origine de l'étude. Ce plan de travail définit en particulier le calendrier de l'étude.
- Un tel groupe de travail doit inclure la *participation d'experts* clés.

Note : *L'analyse de la valeur (AV) requiert donc, en principe, la création d'un groupe de travail spécifique à l'étude.*

3.3.2. Phase 2 : Recherche d'information

À la première réunion du groupe de travail, les règles de fonctionnement doivent être fixées. Elles sont consignées dans une « charte » du groupe de travail. Les travaux de collecte d'informations sont alors répartis entre les intervenants.

Les éléments à collecter comprennent :

- les REX (Retour d'Expérience) d'autres projets déjà menés en interne,
- les REX « externes », la veille technologique et normative ou réglementaire,
- tous les éléments traduisant le besoin à satisfaire,
- tous les éléments relatifs aux coûts des solutions.

Lors des réunions suivantes, les données sont alors synthétisées et partagées.

Note : *La recherche d'information inclut la recherche documentaire ainsi que la recherche de toutes les données et tous les fichiers utiles. Les types de données à considérer sont alors :*

- *les données techniques ;*
- *les données industrielles ;*
- *les données économiques ;*
- *les données commerciales (ou contractuelles) ;*
- *les données sociales ;*
- *les données réglementaires ;*
- *les données liées à l'utilisation ;*
- *les données liées au retrait de service, au démantèlement et au recyclage.*

3.3.3. Phase 3 : Analyse fonctionnelle

Cette phase comprend pour sa part les activités suivantes :

- L'*analyse fonctionnelle externe*, qui vise à bien décrire le besoin. Cette phase inclut en particulier :
  - la caractérisation des fonctions (issues du CdCF),
  - l'identification des *flexibilités* et des *taux d'échanges*.
- L'*analyse fonctionnelle interne*. Cette phase vise à :
  - identifier les contributions des constituants aux fonctions techniques,
  - identifier les contributions des *fonctions techniques* aux *fonctions de service* (via ce que l'on appelle le *Tableau d'Analyse Fonctionnelle*, dit TAF).
  - décrire les ébauches de *solutions candidates* (c'est-à-dire les solutions existantes mais aussi les solutions « innovantes », faisant alors abstraction des descriptions techniques détaillées),
- L'*établissement du croisement coût / fonction*, produisant en particulier :
  - l'histogramme, ou graphique circulaire (« camembert ») des fonctions onéreuses,
  - l'histogramme, ou graphique circulaire (« camembert ») des constituants onéreux,
  - un premier cadre de comparaison des solutions mises en évidence.

On remarquera évidemment ici que l'analyse fonctionnelle constitue une phase importante de la démarche de l'analyse de la valeur.

3.3.4. Phase 4 : Recherche de solutions

Cette phase vise à proposer des solutions nouvelles. Les solutions peuvent ici porter :

- soit sur la globalité du système,
- soit sur les fonctions onéreuses uniquement.

Dans cette phase, il s'agira en particulier :

- de pratiquer des méthodes créatives :
  - en organisant un « *brainstorming* », ou *recherche intuitive*, qui est une démarche peu structurée, où, *a priori*, on ne recherche pas de consensus,
  - en effectuant une démarche *DELPHI* basée sur les opinions d'experts, ou de *Groupe Nominal*, dont la principale tendance est au contraire la recherche de consensus.
- de n'éliminer *a priori*, aucune solution. Il est à noter qu'il y a principalement deux types de solutions à considérer : d'une part les *solutions « traditionnelles »* avec leurs différentes déclinaisons, notamment les *versions améliorées*, et d'autre part les *solutions « innovantes »*, voire *« révolutionnaires »*. Il va de soi que ces dernières présentent plus de risques pour l'entreprise.

On notera ici qu'il n'est pas indispensable de parvenir à un consensus lors de cette phase.

3.3.5. Phase 5 : Évaluation des solutions

Lors de cette phase, consacrée à l'évaluation des solutions mises en évidence lors de la phase précédente, il convient alors en premier lieu de pratiquer « l'entonnoir », visant à éliminer les solutions inaccessibles.

Ensuite, il s'agit de définir une *échelle objective de satisfaction des besoins*, et de pondérer les exigences par degré d'importance. Ceci inclut :

- les *fonctions* et *performances*, y compris celles liées à la qualité ou à la sûreté de fonctionnement,
- les exigences de *coûts*,
- les exigences de *délais*,

Finalement, il conviendra de coter les solutions candidates (comprenant les solutions alternatives, et les solutions innovantes éventuelles). En positionnant en référence la solution de base, on pourra utiliser ici des cotations sur une échelle de 5 niveaux, avec, par exemple, les significations suivantes :

- +1, +2 : meilleur,
- 0 : équivalent,
- -1, -2 : moins bon.

On notera bien ici que le système de cotation ou de notation dépend de la culture d'entreprise. En particulier, ce système varie d'un pays à l'autre.

On notera également qu'une réduction des coûts peut être déjà envisagée lors de cette présente phase de la démarche.

3.3.6. Phase 6 : Bilan prévisionnel

Cette phase de bilan prévisionnel comprend la rédaction d'un rapport adressé au demandeur. Un tel rapport contient :

- la *synthèse des recommandations* et les *actions* proposées,
- les *propositions de choix*,
- le *bilan* par rapport aux objectifs consignés lors de la phase 1.

Par la suite, il s'agira d'identifier parmi deux ou plusieurs solutions techniques, *celle qui répond le mieux au juste besoin*, selon des critères prédéfinis qui seront de nature *technique*, *financière* et *calendaire*.

On notera bien que les critères relatifs à la *qualité* et à la *sûreté de fonctionnement* sont considérés ici comme des *performances techniques*.

3.3.7. Phase 7 : Suivi de la réalisation

Cette dernière phase est dédiée au suivi des actions et des recommandations. Les actions sont mises en œuvre en fonction des décisions du demandeur. Elles sont suivies jusqu'à leur bon achèvement.

3.4. Particularités et intérêt de l'analyse de la valeur

L'analyse de la valeur est en fait la conjonction de plusieurs démarches. Ce sont :

- une **démarche fonctionnelle**, qui consiste à formuler le problème *en termes de finalités* et non en termes de solutions techniques,
- une **démarche économique**, qui fait une référence systématique aux coûts, afférents tant aux produits antérieurs de la même famille et à leurs fonctions qu'à ceux que l'on peut estimer pour chaque fonction ou solution nouvelle,
- une **démarche pluridisciplinaire**, menée par un travail de groupe, et faisant appel à un *animateur* et à un *décideur*. Le travail en groupe met en présence des personnes de métiers différents et dotées de responsabilités différentes en regard du produit étudié. Ce travail collectif permet de régler conjointement

et globalement des problèmes qui auraient été abordés successivement et isolément par les divers intervenants.

- une **démarche créative**, qui vise à étendre l'éventail des solutions techniques à considérer, et à prendre systématiquement en compte les évolutions du marché, de l'environnement ou encore de la technologie.

L'examen de la Figure 74 ci-dessous appelle les remarques suivantes :

1. Dans les premières phases du projet, alors que les dépenses réelles s'élèvent à 5 ou 10 % du coût total du projet, l'engagement de dépenses faisant suite aux décisions prises (comme en particulier le fait de faire ou de faire faire), peut atteindre 80 %, voire une part plus importante, du coût du projet.

2. La possibilité de faire des économies sur un produit se situe bien dans la zone ici considérée de l'*analyse de la valeur*.

3. L'espérance de gain diminue au fur et à mesure que l'on avance dans le projet. Dans les dernières phases du projet, il devient ainsi pratiquement impossible de réaliser des gains.

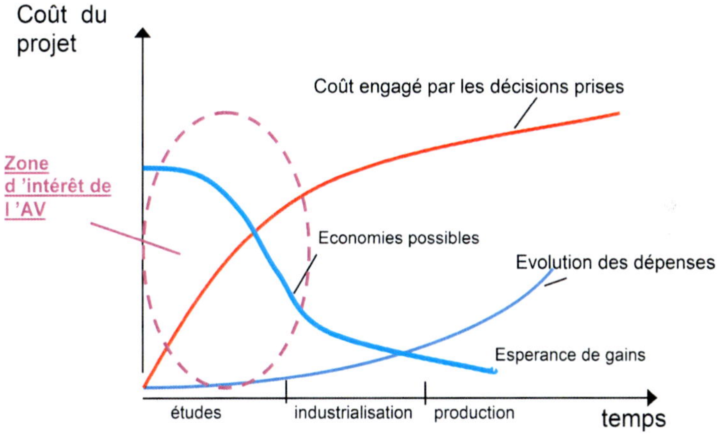

Figure 74 : Analyse de la valeur dans les projets et la possibilité de réaliser des gains.
Source : Cours AV de Pierre Barbier

Comme l'illustre la Figure 74 ci-dessus, l'analyse de la valeur est une technique d'abord employée dans les premières phases d'un projet. Ensuite, cette démarche accompagne le projet dans sa réalisation et dans le déroulement de ses différentes phases. Il va de soi que l'intérêt de l'analyse de la valeur pour le projet diminue au fur et à mesure que le projet progresse. Ainsi, dans les dernières phases du projet, l'analyse de la valeur ne peut plus avoir qu'une contribution très limitée.

Plus précisément, la contribution de l'analyse de la valeur se focalise essentiellement sur les deux phases suivantes :

- La phase de faisabilité / définition, avec plus particulièrement :
  - l'aide au choix de concept,
  - la recherche des axes de modernisation d'un produit ou système,
  - le choix entre des solutions proposées par plusieurs soumissionnaires,
  - le support utile à la négociation finale avec un fournisseur sélectionné.
- *La phase de développement*, avec l'adaptation éventuelle de la définition :
  - suite au coût constaté du prototype,
  - suite à une réduction ou à une évolution de budget du projet,
  - suite à une modification quant à la durée du projet,
  - suite à l'émergence d'une nouvelle technologie ou d'une nouvelle norme à considérer.

Une fois le projet terminé, il faut impérativement penser à *capitaliser le savoir-faire acquis* notamment en réalisant un REX qui doit comprendre aussi les éléments afférents à l'*analyse de la valeur*.

3.5. Pratique de l'analyse de la valeur

Pour pratiquer l'*analyse de la valeur*, il faut en premier lieu exploiter d'une part l'*arborescence technique* et, d'autre part, l'*arborescence fonctionnelle* issue de l'*analyse fonctionnelle*. Par la suite, les fonctions techniques sont à évaluer en termes de coût.

Si nous prenons l'exemple d'un vélo (système ou produit existant), nous pouvons considérer les différents éléments constitutifs suivants, donnés ci-dessous « en vrac », et illustrés par la Figure 75 :

Guidon – Selle – Cadre – Fourche nue – Suspension – Roue AV – Roue AR – Transmission (Chaîne – pignon -...) – Freins AV – Freins AR – Feu AV – Feu AR – Dynamo ou pile — Accessoires (exemple : béquille) – Porte bagage

Il convient ici d'établir un tableau, qui sera soit un *tableau composant-coût* (avec, par exemple : guidon 31 €, selle 11,95 €, etc.), soit un *tableau fonction-coût* (avec, par exemple : ensemble guidage 128,85 €, transmission 68,90 €, etc.). On se focalisera sur les *fonctions les plus onéreuses*, afin de diminuer le coût total du produit vélo ainsi considéré. Plusieurs itérations sont en général nécessaires avant d'arriver à une solution satisfaisante.

Nous donnons ci-dessous un exemple de *tableau composant-coût*[9].

Figure 75: Principaux éléments constitutifs d'un vélo (système existant)
Source: internet (Amazon, ProbikeShop, Decathlon, Trocvelo, materiel-velo, xxl-sale)

COMPOSANT OU ÉLÉMENT	PRIX TTC EN€ (X)	VARIATION DE PRIX (X)	OBSERVATIONS
Cadre de vélo	115,00	100€ < x < 1200€	Prix de base
Paire de roues	99,90	90€ < x < 500€	
Fourche nue	62,90	60€ < x <200€	
Guidon	31,00	30€ < x <100€	
Chaîne	13,95	13€ < x < 50€	
Transmission - pédaliers	54,95	50€ < x < 100€	
Suspension	12,04	12€ < x < 80€	Prix de base
Freins avant et arrière	69,90	65€ < x < 150€	
Étrier freins	19,99	19€ < x < 30€	
Feux avant et arrière	17,99€	17€ < x < 100€	
Selle	11,95	7€ < x < 60€	Prix de base
Béquille	9,49	8€ < x < 60€	idem
Porte bagage	12,99	12€ < x < 100€	idem
Visserie + accessoires	10€	8€ < x < 30€	
Total	542,05€	Prix entre 491€ et 2760€	Il s'agit des prix approximatifs et pratiqués en Europe.

Tableau 10: Tableau composants-coûts pour un vélo (exemple)

On notera bien ici que la démarche d'analyse de la valeur ne se limite pas à la réduction des coûts.

9 Les prix figurant dans ce tableau sont bien sûr donnés ici uniquement à titre indicatif. Les prix réels sont consultables notamment sur les sites internet des constructeurs type *Decathlon* ou tout revendeur de matériel de cyclisme. Ainsi, dans notre exemple, pour remplir un tel tableau composants-coûts, il serait bien sûr possible de chercher les prix sur les sites Internet tels qu'Amazon, ProbikeShop, Decathlon, Trocvelo, materiel-velo, xxl-sale, etc. ou d'autres sites. Les fournisseurs de matériels peuvent également être contactés pour l'obtention de plus de renseignements.

Le tableau ci-dessous (Tableau 11) présente les fonctions techniques afférentes à un prototype de moteur. Dans cet exemple l'estimation du coût des fonctions se base sur le REX de projets similaires, et sur la connaissance des produits devant réaliser lesdites fonctions. Les facteurs de risque permettent de pondérer les éléments issus du REX, en fonction des spécificités du projet (par exemple dans le cas d'un procédé nouveau, d'un produit nouveau, etc.).

N°	Fonction	Coût projet similaire	Facteur de pondération	Coût estimé du projet
F1	Alimenter le moteur en essence	5 894 kE	1,10	6 483 kE
F2	Permettre l'allumage	9 550 kE	1,00	9 550 kE
F3	Capter l'énergie thermique	13 533 kE	1,20	16 240 kE
F4	Evacuer les gaz brûlés	4 500 kE	1,15	5 175 kE
		33 477 kE		**37 448 kE**

Tableau 11 : Tableau coût-fonction pour un prototype de moteur (Réf : Serge Bellut)

Dans le tableau ci-dessous (Tableau 12), le *croisement coût-fonction* est présenté dans l'exemple d'une éolienne. Nous arrivons ici à un coût global de 47960 k€, soit environ 48M€.

Enfin, dans la mesure où l'on est souvent amené à évaluer plusieurs solutions techniques, il convient de définir les *critères d'évaluation* ou encore le *système de valorisation* utilisé.

Obtention du coût des fonctions à partir du coût des produits

						Capter l'énergie éolienne Fp1a	Transformer l'énergie mécanique en énergie électrique Fp1b	Mettre l'énergie électrique au format EDF Fp1c	(Ensemble des fonctions contrainte) Fcx
Système : Centrale éolienne		Coût d'étude	Coût de réalisation	Coût d'exploitation sur 20 ans	Coût global	11 241 kE	8 743 kE	8 820 kE	19 156 kE
SS1	Aérogénérateurs	4 050 kE	7 980 kE	12 950 kE	24 980 kE	45%	35%	0%	20%
e101	Mât	950 kE	1 800 kE	600 kE	3 350 kE				
e102	Nacelle	1 100 kE	1 200 kE	3 450 kE	5 750 kE				
e103	Génératrice	800 kE	3 680 kE	5 900 kE	10 380 kE				
e104	Rotor	1 200 kE	1 300 kE	3 000 kE	5 500 kE				
SS2	Transformation - distribution	800 kE	4 200 kE	7 600 kE	12 600 kE	0%	0%	70%	30%
e201	Postes de régulation	70 kE	600 kE	/	/				
e202	Postes de transformation	95 kE	800 kE	/	/				
e203	Contrôle-commande	550 kE	1 200 kE	/	/				
e204	Couplage EDF	35 kE	950 kE	/	/				
e205	Transport	50 kE	650 kE	/	/				
SS3	Infrastructures	1 520 kE	3 260 kE	5 600 kE	10 380 kE	0%	0%	0%	100%
e301	VRD	30 kE	600 kE	/	/				
e302	Bâtiment utilités	400 kE	450 kE	/	/				
e303	Bâtiment commande	400 kE	650 kE	/	/				
e304	Enceinte	20 kE	760 kE	/	/				
e305	Equipements de soutien	670 kE	800 kE	/	/				
				Total :	47 960 kE				

Tableau 12 : Tableau coût-fonction pour une éolienne.
Source : Exemple d'analyse fonctionnelle du cours de l'Institut Ligeron (© Ligeron)

Le tableau ci-après (Tableau 13) présente un exemple de critères dotés de coefficients de pondération respectifs.

critères de niveau 1	critères de niveau 2	critères de niveau 3 (pondérations aux ch. 4 i i)	Pondérations
Technique:			4
	performances	*sont explicitées à chaque fonction*	1
	fiabilité	complexité de la conception technologie standard ou non , taux d'utilisation de l'équipement environnement agressif	1
	maintenabilité	complexité de la conception facilité de localisation de l'élém. défaillant , facilité de démontage , facilité d'accès, de manipulation , environnement contraignant pour les opérations de maintenance	1
Coût:			2
	coût de réalisation		1
	coût d'exploitation		1
Délai:			1
	disponibilité des composants	« standardisation » ou non du matériel	1
	risques fournisseurs	difficultés de conception	1

Tableau 13: Tableau de critères d'évaluation des solutions techniques. Source: Ligeron

Il est à remarquer que le système de valorisation doit être défini dans le respect des principes suivants:

- Les critères doivent être *stables*; en particulier, ils ne doivent pas varier lors de l'évaluation.
- Les indicateurs doivent être *pertinents* et *significatifs* quant au produit ou au système faisant l'objet de l'analyse de la valeur.
- Les critères utilisés doivent être *mesurables* et *faciles à quantifier*. À titre d'exemple, un critère du type de l'« esthétique » reste très subjectif, car dépendant très fortement de l'appréciation de l'évaluateur.
- Les performances *techniques* et *économiques* doivent être prises en compte de manière conjointe.

Il existe alors plusieurs manières d'évaluer un critère:

1. Un critère peut être évalué par attribution d'un 0 ou d'un 1. Il s'agit de répondre à une question dont la réponse est soit « oui », soit « non ». Ce peut être, par exemple, la réponse à une question telle que: « Y-a-t-il un manuel d'utilisation fourni avec l'équipement? ». La réponse est donc « oui » ou « non ». Ce type de critère est donc souvent nommé critère «***binaire***».
2. Un critère peut également être défini par une «***classe***». C'est le cas où l'on peut définir différentes classes d'appréciation, telles que, par exemple, « Classe A: Très Bien », « B: Bien », « C: Assez Bien », « D: Passable », et « E: Insatisfaisant ».

Bien entendu, on peut également employer des chiffres au lieu des niveaux de classes (exemple : classe 1 au lieu de classe A).

3. Un critère peut également être un critère «*normé*». C'est le cas par exemple lorsque l'on attribue une note sur 20 ou encore sur 5. Le chiffre ne dépassera pas la référence donnée.

4. Enfin, un critère peut être «*chiffré*». Il est donc quantifié.

Le Tableau 14 présente une analyse comparative relative à l'évaluation de deux solutions techniques sur la base de critères prédéfinis et de coefficients de pondération. On en déduit, en calculant la somme pondérée des évaluations afférentes aux différents critères, que la solution, ou système N° 2, est plus avantageuse, car il obtient une meilleure note globale.

Critères utilisés	Poids	Système n°1	Système n°2
TECHNIQUE (sous-total/3)	4	1,7	3,4
Performance (sous-total pondéré/7)		2,1	3,1
Présence dispositif sonore	2	2	3
Présence dispositif visuel	2	3	4
intensité sonore et lumineuse	2	2	3
Durée des signaux	1	1	2
Fiabilité	1	1	4
Maintenabilité	1	2	3
COUT (sous-total/2)	2	1,5	3
Coût d'achat	1	1	3
Coût des moyens de maintenance	1	2	3
DELAI (sous-total/2)	1	2,5	2,5
Disponibilité des composants	1	2	2
Risques fournisseur	1	3	3
TOTAL		1,8	3,5
(poid*techniq+poid*coût+poid*délais)/somme(poids)			

Tableau 14 : Tableau d'évaluation de 2 systèmes pour la porte latérale des trains TER N2. Source : Ligeron

En ce qui concerne le Tableau 14, nous donnons ici le détail des calculs menés pour le système N° 1 : 2x2+3x2+2x2+1x1= 15, mais en divisant 15 par 7, on obtient 2,1. Ensuite, 2,1+1x1+2x1= 5,1. Or 5,1 divisé par 3, on obtient 1,7 pour les critères techniques. Pour les coûts et délais, on a une situation plus facile. En conclusion : 1,7 x 4 + 1,5x2 + 2,5x1 = 12,3 et en divisant ce chiffre par le total des coefficients soit 7, on obtient 1,76 soit environ 1,8.

Le même calcul s'applique au système N° 2 pour lequel on obtient le chiffre final de 3,5.

Le choix se porte donc sur le système N° 2 qui obtient finalement une meilleure note.

Le tableau ci-dessous (Tableau 15) présente l'analyse détaillée menée exigence par exigence pour un système de porte latérale des trains TER N2. Nous avons ici retenu deux systèmes (systèmes N° 1 et N° 2). Il convient alors de les évaluer sur la base des critères prédéfinis, sachant que nous avons adopté des coefficients de pondération, dont le total est ici de 15 c'est-à-dire :3+3+2+3+4.

Verticalement, pour la colonne technique, et pour le système N° 1, nous pouvons écrire : 1,7x3+3,3x3+2,4x2+1,7x3+2,5x4 = 34,90 (au total).

Note : *Les valeurs indiquées sont approximatives et arrondies.*

	Poids	Système n°1				Système n°2			
Fonctions		Critères							
		Technique	Coûts	Délais	total	Technique	Coûts	Délais	total
Permettre un échange de voyageurs pendant les arrêts	3	1,7	1,5	2,5	1,9	3,4	3	2,5	2,967
Offrir un passage libre suffisant aux voyageurs	3	3,3	3	3	3,1	2,7	2	2	2,233
Offrir des conditions générales d'accès confortables	2	2,4	3	3	2,8	3,4	3	3	3,133
Permettre la commande de fermeture de la porte par le voyageur	3	1,7	2,5	2,5	2,233	2,7	4	2,5	3,067
informer le voyageur sur l'état et les changements d'état des accès	4	2,5	1,5	3	2,333	3,6	3,5	3	3,367
TOTAL pondéré		34,9	33	42	36,63	47,6	47	39	44,53

rouge : valeur supérieure
bleu : valeur identique
noir : valeur inférieure

Tableau 15 : Tableau d'analyse détaillée par exigence (porte latérale des trains TER 2N. Source : Ligeron

3.6. Synthèse des principes de l'analyse de la valeur

Nous concluons cette partie, dédiée à l'évaluation des solutions techniques en *analyse de la valeur,* par l'énoncé de *cinq principes* définissant les recommandations utiles pour la pratique de cette démarche.

- **Principe n°1** : raisonner et penser en termes de fonction au lieu de s'orienter directement vers la solution technique ;
- **Principe n°2** : connaître parfaitement les besoins à satisfaire ;
- **Principe n°3** : ne pas prendre la réduction de coûts comme une fin en soi ;

- **Principe n°4** : positionner l'économie et la technique sur le même plan (même si, de nos jours, et comme nous l'avons déjà indiqué, on a plutôt tendance à privilégier l'économie par rapport à la technique) ;
- **Principe n°5** : avoir un esprit ouvert, critique et créatif.

4. La conception à coût objectif (CCO)

4.1. Introduction

La **Conception à Coût Objectif**, ou encore « Conception pour Coût Objectif », dite CCO (en anglais DTC : *Design To Cost*), est une méthode de conception qui consiste à *intégrer l'optimisation du « coût » du produit ou du système dès la phase de conception de ce produit ou de ce système.* Il s'agit d'une stratégie de management et de gestion de projet basée sur un *coût objectif plafond prédéterminé*, et sur un *cahier des charges fonctionnel* présentant des *flexibilités*, c'est-à-dire ouvert et négociable sur certains points. Cette méthode a été proposée par le *DoD* (*Department of Defense*) aux États-Unis.

En somme, le *coût* est considéré ici comme une *performance à atteindre*, au même titre que les performances techniques, comprenant en particulier la qualité. Il va de soi que, pour atteindre cet objectif, le concepteur ou l'analyste est souvent amené à faire des *compromis*, en acceptant par exemple la baisse de certaines performances qui ne s'avèrent pas primordiales.

La « CCO » permet de renforcer la compétitivité industrielle de l'entreprise par la *maîtrise de la valeur*. C'est la notion que nous avons définie dans le paragraphe 6.3.2.

Dans le cadre d'un projet visant à lancer un nouveau produit ou un nouveau système, ou encore visant à réaliser une nouvelle version de tel produit ou de tel système, et basé selon le mode de conception à coût objectif, il s'agira *d'étudier le produit dès sa conception non seulement en termes de performance technique (y compris la qualité et la fiabilité), mais aussi et surtout en termes de coût.*

4.2. Objectifs de CCO

Les objectifs d'une CCO sont les suivants :

- Atteindre les performances techniques pour lesquelles on développe le produit ou le système, en écartant une approche à tendance « inflationniste » des performances.
- Ne pas dépasser le budget de développement, ni le coût de production unitaire fixé par avance.
- Respecter les délais.

- Identifier, maîtriser ou contrôler les risques.
- Respecter et atteindre les *coûts cibles*, qui comprennent :
  - le coût de développement estimé ;
  - le coût de production estimé ;
  - le coût de possession estimé.

4.3. Démarche CCO

La démarche de CCO comprend les étapes suivantes :

- **La préconception du produit ou du système.** Cette étape se base sur le cahier des charges fonctionnel (CdCF). Il s'agit d'employer l'analyse de la valeur en prenant en compte les procédés de fabrication ou de production.
- **Le pré-développement.** Pour une version de base et des conditions économiques imposées (valeur monétaire en euros à un moment donné soit t_0, sachant que cette valeur diminue normalement au cours du temps : 1 € aujourd'hui n'a pas la même valeur que 1 € dans cinq ans, taux d'inflation éventuel, etc.), il s'agit ici d'estimer les coûts objectifs de production. Cette étude constitue un élément du processus d'appel d'offre dans le cas où l'on décide de faire faire le produit, avec appel à des fournisseurs potentiels.
- **Le début du développement.** Suite à l'appel d'offre et à la réception des réponses des industriels candidats, il s'agit ici d'examiner les engagements des fournisseurs, qui font alors l'objet de négociations. Cette phase se termine par l'établissement des coûts objectifs contractuels.
- **Le développement.** Cette phase est dédiée à l'estimation des coûts objectifs avec une précision plus importante et une description des tâches avec leur coût respectif.
- **La fin du développement.** Les coûts obtenus lors de la phase précédente doivent être comparés aux coûts attendus ou imposés au départ. Le dossier des justificatifs doit être élaboré pour approbation par le client ou par le financeur du projet.

La CCO requiert la formation ou la sensibilisation du personnel, surtout des concepteurs, afin qu'ils adhérent à cette démarche.

Par ailleurs, la CCO présuppose un accès facile aux données et aux informations utiles, en particulier aux bases de données technico-économiques, afin d'estimer les coûts prévisionnels ainsi que les facteurs clés déterminant les coûts.

La Figure 76 présente un exemple concret d'un produit (ici un véhicule automobile) dont la réalisation a été basée sur l'approche CCO.

Figure 76: Exemple de produit développé et fabriqué en appliquant l'approche CCO (© Renault) http://erwan.neau.free.fr/Toolbox/Conception_a_Couts_Objectifs.htm - haut

La CCO aborde 14 aspects ou thèmes, que nous synthétisons ci-dessous :

1. Une prise en compte pertinente des capacités et moyens financiers du ou des clients, ou encore l'exigence d'un prix compétitif formulée par les parties prenantes dans le processus de développement.

2. L'élaboration et l'allocation de coûts cibles, déclinés au niveau des fournitures matérielles de base, où ces coûts peuvent être gérables sans difficulté.

3. L'engagement du personnel vis-à-vis des budgets de développement et des coûts cibles.

4. La gestion et la stabilité des exigences, dans le but d'équilibrer les exigences et la prise en compte des moyens financiers. En conception, il s'agit en particulier d'éviter de donner une importance excessive à tout ce qui est appelé « élégance superflue ».

5. La maîtrise et le contrôle des facteurs clés de coût qui impactent les spécifications du produit ou du système. Un accent particulier doit être mis sur les pistes de réduction de coûts.

6. L'élaboration d'un modèle de coût pour le produit et l'approche du coût global (cf. § 6.5) dès le début du projet, afin de permettre les prises de décision pertinentes.

7. La prise en compte des coûts réels lors de la phase de développement. Celle-ci est considérée comme un paramètre clé de la conception, ayant un coefficient de poids adéquat par rapport aux autres paramètres décisionnels.

8. L'« examen créatif » de nouveaux concepts pour les solutions alternatives au niveau de la conception, afin de réduire les coûts de développement.

9. L'accès aux données et informations liées aux coûts en rapport avec le processus de développement. Ceci augmentera les moyens de l'équipe de développement.

10. L'utilisation des techniques de l'analyse fonctionnelle et de l'analyse de la valeur, afin d'identifier les fonctions principales du produit et les fonctions onéreuses. On remarquera ici que l'analyse fonctionnelle est une technique nécessaire à la mise en œuvre de la CCO.

11. L'application des principes d'industrialisation (ou, pour employer un anglicisme la « manufacturabilité ») comme tactique clé de réduction des coûts.
12. L'utilisation d'un système de gestion et/ou de comptabilité analytique performant, afin d'améliorer la qualité des données liées aux coûts, notamment afférentes aux activités ou tâches.
13. Le maintien de cohérence entre les modèles du système de gestion (ou de comptabilité) d'une part, et les modèles de coûts du produit ou système d'autre part, par le biais de validations périodiques.
14. L'amélioration continue menée moyennant une « ingénierie de la valeur », ou « management par la valeur », afin d'augmenter la valeur du produit à long terme.

La CCO est une démarche constituée d'*étapes*, à la fois *délibérée* (comportant un engagement au niveau du management de projet) et *itérative*.

L'essence même de la CCO repose sur des études analytiques continues et des études de compromis, afin de fixer les coûts qui s'avèrent acceptables, le planning afférent aux délais, ainsi que les performances. À chaque étape, on examine les fonctionnalités *versus* la capacité de financement, afin d'assurer l'avancement du projet à travers le développement, la production et la livraison du produit ou du système.

La CCO peut être pratiquée dans le cadre d'un contrat entre le donneur d'ordre ou client et l'industriel contractant. Dans ce cas, une clause contractuelle prévoit souvent des primes conditionnées par l'atteinte de l'objectif de coût, ainsi que des pénalités pour le cas où l'objectif de coût s'avère dépassé.

Mentionnons enfin le fait qu'il existe des outils informatiques supportant cette démarche. Par exemple, l'outil ***CCO Stat*** de la Société Knowllence est un outil logiciel permettant à l'analyste d'effectuer l'ensemble des tâches d'une démarche de CCO.

4.4. Estimation de coûts

L'analyse de la valeur, ainsi que la démarche de CCO, font souvent appel à l'estimation de coûts. Il existe essentiellement quatre familles de méthodes pour estimer les coûts. Une estimation de coût peut être ainsi :

- basée sur l'*avis d'un expert*,
- basée sur l'*approche paramétrique*,
- basée sur l'*approche analogique*,
- basée sur l'*approche analytique*.

Les principes de base de ces différentes approches sont décrits ci-après de manière très synthétique.

4.4.1. Avis d'un expert

Il s'agit simplement dans cette approche de faire appel à un expert maîtrisant le sujet, et détenteur d'une expérience dans le domaine concerné. Bien qu'un tel avis manque en général de précision, il n'en demeure pas moins qu'il s'agit d'une référence dans l'estimation du coût d'un produit ou d'un système, d'une tâche ou d'une activité particulière, d'un projet, etc.

Par exemple, un expert ferroviaire spécialiste de bogies pourra nous fournir une estimation de coût pour un produit de cette nature.

4.4.2. Méthode paramétrique

Dans cette approche, on considère que le coût est une fonction d'un ou plusieurs paramètres clés identifiés pour ce produit. Le coût peut alors être estimé moyennant une formule mathématique appelée FEC, ou Formule d'Estimation de Coût.

Ainsi, si $a_1, a_2, \ldots, a_n$, sont les paramètres clés afférents à un produit, alors le coût est une fonction de ces paramètres :

$$\textit{Coût d'acquisition} = f(a_1, a_2, \ldots, a_n)$$

On notera que cette approche requiert bien sûr une maîtrise de la technologie employée. À titre d'exemple, pour la construction d'un pavillon, le coût est fonction de la surface construite. On vend ainsi ce produit en fonction d'un prix par m^2.

Pour un projet de construction d'autoroute sans tunnel ni pont, on a de même une FEC de type €/km, c'est-à-dire linéaire vis-à-vis de la distance à construire.

L'estimation de coût par la méthode paramétrique n'a pas de précision particulière. Il s'agit d'une estimation grossière, employée dans des cas particuliers notamment pour des projets récurrents.

Il existe un outil logiciel nommé Price permettant d'estimer le coût d'un produit en suivant cette approche. Ce modèle (PRICE) permet de calculer un coefficient de complexité de fabrication, tenant compte :

- du nombre de pièces à produire,
- de la précision de fabrication,
- du type de plate-forme de réalisation,
- des taux de déchets,
- de la matière utilisée,
- etc.

Il est à noter que cet outil est une boîte noire et, qu'à notre avis, son bon paramétrage représente une réelle difficulté.

4.4.3. Méthode analogique

Lorsque le produit est en cours de développement, et que l'on dispose d'une structure reliant les composants (possibles) et les fonctions (c'est-à-dire reliant les éléments de l'arborescence technique à des éléments de l'arborescence fonctionnelle) on peut alors s'appuyer sur l'approche dite *analogique*.

L'approche analogique suppose que l'on dispose d'une base de données technico-économique, comportant des indications afférentes aux coûts de projets ou de produits semblables.

Par exemple, un « vélo couché » coûtait 520 € il y a trois ans. Aujourd'hui, en prenant un coefficient de sécurité égal à 1,2, on trouve 624 €. Autrement dit, pour l'estimation du coût, on se base ici sur l'expérience passée.

Un autre exemple est donné par le Tableau 11 relatif à un prototype de moteur.

En fait, l'estimation du coût des fonctions se base ici sur le REX issu des projets similaires, ainsi que sur la connaissance des produits devant réaliser ces fonctions (arborescence technique). Les facteurs de risques permettent de pondérer le REX en fonction de spécificités du projet, telles qu'un procédé nouveau, des matériaux différents, etc. Ainsi, l'utilisation de l'approche analogique est conditionnée par l'existence de données et d'informations (ou mieux d'une base de données technico-économique) relatives aux coûts, pour des projets semblables.

4.4.4. Méthode analytique

L'approche analytique est une autre manière d'estimer les coûts. Elle est employée en particulier lorsque :

- le produit est en fin de développement,
- l'on dispose d'une structure hiérarchisée des travaux (c'est-à-dire de l'OT ou du WBS).

Nous décrivons ici les bases de cette approche.

On peut écrire :

$$\textit{\textbf{Coût de production}} = \textit{\textbf{EBOT}} \times \textit{\textbf{EGP}}$$

Sachant que :

- EBOT, ou Éléments de Base d'Ordre Technique représente le nombre d'unités d'œuvre (en production, des abaques et des tableaux de temps standard peuvent être utilisés) ;
- EGP, ou Éléments Généraux de Prix, représente un coefficient de prix, ou un prix unitaire.

Pour le coût d'un projet, on écrit alors :

$$\textit{Coût projet} = \Sigma \textit{ Coûts lots des travaux} = \Sigma\Sigma \textit{ Coûts tâches}$$

Autrement dit, dans cette approche, on estime d'abord le coût d'une tâche élémentaire, et ensuite, en faisant une simple addition, on remonte au niveau des lots de travaux, puis au niveau du projet global. L'approche analytique suppose donc qu'un OT (ou WBS) précis soit disponible.

L'estimation de coût par cette méthode est en général très précise, mais celle-ci souffre d'un certain caractère répétitif et donc fastidieux.

4.4.5. Synthèse

La Figure 77 ci-dessous présente les différentes approches envisageables pour l'estimation de coûts en fonction de la phase du projet.

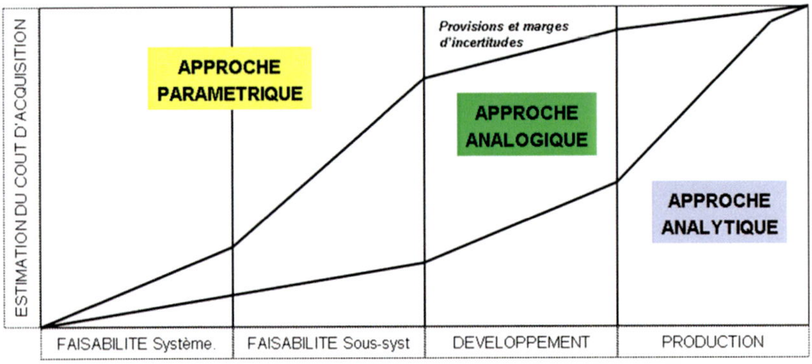

Figure 77 : Différentes méthodes d'estimations de coûts en fonction du niveau d'avancement du projet. (Réf : Serge Bellut)

5. Conception basée sur le coût global (CCG)

La conception basée sur le coût global (CCG) est en fait une généralisation du principe de la CCO, qui suit la même logique de déroulement que celle-ci. Toutefois, au lieu d'avoir un coût objectif pour la production d'un produit, on fixe le coût global (*Whole Life Cycle Cost* ou *Life Cycle Cost*) d'un produit, à partir du berceau jusqu'à la tombe.

On sait que le coût global ne contient pas seulement le coût d'acquisition ou de développement, mais inclut également le coût d'exploitation et de maintenance, ainsi que le coût de retrait de service, comprenant les activités de démantèlement, de mise au rebut, de transport et de recyclage, etc.

La méthode CCG tient compte des informations et des données relatives aux scénarios d'utilisation communiquées par les utilisateurs ou les exploitants. En effet, les fonctions d'usage issues de l'analyse fonctionnelle sont directement impactées en termes de coût. De même, la stratégie de maintenance doit être ici clairement définie lors de la phase de conception, afin de permettre à l'analyste ou au concepteur d'estimer le coût futur des activités de soutien logistique intégré et des tâches de maintenance.

Il convient de noter que le coût global est devenu à ce jour un élément caractéristique des appels d'offre dans les contrats internationaux. Des pays scandinaves ou anglo-saxons ont intégré cette notion dans les activités d'ingénierie.

On notera que le terme de « Conception à Objectif Désigné » est parfois employé pour élargir les champs de la conception type CCO ou CCG. L'objectif peut être constitué par la qualité, le délai de réalisation, la sécurité ou la SdF en général et, plus largement, pour tout type de coût.

6. Étude de risques techniques et application en sûreté de fonctionnement

Les résultats de l'analyse fonctionnelle peuvent être utilisés pour l'étude des risques techniques.

En effet, en se basant sur l'arborescence technique issue de l'analyse fonctionnelle interne, c'est-à-dire sur la décomposition physique (autrement dit matérielle) du système ou du produit (SBS, PBS), on dispose alors d'éléments pour apporter des réponses aux questions de type :

- Que se passe-t-il si le composant i est en panne ?
- Que se passe-t-il si plusieurs composants sont en panne simultanément ?
- Que se passe-t-il si le composant j a un fonctionnement dégradé (c'est-à-dire qu'il n'est pas totalement en panne, mais ne remplit pas pleinement son service) ?
- Que se passe-t-il si plusieurs composants ont un fonctionnement dégradé (ou sont en défaillance partielle) simultanément ?
- Que se passe-t-il si le composant k est perdu ? Que se passe-t-il si plusieurs composants sont retirés du système ?
- Que se passe-t-il si le composant k ne s'arrête pas de fonctionner ?

- Que se passe-t-il si le composant k ne démarre pas suite à une sollicitation ?
- Que se passe-t-il si le composant k s'arrête de fonctionner prématurément ?
- etc.

Ce type de raisonnement nous permettra d'évaluer l'effet d'une situation de défaillance totale ou partielle, d'abord au niveau de l'équipement ou du sous-système, puis, globalement au niveau du système.

L'approche est évidemment une approche *inductive*, l'analyste raisonnant de manière ascendante (*bottom-up*), c'est-à-dire du niveau inférieur vers le niveau supérieur.

Bien entendu, ce raisonnement reste sommaire et succinct. Pour plus de détails l'analyste pourra employer la technique dite AMDEC (Analyse des Modes de Défaillance, de leurs Effets et de leur Criticité) matérielle ou structure. Le tableau AMDEC (matérielle ou structure) est en effet un outil permettant de formaliser et de renseigner le tableau des risques techniques dus aux défaillances de niveau inférieur.

Le Tableau 16 présente un canevas de tableau AMDEC.

Système :			**AMDEC**							date :
Sous-système :									rédacteur :	
Composant	Fonction	Mode défaillance	Cause	Effet local	Effet système	G	P	C	Action traitement	Remarques

Tableau 16 : Exemple de tableau AMDEC non rempli.
Source : Cours de SdF de l'Institut Ligeron

Note : *G, P et C désignent respectivement la gravité, la probabilité d'occurrence et la criticité de la défaillance.*

Une autre manière d'étudier les risques techniques est basée sur l'approche déductive (descendance, ou *top-down*). Le raisonnement consiste à supposer que le système est globalement en panne, et à essayer de trouver les causes possibles ou les défaillances de niveau inférieur, qui pourraient entraîner la défaillance totale du système.

L'outil appelé AdD (Arbre de Défaillance) supporte la pratique de ce type de raisonnement. Un canevas ou exemple vide d'AdD non rempli est représenté sur la Figure 78.

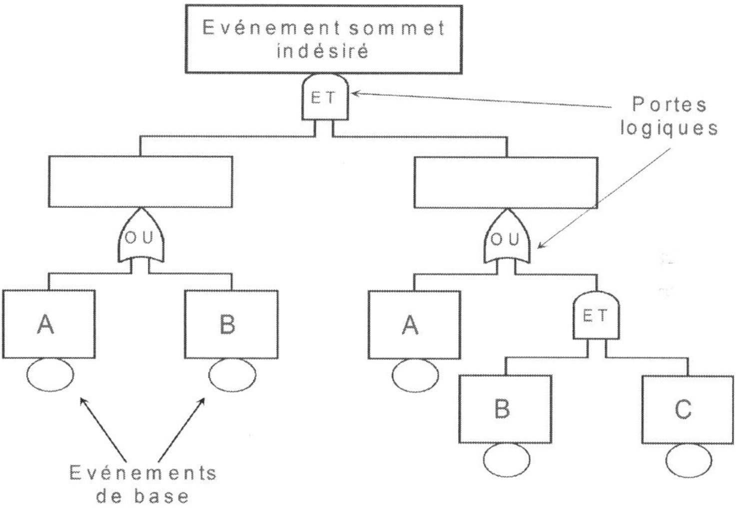

Figure 78 : Exemple ou canevas d'AdD non rempli ou instancié.
Source : Cours de SdF de l'Institut Ligeron

Il est possible d'aborder les risques techniques sous un angle fonctionnel ou matériel. On peut ainsi raisonner sur l'arborescence fonctionnelle issue de l'analyse fonctionnelle interne. Globalement, le raisonnement est semblable au précédent.

L'analyste est ainsi amené à se poser les questions des types suivants :

- Que se passe-t-il si la fonction i n'est pas remplie ?
- Que se passe-t-il si plusieurs fonctions ne sont pas remplies simultanément ?
- Que se passe-t-il si la fonction j est remplie de manière partielle ?
- Que se passe-t-il si plusieurs fonctions ne sont remplies que partiellement ?
- Que se passe-t-il si la fonction k se déclenche de manière intempestive ?
- Que se passe-t-il si la fonction k se déclenche de manière retardée ?
- Que se passe-t-il si la fonction k ne s'arrête pas et continue à fonctionner ?
- Que se passe-t-il si plusieurs fonctions se déclenchent de manière intempestive ?
- Que se passe-t-il si plusieurs fonctions se déclenchent de manière retardée ?

- Que se passe-t-il si certaines fonctions sont déclenchées en avance, et que d'autres sont en retard ?
- Que se passe-t-il si plusieurs fonctions (situées un peu partout sans liens logiques) ne sont pas remplies comme il convient ?
- Que se passe-t-il si plusieurs fonctions continuent à fonctionner alors qu'elles ne devraient pas ?
- etc.

Ce genre de raisonnement nous permet d'évaluer l'effet d'une situation de défaillance fonctionnelle (totale ou partielle), d'abord au niveau de l'équipement ou du sous-système, puis globalement sur le système et sa ou ses missions (fonctions attendues).

L'analyste est amené à employer l'AMDEC fonctionnelle. Ce tableau est semblable au tableau AMDEC matérielle ou structurelle dans son principe, mais se focalise sur les fonctions.

De même, pour une approche déductive et fonctionnelle on peut penser à utiliser l'outil AdD.

On notera qu'on utilise rarement l'outil AdD fonctionnelle. En sûreté de fonctionnement, l'outil AdD matérielle est en effet le plus souvent employé.

Note : *Il ne s'agit pas dans ce livre d'aborder les notions, méthodes, techniques et outils de la sûreté de fonctionnement. C'est pourquoi nous ne développons pas les notions de portes logiques ou encore de coupe minimale, etc. Le lecteur désireux de plus de détails est invité à consulter des ouvrages spécialisés de SdF.*

6.1. Croisement de l'arborescence technique et de l'arborescence fonctionnelle

Une façon plus optimisée d'étudier les risques techniques consiste à opérer le croisement respectif des arbres techniques et fonctionnels. La superposition de ces deux arbres fournit une quantité importante d'informations utiles, orientées vers les risques techniques, mais aussi vers les coûts.

La Figure 79 présente un exemple de croisement des deux arborescences techniques et fonctionnelles pour le même système.

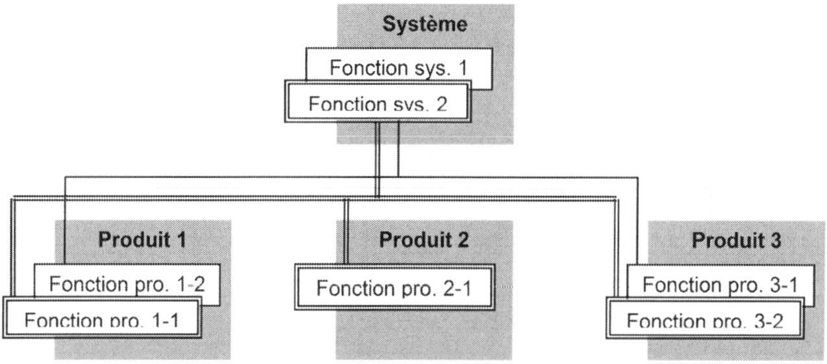

Figure 79: Croisement des arborescences techniques et fonctionnelles.
Source: Cours d'analyse fonctionnelle de l'Institut Ligeron

Dans cet exemple, nous constatons que:

1. Le système a deux fonctions, qui sont sys 1 et sys 2,
2. Le système est composé de 3 produits, à savoir Produit 1, Produit 2, et Produit 3,
3. Le produit 1 a deux fonctions 1-1 et 1-2,
4. Le produit 2 a une seule fonction en l'occurrence 2-1,
5. Le produit 3 a aussi deux fonctions 3-1 et 3-2.
6. La fonction sys 1 peut être décomposée en 1-2 et 3-1. Elle n'a pas besoin de fonction provenant du produit 2.
7. La fonction sys 2 a besoin des sous-fonctions 1-1, 2-1 et 3-2.

Dans des études de risques techniques à mener, l'analyste pourra se poser en particulier les questions suivantes:

- Que se passe-t-il si la fonction 1-2 du produit 1 n'est pas remplie? Dans ce cas, est-ce que la fonction de système sys 1 peut être remplie ou sera-t-elle totalement arrêtée ou perdue? Est-ce que la fonction de système sys 1 peut être remplie au moins partiellement dans ce cas (si la fonction 1-2 du produit 1 n'est pas remplie)? Est-ce que la fonction de système sys 1 peut être en marche dégradée si la fonction 1-2 du produit 1 n'est pas remplie?
- Que se passe-t-il si la fonction 1-1 du produit 1 n'est pas remplie? Est-ce que la fonction de système sys 2 peut être remplie dans ce cas ou sera-t-elle totalement arrêtée ou perdue? Est-ce que la fonction de système sys 2 peut être remplie au moins partiellement dans ce cas (si la fonction 1-1 du produit 1 n'est pas remplie)? Est-ce que la fonction de système sys 2 peut être en marche dégradée?

- Que se passe-t-il si le produit 1 est en panne, ne remplissant pas les sous-fonctions 1-1 et 1-2 ? La défaillance du produit 1 entraîne-t-elle la perte des fonctions sys 1 et sys 2 ?
- Que se passe-t-il si la fonction 2-1 du produit 2 n'est pas remplie ? qu'est-ce qui se passe si la fonction 2-1 du produit 2 est remplie de manière partielle ou dégradée ?
- La défaillance du produit 2 entraîne-t-elle la perte de la fonction sys 2 ? Y-a-t-il un impact sur la fonction sys 1 (car le système perd sa fonction sys 2) ?
- Que se passe-t-il si la fonction 3-1 du produit 3 n'est pas remplie ? Est-ce que la fonction de système sys 1 peut être remplie dans ce cas ou sera-t-elle totalement arrêtée ou perdue ? Est-ce que la fonction de système sys 1 peut être remplie au moins partiellement dans ce cas notamment grâce à 1-2 ? Est-ce que la fonction de système sys 1 peut être en marche dégradée ?
- Que se passe-t-il si la fonction 3-2 du produit 3 n'est pas remplie ? Est-ce que la fonction de système sys 2 peut être remplie dans ce cas ou sera-t-elle totalement arrêtée ou perdue ? Est-ce que la fonction de système sys 2 peut être remplie au moins partiellement dans ce cas notamment grâce aux sous-fonctions 1-1 et 2-1 ? Est-ce que la fonction de système sys 2 peut être en marche dégradée ?
- Que se passe-t-il si une des fonctions des produits 1, 2 et 3 est remplie de manière partielle ?
- Que se passe-t-il si plusieurs fonctions des produits 1, 2 et 3 ne sont remplies que partiellement ?
- Que se passe-t-il si une fonction par exemple 1-2 est remplie de manière intempestive ?
- Que se passe-t-il si une fonction par exemple 1-2 est remplie de manière retardée ?
- Que se passe-t-il si plusieurs fonctions sont remplies de manière intempestive ?
- Que se passe-t-il si plusieurs fonctions sont remplies de manière retardée ?
- Que se passe-t-il si certaines fonctions sont déclenchées en avance (exemple 1-2) et d'autres sont en retard (exemple 3-1) ? Est-ce que dans ce cas la fonction sys 1 est arrêtée, voire perdue, ou simplement remplie partiellement ?
- etc.

En se basant sur ce type de raisonnement, on arrive à identifier *a priori* un nombre important de risques techniques potentiels.

Pour une mission spatiale, par exemple, où il est impératif d'avoir une visibilité quasi exhaustive sur tous les risques techniques, ce type de raisonnement est souvent employé, car il s'avère bénéfique pour prendre des mesures qui s'imposent.

Exemple : considérons un système simple comme une porte dotée d'une commande. Ce produit a deux fonctions importantes qui sont l'ouverture (fonction 1) et la fermeture (fonction 2). Une porte peut rester fermée sans qu'on puisse l'ouvrir. Dans ce cas, la fonction 1 est défaillante. Mais la porte peut s'ouvrir partiellement : c'est une marche dégradée de la fonction 1, car cette fonction n'est pas remplie totalement. La porte peut s'ouvrir prématurément, ou encore de manière retardée. En se limitant à cette fonction 1, on recense déjà ainsi quatre types de problèmes ou de risques. Il en est de même pour la fonction 2.

La Figure 80 ci-dessous présente la démarche d'analyse de risques techniques (sûreté de fonctionnement) ainsi que son lien avec l'analyse fonctionnelle.

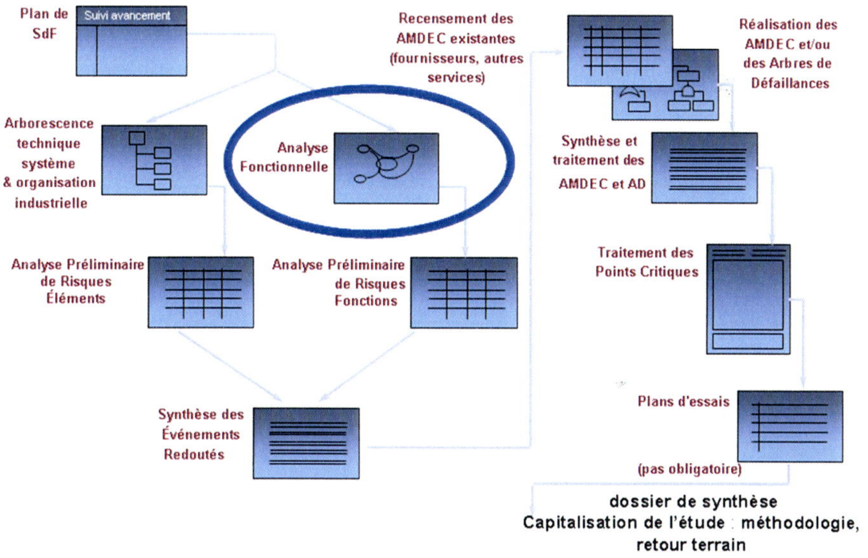

Figure 80 : Application de l'analyse fonctionnelle en sûreté de fonctionnement.
Source : Cours d'analyse fonctionnelle de l'Institut Ligeron

Sur la base de l'analyse fonctionnelle, on emploie des méthodes de management de risques techniques ou des méthodes de sûreté de fonctionnement, afin d'identifier les points critiques, à savoir soit les éléments critiques et dangereux, nécessitant plus de tests et d'essais, soit les situations dangereuses à éviter dans la mesure du possible. Cette étude liée à l'analyse des risques techniques aboutira naturellement à une liste de recommandations.

Le schéma suivant (Figure 81) présente « en vrac » un certain nombre d'outils de management de risques techniques (SdF). On remarquera que l'analyse fonctionnelle est aussi un outil souvent rangé parmi les outils de SdF.

On notera bien que la liste des outils présentée par la Figure 81 n'est pas exhaustive.

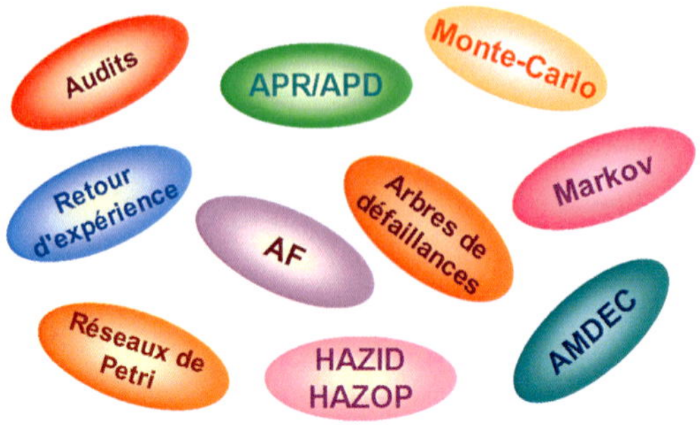

Figure 81: Techniques et outils de sûreté de fonctionnement.
Source: Cours de SdF de l'Institut Ligeron

Actuellement, on dispose de différentes manières d'établir un plan d'action afférent aux risques techniques ou à la sûreté de fonctionnement. La façon optimale consiste à établir un plan d'action de haut niveau dès que les premiers résultats de l'analyse fonctionnelle sont disponibles. Au fur et à mesure de l'utilisation des outils de sûreté de fonctionnement et de l'identification des composants critiques et sensibles, on peut alors envisager d'affiner ou de sophistiquer un tel plan d'action (Figure 82).

Dans tous les cas, le plan d'action suit un schéma d'« entonnoir », au fur et à mesure que l'on avance dans les études de sûreté de fonctionnement.

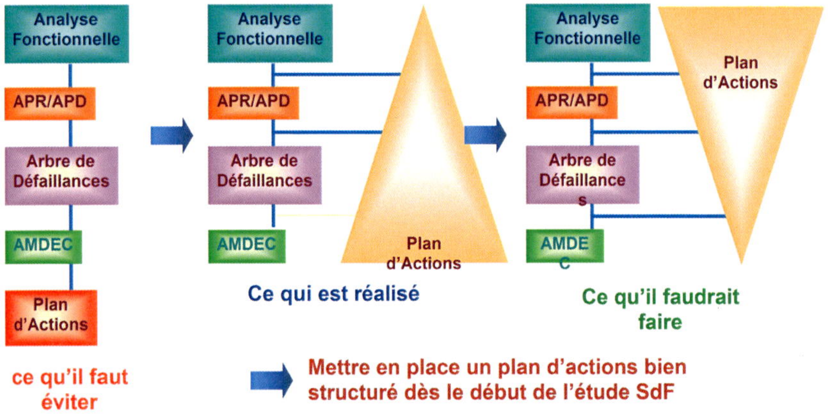

Figure 82: Élaboration d'un plan d'action suite aux résultats d'étude de sûreté de fonctionnement.
Source: Cours de SdF de l'Institut Ligeron

En fait, l'application de l'analyse fonctionnelle, menée en termes de risques techniques, consiste à élaborer un plan d'action visant à réduire ou à contrôler ces risques.

6.2. Croisement de l'arborescence technique et fonctionnelle : réduction des coûts

Le croisement de l'arborescence technique et de l'arborescence fonctionnelle ouvre également des pistes de réduction de coûts.

Si nous considérons la Figure 79 déjà présentée, nous pouvons nous poser en particulier les questions suivantes :

- Sachant que le produit 1 a un coût et remplit les sous-fonctions 1-1 et 1-2, est-il possible de remplacer ce produit 1 par deux produits 1-1 et 1-2 remplissant chacun une des deux sous-fonctions ? Si ces deux produits 1-1 et 1-2 existent, peut-on écrire :

  prix du produit 1 > prix du produit 1-1 + prix du produit 1-2

  Si la réponse est « oui », et si au niveau de la faisabilité et de l'intégration il n'y a pas de problème à remplacer le produit 1 par les produits 1-1 et 1-2, alors, on a une nouvelle solution d'architecture moins coûteuse.

- Est-il possible de trouver un produit qui assure les trois sous-fonctions 1-1, 1-2 et 2-1 ? Si oui, peut-on écrire :

  prix du nouveau produit < prix du produit 1 + prix du produit 2

Dans ce cas, on a probablement intérêt à remplacer les produits 1 et 2 par ce nouveau produit moins coûteux, d'autant plus que le système sera alors simplifié en termes d'architecture. On constate ainsi que, parfois, l'analyse de coût aboutit à trouver d'autres solutions en termes d'architecture.

Ce type de raisonnement est souvent effectué lors de la conception du système et, en particulier, surtout si l'approche CCO (Conception à Coût Objectif) est retenue.

On notera que les sociétés de conseil en organisation emploient parfois ce type de raisonnement dans le but de réduire et de limiter les coûts de fonctionnement dans une entreprise. Le croisement opéré concerne alors d'une part l'organigramme nominatif de l'entreprise, et d'autre part les fonctions remplies par le personnel. C'est de cette façon que l'on estime que le salaire d'une personne est trop élevé par rapport aux tâches effectuées ou aux fonctions qu'elle assure. On peut alors, par exemple, décider de licencier une personne supposée trop bien payée, et la remplacer par une personne jeune qui coûtera moins cher (c'est le *Down Sizing*).

Bien entendu, les auteurs se bornent à fournir ici des explications quant aux mécanismes afférents à ce procédé, avec le raisonnement tenu par l'employeur, mais sans encourager en aucune façon le lecteur à s'engager dans une telle voie.

7. Application en sûreté de fonctionnement : allocation et calcul de fiabilité

Il existe une relation biunivoque entre le BDF (Bloc Diagramme Fonctionnel), parfois appelé Bloc Diagramme de Fiabilité d'une part, et l'Arbre de Défaillance (AdD) d'autre part.

Pour illustrer une telle relation, commençons par présenter quelques schémas simples.

Considérons ainsi deux produits, ou deux sous-systèmes indépendants, qui sont connectés « en série » comme indiqué sur le schéma ci-dessous (Figure 83)

Figure 83 : BDF montrant un système composé de deux produits A et B en série

Pour que le système tombe en panne, il suffit que l'un des produits A ou B tombe en panne. En effet, ceci est tout à fait analogue à un montage électrique avec des lampes ou ampoules qui seraient rangées en série : si l'une d'entre elles tombe en panne, le système perd l'éclairage.

À partir de ce schéma, nous pouvons donc élaborer l'arbre de défaillance présenté ci-dessous (Figure 84). Cet arbre comporte ainsi un nœud « OU » unissant les éléments terminaux « produit A » et « produit B ».

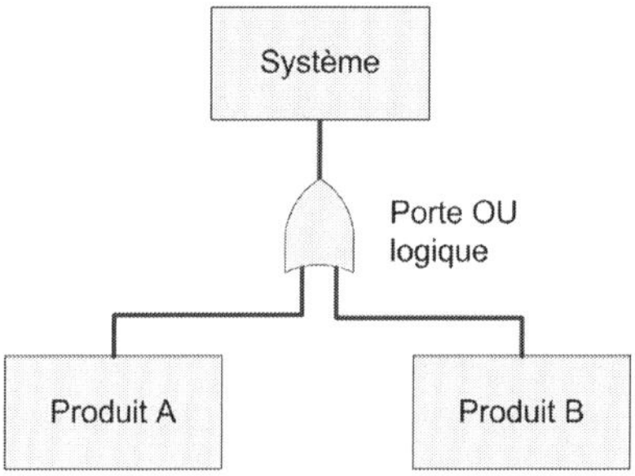

Figure 84 : Arbre de défaillance d'un système composé de deux produits A et B en série

Comme nous l'avons indiqué, il suffit qu'un des produits ou composants tombe en panne pour que le système ne fonctionne plus. Mais, bien entendu, il peut aussi y avoir défaillance des deux produits A et B simultanément. Ainsi, si nous posons :

Probabilité de défaillance du produit A = Pa

Probabilité de défaillance du produit B = Pb

Alors, la probabilité de défaillance du système, Ps, est donnée par :

$$(1-Ps) = (1 - Pa).(1 - Pb) = 1 - Pa - Pb + Pa.Pb$$

Soit :

$$Ps = Pa + Pb - Pa.Pb$$

Considérons également le cas où nous avons un Bloc Diagramme Fonctionnel composé de deux produits A et B indépendants, mais connectés cette fois en parallèle, comme symbolisé sur la Figure 85 ci-dessous :

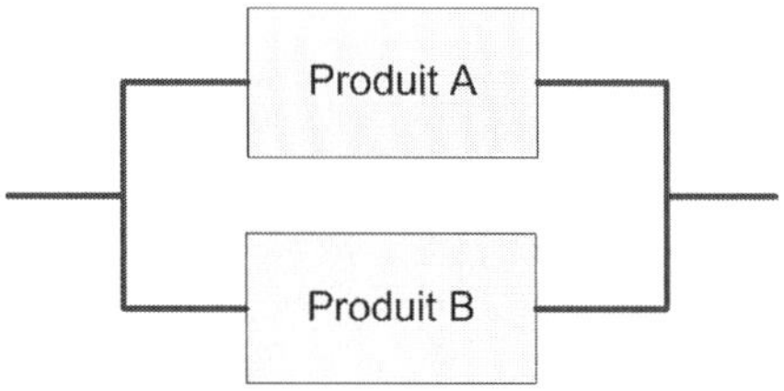

Figure 85 : BDF montrant un système composé de deux produits A et B en parallèle

Dans ce cas, pour que le système tombe en panne, il est nécessaire que les produits A et B tombent en panne tous deux simultanément. En revanche, si l'un des produits fonctionne, alors le système aura probablement une marche dégradée, mais sans perdre totalement sa fonction.

L'arbre de défaillance (Figure 86), qui comporte alors un nœud « ET », est alors représenté ci-dessous :

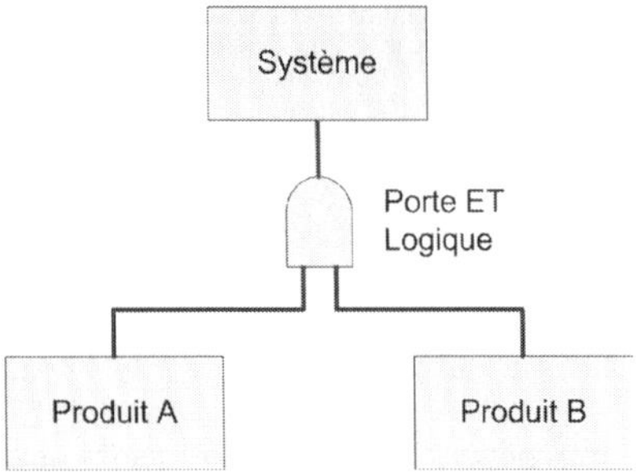

Figure 86: Arbre de défaillance d'un système composé de deux produits A et B en parallèle

Dans ce cas, on peut écrire que la probabilité de défaillance du système est le produit des probabilités de défaillance:

$$Ps = Pa \times Pb$$

D'une façon générale, quand on dispose du BDF issu de l'analyse fonctionnelle interne, alors on est en mesure d'établir l'arbre de défaillance.

En fonction de la phase du projet où on se situe, on pourra soit commencer à procéder à des allocations de fiabilité, soit mener des calculs de fiabilité.

Au début du projet, l'allocation de fiabilité consiste à déduire des objectifs de fiabilité pour chaque partie des BDF, à partir de l'objectif de fiabilité du système (approche *top-down*). Cet objectif est décomposé ou décliné en objectifs secondaires, de façon à retrouver l'objectif principal à partir du modèle de fiabilité du BDF.

Plus avant dans l'avancement du projet, connaissant les probabilités de défaillance des composants constitutifs, on pourra alors remonter l'arbre et calculer cette fois la probabilité de défaillance pour le système (démarche *bottom-up*).

C'est le calcul de fiabilité prévisionnelle, c'est-à-dire l'estimation de la fiabilité du système basée sur les chiffres de fiabilité de ses composants. Afin de trouver les chiffres de fiabilité concernant les composants ou éléments de base, plusieurs méthodes existent:

1. Le concepteur ou l'analyste peut consulter des bases de données, notamment à caractère commercial, ou encore les *handbooks* (livres ou manuels) dédiés aux FMDS. Nous donnons ci-dessous une liste de bases de données avec leur nom et leur descriptif sommaire.

WASH 1400 (1975)	Il s'agit d'une base de données dédiée à la sécurité des centrales nucléaires.
OREDA (1992)	Il s'agit d'une base de données comprenant les données de l'installation pétrolière off shore.
IEEE Std 500 (1984)	Ce livre comprend une collection de données afférentes à des composants électriques, électroniques, mécaniques et capteurs (*sensors*).
MIL HDBK 217F (1991)	Ce livre comprend des données de fiabilité électroniques.
HRD4 (1987)	Ce livre comprend des données des systèmes de télécommunication.
CNET (1983)	Il s'agit du recueil des données du CNET (taux de défaillance en fonctionnement des éléments électroniques et électromécaniques employés notamment pour les systèmes de télécommunication).
NPRD-91 (1995)	Cette base de données comprend des données relatives aux composants non électroniques (mécaniques, électriques, hydrauliques, pneumatiques…).
RADC/TR 73 248	Cette banque de données est dédiée aux familles de composants électroniques et électromécaniques.
FARADA	C'est une base de données dédiée aux taux de défaillance des différentes familles de composants (mécanique, électromécanique, pyrotechnique…).
RAC (Reliability Toolkit)	C'est un livre pratique pour le calcul de fiabilité édité par *Rome Laboratories* (1994).
FIDES	Base de données des composants électroniques embarqués – BDD privée appartenant au groupe Thales.
IEC-62380 – RDF 2000	Reliability Data Handbook (2000).

On notera bien que la liste indiquée n'est évidemment pas exhaustive.

2. Le concepteur ou l'analyste peut consulter le REX (Retour d'EXpérience) de l'entreprise, ou se baser sur les chiffres issus de l'exploitation.

3. Le concepteur ou l'analyste peut appliquer des formules mathématiques de calcul. Ces formules ne sont pas toujours valables, mais, dans certains cas, elles peuvent être employées.

Exemple : Un bloc diagramme fonctionnel appelé aussi *bloc diagramme de fiabilité* d'un système comprenant trois composants indépendants A, B et C est présenté ci-après :

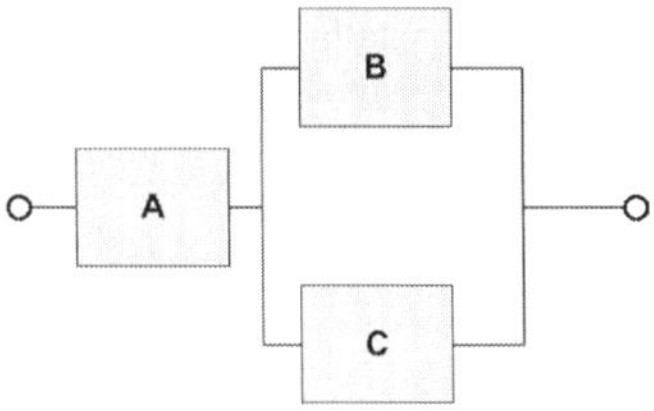

Figure 87 : Bloc Diagramme Fonctionnel d'un système composé des produits A, B et C

L'arbre de défaillance (Figure 88) de ce système est présenté ci-après :

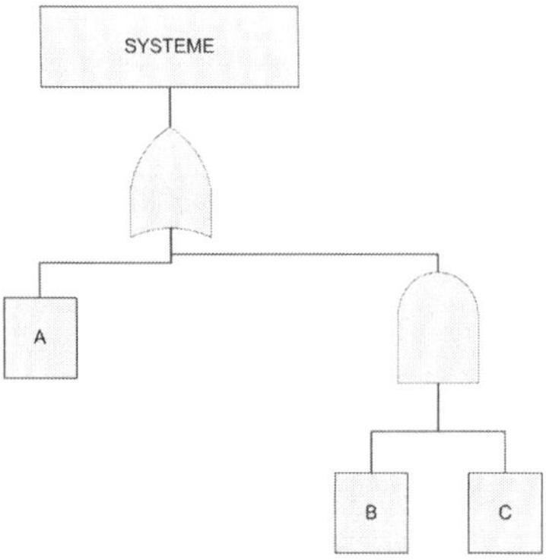

Figure 88 : Arbre de défaillance d'un système composé des produits A, B et C

Calculons maintenant la probabilité de défaillance du système en fonction de probabilité de défaillance des composants, à savoir P_A, P_B et P_C. Nous avons alors :

$$(1 - Psys) = (1 - P_A).(1 - P_{BC}) = (1 - P_A).\ (1 - P_B \text{ x } P_C)$$

P_{BC} = Probabilité de défaillance de la partie B et C

$$\mathbf{Psys = P_A + P_B.P_C - P_A.P_B.P_C}$$

Application numérique : prenons ici par exemple $P_A = P_B = P_C = 0{,}2$

Nous avons alors :

$$Psys = 0{,}2 + 0{,}2 \text{ x } 0{,}2 - 0{,}2 \text{ x } 0{,}2 \text{ x } 0{,}2 \text{ soit } Psys = 0{,}2 + 0{,}04 - 0{,}008$$

$$\mathbf{Psys = 0{,}232}$$

On remarquera que la probabilité de défaillance du système est supérieure à la probabilité de défaillance d'un composant.

Rappelons ici quelques définitions de base :

R(t) : fiabilité (ou fonction de survie) à l'instant t, ou probabilité que le système soit non défaillant sur l'intervalle de temps [0, t], sachant que le système est non défaillant à t=0

t : variable aléatoire temps de bon fonctionnement

F(t) : probabilité d'apparition d'une défaillance dans l'intervalle [0, t]. En somme :

$F(t) = 1 - R(t)$

Note : *Les auteurs invitent les lecteurs à consulter des ouvrages spécialisés dans le domaine de SdF. En effet, plusieurs types de fiabilité sont ici définis, sachant que nous nous gardons d'entrer trop dans les détails.*

7.1. Redondance

Considérons maintenant l'architecture d'un système ayant deux composants indépendants A et B. Si nous plaçons les deux composants en série, nous aurons alors une probabilité de défaillance du système Ps égale à :

$$Ps = Pa + Pb - Pa.Pb$$

où Pa et Pb sont respectivement les probabilités de défaillance des composants A et B.

En revanche, si nous mettons les deux composants en parallèle, alors la probabilité de défaillance du système Ps sera donnée cette fois par la formule :

$$Ps = Pa.Pb$$

Étant donné que les probabilités sont des réels positifs (ou nuls) et inférieurs à 1, nous pouvons écrire :

$$Pa + Pb - Pa.Pb > Pa.\ Pb$$

Cela signifie que la probabilité de défaillance d'un système ayant ses composants en parallèle est inférieure à celle de la configuration correspondant au cas où les composants sont rangés en série. Autrement dit, un système ayant ses composants non réparables en parallèle tombe moins souvent en panne.

Ce résultat est évidemment exploité par les concepteurs qui, pour renforcer un système et diminuer la probabilité de défaillance, ajoutent un autre système semblable en parallèle. On appelle ce procédé « la redondance ». En effet, si le premier de ces systèmes (non réparable) tombe en panne, alors le deuxième système mis en parallèle prend le relai et fonctionnera. Ainsi on évitera une défaillance totale.

C'est ainsi que les circuits électriques sensibles de pilotage dans un avion (système non réparable en vol ou en mission) sont redondants (en fait « tripliqués » avec une technologie différente pour chaque élément de la « triplication »), car ces éléments sont critiques et très importants pour les commandes ou le pilotage d'un avion.

Faisons un petit calcul de fiabilité pour un élément redondant d'ordre 2 basé sur le modèle exponentiel, avec un taux de défaillance supposé fixe λ (taux de défaillance ou taux de panne).

Le MTBF (Mean Time Between Failures) que l'on assimile souvent à $1/\lambda$, est tel que :

$$MTBF = \int_0^\infty R(t)\,dt$$

$$(1 - R_{sys}) = (1 - R)^2$$

$$R_{sys} = 2R - R^2$$

$$MTBF_{sys} = \int_0^\infty (2R - R^2)\,dt = \int_0^\infty (2e^{-\lambda t} - e^{-\lambda t})\,dt$$

$$= \frac{2}{\lambda} - \frac{1}{2\lambda} = \frac{3}{2\lambda} = \frac{3}{2} MTBF_{initial}$$

$$\lambda_{nouveau} = \frac{2}{3} \lambda_{initial}$$

De même, on peut penser à tripler, voire quadrupler, le circuit ou les composants, afin d'augmenter encore le MTBF ou de diminuer λ.

Note : *Bien entendu, λ est fonction du temps et ce paramètre n'est pas constant. Toutefois, cette simplification est souvent effectuée pour des raisons pratiques, car l'intégrale d'une fonction type Exp[-$\lambda(t)t$] est très complexe. λ=constant correspond à des défaillances survenant sans cause systématique, semblant obéir au pur hasard. La probabilité de défaillance est la même à chaque instant de la période où λ est constant : un équipement a donc la même probabilité de défaillance à t = 0+□ qu'à t élevé. Ceci n'est évidemment pas le cas en réalité (cf. courbe « en baignoire »).*

La Figure 89 présente la fiabilité R en fonction du temps et en fonction de n (nombre de circuits, systèmes ou BDF en parallèle). Ce modèle est élaboré dans le cas où la fiabilité suit une fonction exponentielle avec λ constant et que les composants sont non réparables.

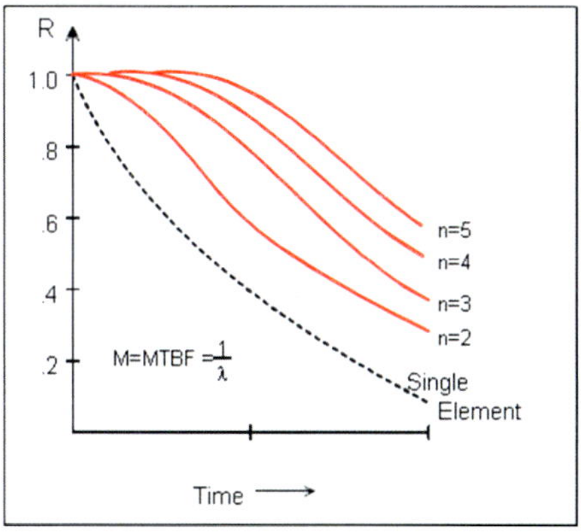

Figure 89 : BDF et composants parallèles non réparables.
Source : Ligeron

8. Logiciels courants

Pour les applications de sûreté de fonctionnement, on utilise un certain nombre de logiciels, les plus courant étant récapitulés ci-après. Le Tableau 17 présente ainsi un choix d'outils de SdF, avec indication de leurs fonctionnalités principales.

	Outils SdF				
Logiciel	**AF**	**AMDEC**	**Prév Fiab**	**BDF**	**AdD**
TDC Need	■				
TDC FMEA		■			
ITEM Toolkit		■	■	■	■
Ram Commander			■	■	
SIMFIA	■	■		■	■
SIMTREE					■
RiskSpectrum					■

Tableau 17 : Logiciels employés en analyse fonctionnelle avec l'optique de sûreté de fonctionnement.
Source : Cours de SdF de l'Institut Ligeron

Exercice non résolu : Pour l'arbre de défaillance suivant (Figure 90), quelle est la valeur de P (probabilité de défaillance) sachant que les chiffres sont des probabilités? Schématiser le bloc diagramme de fiabilité ou fonctionnel (BDF).

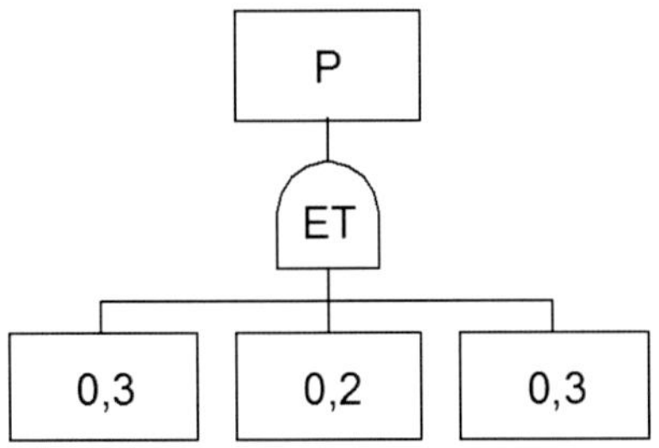

Figure 90 : Arbre de défaillance

9. Applications pour l'optimisation de la maintenance

Tous les équipements composant un système ou une installation industrielle sont soumis à différents processus de dégradation dus aux conditions de fonctionnement et d'environnement, tels que l'usure, la fatigue, le vieillissement, les diverses altérations physico-chimiques, la corrosion, les intempéries et agressions climatiques, etc. Face aux défaillances qui peuvent en résulter, on peut se contenter de pratiquer une *maintenance corrective*, qui comprend la *maintenance curative,* qui vise à accomplir la mission requise, et la *maintenance palliative*, permettant d'accomplir seulement provisoirement tout ou une partie de cette mission. Mais, dans ce cas, on n'évitera pas les conséquences des pannes que l'on subit. Une attitude plus défensive consiste à mettre en œuvre une *maintenance préventive*, destinée à limiter, voire à empêcher la survenue de ces défaillances. Mais, dans ce cas, on court alors cette fois le risque de dépenses excessives, et, en tous les cas, d'augmentation des coûts, ainsi que de périodes d'indisponibilités, parfois inutiles.

Note : *La maintenance préventive comprend plus précisément différents éléments, à savoir la maintenance systématique, la maintenance prévisionnelle et la maintenance conditionnelle.*

Le contexte de compétitivité et de concurrence oblige les entreprises à exploiter et à développer tous les gisements de productivité. Ainsi, dans le contexte d'une concurrence accrue, l'enjeu de la fonction de maintenance devient de plus en plus important en termes de sécurité, de disponibilité, et globalement de coûts. En somme, l'optimisation de la maintenance est une préoccupation constante. Face à cette situation, le responsable de maintenance ne peut plus se contenter de surveiller, de contrôler et de réparer : il ne s'agit plus d'attendre la défaillance pour la réparer. On doit choisir une *stratégie* parmi les stratégies possibles et envisageables. Une part du travail du service de maintenance consiste donc à prévoir les événements, et à évaluer les différentes solutions alternatives qui s'offrent, afin de sélectionner la solution optimale à terme, ou, tout au moins, s'en rapprocher. Les ressources techniques et financières dont le service de maintenance dispose, par nature limitées, doivent être bien sûr judicieusement employées.

Le coût de maintenance d'un système est en fait la « partie invisible de l'iceberg ». Ainsi, un système comme un avion *Airbus* peut être développé et fabriqué en 2 ans, mais l'exploitation et la maintenance de ce système dure 30 ans, voire 40 ans. Cela implique donc une prise en compte de la maintenance dès la phase de conception.

En résumé, il est nécessaire d'optimiser les activités de maintenance et de soutien logistique dit *intégré*. C'est dans ce contexte de réduction de coûts de maintenance, à niveau égal de sécurité, que l'on s'est doté de méthodes particulières qui considèrent, conjointement et à différents degrés, les aspects techniques et l'organisation. Les industries dites de *process* (de type industries nucléaires, chimiques ou encore pétrole, etc.) ont généralement appliqué des démarches alliant une *évaluation des risques*, une *analyse du retour d'expérience* (REX), ainsi qu'une *logique de sélection de tâches de maintenance*.

Dès les années 1960, et au début des années 1970, différents groupes de travail (Maintenance Steering Group : MSG), notamment ceux du GIFAS (Groupement des Industries Françaises Aéronautiques et Spatiales) en France (cf. MSG 1, 2 et 3), ont proposé une démarche mettant en évidence une nouvelle approche dans la conception des programmes de maintenance des avions. Le concept de la *maintenance basée sur la fiabilité* (MBF®) a ainsi été développé.

En 1978, un rapport intitulé « Reliability Centered Maintenance » (RCM®) a été publié par F. Stanley et H. F. Heap d'United Airlines. Ce document, très centré sur la fiabilité, permettait d'élaborer des instructions de maintenance préventive, en partant des conséquences des défaillances.

Parallèlement, la Société *Boeing* a proposé dans les années 1970 une méthode, proche du RCM© (*Reliability Centered Maintenance*), visant à l'optimisation de la maintenance. Cette méthode a été étudiée ensuite par EDF qui en a proposé une version française, devenue la méthode OMF® (Optimisation de la Maintenance Basée Fiabilité). Il faut également rappeler que la norme CEI-706-4 (1992), comme d'autres normes (type MIL-Std 2173), aborde ce sujet.

Note : *Concernant l'historique des méthodes RCM® et MBF®, nous recommandons l'ouvrage de Gilles Zwingelstein intitulé « La maintenance basée sur la fiabilité » Hermès 1996. (Chapitre 4).*

La maintenance basée sur la fiabilité (MBF® ou, en anglais, RCM® : *Reliability Centered Maintenance*) est un concept qui, à l'origine, a été développé dans l'aéronautique surtout civile, dans le but de garantir la fiabilité opérationnelle des équipements, et d'éviter les défaillances à l'aide de la maintenance préventive. Ainsi, la MBF® s'attache en priorité à recenser les équipements critiques, dont les conséquences des défaillances sont importantes vis-à-vis des objectifs liés à la sécurité, à la fiabilité, à la disponibilité, à la maintenabilité (FMDS), aux coûts, à la qualité, à l'image de marque de l'entreprise, etc. Afin d'être en mesure de sélectionner uniquement ces équipements critiques, les différentes normes internationales, ou les bonnes pratiques adoptées dans certains secteurs industriels, proposent des méthodes d'évaluation de leur criticité.

L'objectif de ce paragraphe n'est pas de décrire de manière détaillée les activités de maintenance et la manière dont elles peuvent être optimisées, mais plutôt de fournir une approche simple, voire *simpliste*, utilisant les apports de l'analyse fonctionnelle pour l'optimisation des tâches de maintenance.

Chaque système est vendu avec un carnet ou registre d'entretien, ou encore un *livret suiveur*. Ce carnet invite à effectuer la maintenance programmée du système à différents points clés. Par exemple, pour une voiture, l'usager est invité à faire la vidange au bout de 10 000 km, ou à changer les plaquettes de freins quand il a roulé 30 000 km, et ainsi de suite.

La société *Boeing* s'est rendu compte que le fait de changer certaines pièces d'un avion de ligne au bout de N heures de vol, comme indiqué dans son livret suiveur, n'était pas réellement indispensable. En effet :

1. La base de données d'exploitation (REX) montrait que ces pièces ne tombaient pas souvent en panne, certaines d'entre elles ne tombant même jamais en panne.
2. Ces pièces n'étaient pas critiques ou sensibles. Même en cas de défaillance, il n'y avait pas d'impact sur le fonctionnement ou la sécurité de l'avion. Autrement dit, il n'y avait pas de risque important ou de danger pour les passagers ou l'équipage.

3. L'activité de maintenance nécessaire au remplacement de ces pièces coûtait cher, sans qu'il en résulte un gain ou un bénéfice significatif.

Il convenait donc de se concentrer davantage sur les pièces sensibles, critiques (ou à risque), ayant, en cas de défaillance, un impact réel sur le système.

Considérons les trois ensembles suivants :

1. Ensemble 1 (E1) = Ensemble des défaillances critiques, sensibles ou importantes.
2. Ensemble 2 (E2) = Ensemble des défaillances enregistrées ou déjà rencontrées (REX).
3. Ensemble 3 (E3) = Défaillances couvertes par le plan de maintenance préventive.

Et tentons d'examiner les intersections de ces 3 ensembles :

- Intersection de E1 et E2 (E1 ∩ E2) : défaillances potentielles ou déjà rencontrées, mais non couvertes par le plan de maintenance (mettant donc en cause la pertinence du plan de maintenance).
- Intersection de E1 et E3 (E1 ∩ E3) : défaillances potentielles prises en compte par le plan de maintenances, mais non rencontrées en réalité (montrant que le plan de maintenance reste « théorique »). L'ensemble E3 - E1 ∩ E3 constitue un plan de maintenance inutile, car sans effet sur les défaillances, et mis en cause par le REX.
- Intersection de E2 et E3 (E2 ∩ E3) : défaillances réelles prises en compte dans le plan de maintenance mais ne couvrant pas toutes les défaillances possibles et envisageables (montrant que certaines défaillances peuvent se produire, sans que le plan de maintenance les couvre). L'ensemble E3 - E2 ∩ E3 constitue également un plan de maintenance superflu.

Ce raisonnement aboutit au résultat suivant : ce qui est intéressant est évidemment l'intersection de ces 3 ensembles, c'est-à-dire E1 ∩ E2 ∩ E3, ciblant précisément là où les actions de maintenance sont pertinentes et nécessaires.

Afin de déterminer les matériels, composants, éléments ou parties critiques, il faut effectuer en premier lieu une analyse fonctionnelle, puis enchaîner sur une AMDEC et une AdD (cf. Figure 82). Pour cela, on part d'une AMDE fonctionnelle, avant de compléter cette analyse par une estimation de criticité (AMDEC) à la fois fonctionnelle et matérielle. La technique d'AdD vient en complément des analyses effectuées. Une fois les pièces ou ensembles critiques ainsi identifiés, notamment à l'aide du retour d'expérience, l'analyste ou l'opérateur de maintenance est amené à ajuster ou à orienter le plan de la maintenance préventive, afin de mettre davantage l'accent sur ces parties considérées comme critiques (matériels, composants critiques mais aussi défaillances critiques). La Figure 91 présente de manière *sommaire voire simpliste* l'approche MBF®.

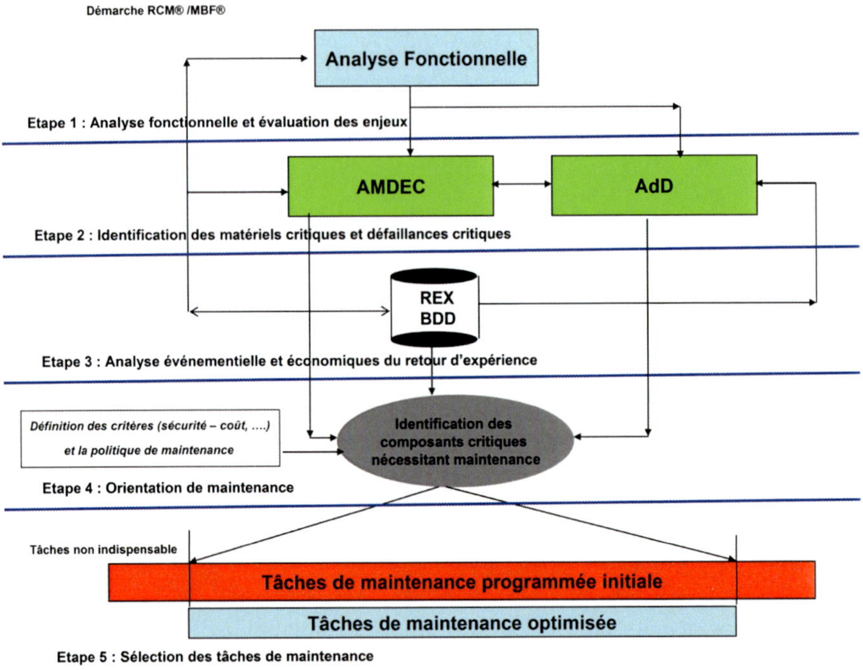

Figure 91: Lien de l'analyse fonctionnelle avec la démarche de la maintenance basée sur la fiabilité

L'Optimisation de la Maintenance par la Fiabilité (OMF®) est le nom qui a été donné à la méthode mise en œuvre par EDF, et aujourd'hui utilisée dans d'autres secteurs industriels.

Nous commencerons par énoncer les grands principes de la méthode MBF®, en donnant quelques indications sur le déroulement d'une étude et par présenter une description générale et *sommaire* de chacune des étapes qui sont :

- ***Étape 1 : Analyse Fonctionnelle et évaluation des enjeux :*** cette étape est consacrée à l'analyse fonctionnelle. Elle vise à établir une description fonctionnelle, à identifier les différents types de fonctions, et à établir les arborescences techniques (matériel ou structure) et fonctionnelles du système et de ses équipements. Nous avons abordé au §6.6 la méthode d'identification des risques techniques. Le BDF, issu de l'*analyse fonctionnelle interne*, permet également d'ouvrir des pistes d'investigation afférentes à la fiabilité prévisionnelle du système. Enfin, il s'agit, dans cette étape, que certains experts appellent phase, de définir les chaînes et/ou les groupements fonctionnels, ensembles et sous-ensembles fonctionnels. Il convient de préciser ici que certains experts considèrent cette phase comme une analyse de fonctionnement du système, étant donné que le système existe d'ores et déjà et qu'il est opérationnel. Les produits issus de cette phase sont les résultats classiques de l'analyse fonctionnelle (cf. chapitre 3 et §3.4), comprenant en particulier la liste complète des fonctions, y compris l'arborescence fonctionnelle, et la liste des matériels du système faisant l'objet de l'étude, avec des frontières et des limites bien définies. Parallèlement il faut également définir les enjeux de l'étude.

- ***Étape 2 : Analyse des défaillances :*** cette étape s'appuie sur les méthodes et techniques de sûreté de fonctionnement (SdF) notamment APR, HAZID-HAZOP, AMDEC, AdD, Arbre des causes-conséquences, etc. Il s'agit d'identifier les accidents potentiels ou les défaillances importantes du système d'abord par une approche inductive (*bottom-up*) en se servant du résultat de l'analyse fonctionnelle. En complément, l'analyste étudie également, grâce cette fois à une approche déductive (*top-down*), la ou les cause(s) de ces accidents ou défaillances. Toutefois, ces études sont basées sur des techniques déterministes, même si la probabilité de défaillance est abordée. Enfin, l'analyse de dysfonctionnement des matériels rassemble les informations et données nécessaires à l'évaluation de la criticité des modes de défaillance. Il s'agit aussi d'identifier les modes de défaillance des matériels, ou des groupes de matériels, qui ont un rôle fonctionnel important, et dont les défaillances sont jugées graves voire catastrophiques. Les résultats de cette étape s'articulent autour de la liste des défaillances matérielles, y compris leurs modes de défaillance, leurs causes et conséquences au niveau local (équipement ou sous-système) mais aussi global (au niveau du système en entier), ainsi que leur criticité.
- ***Étape 3 : Analyse événementielle et économique du retour d'expérience :*** dans cette étape ou phase des travaux, on suppose que l'analyste a accès aux éléments du retour d'expérience issus de l'exploitation, utilisation et maintenance du système et des systèmes semblables. L'analyse du retour d'expérience permettra d'ouvrir des pistes pour mieux connaître les dysfonctionnements importants ou critiques, voire les accidents catastrophiques (événements importants) ayant naturellement une criticité élevée. Le REX fournit des données et des informations essentielles notamment sur les fréquences des défaillances, permettant ainsi d'établir des choix en connaissance de cause ou de définir des priorités pour le traitement des défaillances. Les produits de cette étape incluent la liste hiérarchique des défaillances critiques enregistrées, ainsi que la liste hiérarchique des composants critiques et sensibles ayant généré des événements redoutés. L'impact économique est également à évaluer.
- ***Étape 4 : Orientation de maintenance :*** lors de cette étape, il s'agit de valider la liste prioritaire des composants matériels qui s'avèrent critiques ou sensibles. Il s'agit également d'envisager les moyens logistiques pour réparer ou remplacer ces éléments ou composants afin de diminuer la probabilité et l'impact de leurs défaillances. C'est pendant cette étape que la politique de maintenance nécessite d'être clarifiée ainsi que les critères liés à la stratégie

de maintenance, comme par exemple : sécurité, disponibilité, coût, délai d'intervention, etc. Les résultats de cette étape comprennent l'orientation de la politique de maintenance et la liste des indicateurs ou critères de maintenance. Le plan initial de maintenance nécessite d'être examiné notamment en termes de tâches, intervalle et délais d'intervention.

- ***Étape 5 : Optimisation du plan de maintenance préventive :*** partant du plan de maintenance initial, il s'agit à ce stade d'optimiser les tâches et les activités de maintenance préventive. Des justifications technico-économiques sont souvent requises pour une telle optimisation. Un tableau de bord, basé sur des indicateurs pertinents identifiés lors de l'étape précédente, est proposé afin de suivre les activités de la maintenance préventive et de permettre leur évaluation *a posteriori*. La sélection des tâches de maintenance conduit à proposer des tâches élémentaires justifiées pour couvrir les modes de défaillance significatifs et, après regroupement, à écrire le programme optimal de maintenance préventive (Figure 91). D'ailleurs, l'analyste peut employer un arbre de décision ou faire éventuellement une simulation. Il convient de bien rappeler ici que le programme de maintenance est en principe évolutif !

Si cette méthode MBF® doit beaucoup au bon sens, elle apporte en retour :

- un ensemble structuré de techniques simples d'analyse y compris l'analyse fonctionnelle ;
- des concepts de base (commentés dans le texte lorsqu'ils sont introduits), sur lesquels s'appuient les grands principes de la méthode.

Le REX permet de suivre l'évolution du taux de défaillance (coefficient λ) dans le temps, et au fil des changements des contraintes appliquées aux matériels (environnements). Ainsi on pourra vérifier si le système est en phase de *déverminage* (cf. la courbe « en baignoire », c'est-à-dire une diminution du taux de défaillance souvent liée aux notions de qualité et de stabilisation des chaînes de fabrication), en phase dite de *vie utile* (cf. la courbe « en baignoire » : taux de défaillance constant ou fiabilité attendue du système), ou en phase d'*usure* ou de *fatigue*, qui correspond à la fin de vie des matériels (cf. la courbe « en baignoire » : taux de défaillance croissant).

Enfin, on notera que la mise en œuvre de cette méthode MBF® contribue à l'évolution de la culture de maintenance par l'approche fonctionnelle qu'elle introduit et par un élargissement de l'implication du personnel de l'entreprise.

Note : *Nous considérons que ce chapitre dédié à l'optimisation de la maintenance ou MBF® doit être très sommaire, voire simple, pour les raisons suivantes :*

1. RCM©, MBF® ou OMF® sont des marques déposées.

2. Ce thème constitue un vaste sujet qui ne pourra pas être traité à la légère dans le contexte de ce livre, consacré davantage à l'analyse fonctionnelle et ses applications.

Nous invitons nos lecteurs à consulter les ouvrages spécialisés mentionnés en bibliographie.

Chapitre 7

Cahier des charges et spécification technique

1. Cahier des charges fonctionnel

Comme nous l'avons indiqué précédemment, l'un des objectifs majeurs de l'analyse fonctionnelle est l'élaboration du *Cahier des Charges Fonctionnel* (CdCF). En effet, les résultats de l'analyse fonctionnelle externe (AFE, ou analyse fonctionnelle du besoin) constituent bien l'*énoncé fonctionnel* du besoin, lequel alimente, en tant que donnée d'entrée, le document CdCF, où chacune des fonctions identifiées doit être accompagnée de caractéristiques qui la précisent, permettant ainsi de bien appréhender le futur projet, produit ou système.

Le document normatif NFX 50-152 (Cahier des Charges Fonctionnel), qui date de 1990, reste à ce jour une norme de référence. Ce standard est toujours appliqué dans le milieu industriel. Il ne s'agit bien sûr pas dans ce chapitre de reproduire les documents normatifs de l'AFNOR, que les auteurs considèrent d'ailleurs d'excellente qualité, mais bien plutôt de décrire l'état de l'art du domaine, en particulier tel qu'il est pratiqué sur le terrain, sachant que des écarts par rapport à la norme y sont volontairement admis.

Le Cahier des Charges Fonctionnel (CdCF) est un document orienté vers les besoins ou les exigences. Il présente ainsi l'ensemble des *fonctions de service* (fonctions principales et fonctions contraintes) et des *fonctions secondaires* (dites aussi complémentaires), ainsi que les *fonctions d'estime*. En revanche, dans ce document, il n'est pas question de fonction technique ou de fonction de conception, ou encore de BDF, car ces notions concernent les solutions techniques et l'architecture du système, apportées en réponse au besoin, et non le besoin lui-même.

En résumé, le CdCF est considéré à juste titre comme un document essentiel, voire le document de référence en matière de besoins ou exigences. Le contenu du CdCF constitue l'*expression fonctionnelle du besoin à satisfaire* par le système ou le produit à développer. La définition préliminaire d'un système ou d'un produit répondant au besoin, parfois appelée « solution de référence », est consignée en principe dans un document qui est appelé, pour sa part, *Cahier des Charges* (CdC). Ce CdC contient en particulier le CdCF, mais avec d'autres types d'exigences, comprenant en particulier les exigences liées aux coûts. Nous avons donc une relation d'inclusion, c'est-à-dire CdCF $\subset$ CdC. Dans un CdCF, on trouvera également les exigences ou demandes précises concernant les clauses techniques, les indications afférentes à l'industrialisation, ainsi que les caractéristiques de type qualité, fiabilité, etc.

Dans le cadre d'un appel d'offre lancé par un donneur d'ordre ou un client, voire par son représentant, c'est-à-dire le MOA, le CdC constitue le document qui *régit les rapports entre les parties*. Pour des projets importants, lors de l'appel d'offre, le CdC sera accompagné d'un document appelé *Cahier des Clauses Techniques Particulières* (CCTP), lequel a la charge de clarifier encore davantage tous les aspects particuliers du projet.

Si le CdCF précise les services attendus du système ou du produit, il ne doit ni imposer ni suggérer de solutions techniques. En effet, en premier lieu, ce n'est bien sûr pas le rôle de ce document d'indiquer ou de lister les solutions techniques possibles ou envisageables. En second lieu, il est évident qu'une telle pratique limiterait la créativité ou l'innovation potentielle apportée par les concepteurs-réalisateurs dans la recherche de nouvelles solutions.

Le CdCF présente donc globalement :

- une retranscription des besoins des clients et/ou des utilisateurs potentiels ;
- une définition claire des objectifs commerciaux auxquels prétendent le client ou le MOA lorsqu'ils décident de lancer un tel produit ou système ;
- un inventaire complet des fonctions du système ou du produit, ainsi que les performances attendues caractérisant chacune des ces fonctions.

2. Utilité et intérêt du CdCF

L'élaboration d'un document de CdCF est une tâche sensible, qui nécessite bien entendu une attention toute particulière. En effet :

- D'une part, ce document est un élément de l'appel d'offre. C'est sur ce document que devra normalement être basée toute offre ou proposition technique et financière.
- D'autre part, c'est le point de départ de tout projet. Une erreur dans son élaboration pourra avoir des répercussions considérables tout au long du projet. En particulier, le document de spécification technique du besoin (STB) sera bien entendu principalement basé sur le CdCF.

Lors de la rédaction de ce document, il est recommandé de regrouper les fonctions par *familles* ou *catégories*. Dans ce cas, la présentation de ce qui apparaîtra comme le *graphe de l'arborescence fonctionnelle* facilitera la compréhension des fonctions du fait de leur regroupement logique.

L'importance et l'utilité du CdCF peuvent essentiellement être résumées par quatre points majeurs :

- L'expression fonctionnelle du besoin permet au demandeur d'exprimer précisément les besoins des utilisateurs ou du client (ou MOA) qu'il représente.
- Elle permet de provoquer chez le ou les concepteurs les actions nécessaires visant à la conception et à la réalisation du produit ou du système le plus efficient.
- Elle favorise le dialogue entre les différentes parties prenantes ou les différents acteurs du projet, tels le MOA, le MOE, les fournisscurs, etc.,
- Enfin, c'est la base de l'analyse des propositions techniques et financières recueillies par le demandeur.

Ainsi, le CdCF sera le document d'entrée indispensable, qui servira de base à un grand nombre d'activités du projet :

- L'*élaboration et la rédaction des spécifications techniques du besoin système et sous-systèmes* montrées sur la Figure 7 (cf. § 2.13) présente les liens entre différents documents et livrables du projet). On remarquera bien sûr ici que le CdCF est le principal document d'entrée pour l'élaboration de la STB.
- La *définition du système ou du produit.* Le CdCF permettra aux concepteurs de mieux définir le système ou le produit.
- Les *négociations entre client ou MOA et MOE.*
- Les *négociations entre MOE de niveau zéro d'une part et les MOEs de niveau 1 ou 2 d'autre part.*
- Les *négociations entre MOE de tous niveaux et leurs fournisseurs et sous-traitants.*
- L'*évaluation et le dépouillement des offres reçues suite au lancement d'un appel d'offre.*
- La *vérification et la validation du système ou du produit*, où on sera amené à examiner si les exigences ou besoins sont *in fine* satisfaits ou non.
- *La remise à niveau ou le développement d'une nouvelle version du système.* En effet, dès lors que le système est exploité et qu'une base de données de REX est élaborée, on peut alors envisager le développement d'un nouveau système avec de nouveaux besoins, ou/et des besoins modifiés et améliorés.

Le document de CdCF est en général rédigé par le *groupe de travail d'analyse fonctionnelle.* Il fait l'objet d'une *vérification* et d'une *validation*, voire d'une approbation. Ce document peut certes être rédigé par le fournisseur ou MOE, mais il reste néanmoins toujours sous la responsabilité du demandeur, qui, dans ce cas, doit approuver le CdCF. Une fois approuvé, ce document ne peut en principe plus changer, même si l'éventail de solutions techniques possibles s'élargit.

Toutefois, il existe des cas où le CdCF peut être modifié ou amélioré, à juste titre. Nous listons ci-dessous quelques raisons qui peuvent justifier l'évolution de ce document :

- Lorsqu'une décision hiérarchique est prise quant à la modification de ce document.
- Lorsque le besoin fondamental est modifié, par exemple suite à une étude ou une enquête.
- Lorsque le programme de niveau supérieur est modifié dans l'entreprise, et que la fiche programme perd donc sa validité et devient caduque. Dans ce cas, il y a nécessairement des répercussions sur les projets et les systèmes composant ce programme.
- Lorsque le donneur d'ordre ou MOA apporte des modifications, suite aux directives de son client ou de ses clients.
- Lorsqu'une nouvelle technologie de rupture arrive, et fait ainsi bouger les limites des besoins.
- Lorsque les caractéristiques du segment de marché concerné par le système évoluent et changent de manière radicale. L'exemple de la crise économique est dans ce contexte assez éloquent.

Il convient de noter que, dans le cas de la création d'un nouveau système ou produit, au fur et à mesure de l'avancement du projet et de la démarche basée sur des phases successives avec jalons, les différents documents de projet (cf. Figure 7 - § 2.13) vont présenter des contenus différents, notamment en ce qui concerne la précision des données et des informations présentes.

2.1. Notions de base

Le *Cahier des Charges Fonctionnel* présente le besoin, sous la forme de *fonctions* traduisant :

- les *missions* du produit, exprimées via les *fonctions* dites *principales* ;
- les différentes *contraintes* qui s'appliquent, à travers la prise en compte de l'environnement, au sens le plus large du terme (environnements technique, réglementaire, humain, etc.) ;
- les *fonctions* dites *secondaires* ou complémentaires, ainsi que les *fonctions d'estime* (optionnelles) ;
- les *performances quantifiées*, exprimées par le biais de notions que nous allons détailler ci-dessous.

L'expression de performances quantifiées doit, de manière générale, reposer sur la définition de différents aspects, à savoir 1) un *critère d'appréciation*, 2) un *niveau d'acceptation* et 3) une *flexibilité* éventuelle. Détaillons ces différents points.

2.2. Critères d'appréciation (ou de performance)

Si nous considérons le système ou le produit comme une « boîte noire », un *critère* identifie alors une certaine propriété observable en sortie de cette boîte noire. Par exemple, pour un train, la vitesse maximale de roulement peut constituer un critère d'appréciation lié au transport. De même, le nombre de voyageurs susceptibles d'être transportés est-il un autre critère d'appréciation, étant donné que la mission principale de ce système consiste à transporter des passagers, etc.

La définition de cette notion de base, indispensable à l'élaboration d'un CdCF, est la suivante (cf. Norme AFNOR X50-150) :

Les **critères d'appréciation** ou de performance sont **les critères retenus pour apprécier la manière dont une fonction est remplie** ou une contrainte respectée.

2.2.1. Niveau d'acceptation

Un *niveau d'acceptation* est une *valeur quantitative* qui doit être atteinte par le critère d'appréciation. Si l'on considère le critère précédent de vitesse maximale (V_{max}), on peut alors fixer le niveau, par exemple, à 350 km/heure. Mais on peut également définir une plage d'acceptation, comme par exemple :

$$350\,\text{km/h} > V_{max} > 300\,\text{km/h}$$

La limite d'acceptation se définit comme le niveau en deçà duquel, ou au-delà duquel, le besoin est jugé non satisfait. Dans la plupart des documents de CdCF, la limite d'acceptation est traduite dans la colonne « niveau » par l'utilisation d'inégalités, soit les symboles $\geq$, $\leq$, $>$, $<$ ou, éventuellement, d'intervalles de tolérance.

Les définitions de ces notions de base (cf. Norme AFNOR X50-150) indispensables à l'élaboration du CdCF, sont les suivantes :

Le niveau d'un critère d'appréciation est une grandeur identifiée dans l'échelle adoptée pour un critère d'appréciation d'une fonction. Cette grandeur peut être celle recherchée en tant qu'objectif ou celle atteinte pour une solution proposée.

La limite d'acceptation est le niveau de critère d'appréciation au-delà duquel, ou en deçà, suivant le cas, le besoin est jugé non satisfait.

La *limite d'acceptation* est la plage dans laquelle peut se déplacer le niveau nominal, assorti de sa *tolérance*. La tolérance représente la *dispersion* acceptée du même niveau nominal. La Figure 92 illustre cette notion de limite d'acceptation.

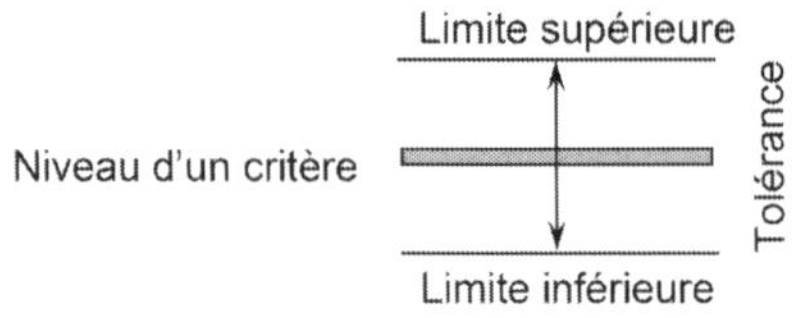

Figure 92: Limites d'acceptation. (Réf : norme AFNOR)

2.2.2. Flexibilité

La flexibilité associée à un critère est relative à chaque niveau d'acceptation. Les définitions liées au concept de flexibilité sont les suivantes :

- La flexibilité d'un niveau est un ensemble d'indications exprimées par le demandeur afférentes aux possibilités de moduler un niveau recherché pour un critère d'appréciation.
- La classe de flexibilité est une indication littérale, associée au niveau d'appréciation, et permettant de préciser son degré de négociabilité ou d'impérativité.

La flexibilité peut s'exprimer *de manière quantitative*, sous forme de *limites d'acceptation*, hors desquelles le besoin est déclaré non satisfait, ou encore sous forme de *taux d'échange*, rapport déclaré acceptable par le demandeur entre la variation de coût et la variation correspondante du niveau d'un critère d'appréciation.

En général, les trois niveaux de flexibilité considérés (plus un quatrième, hors norme), souvent marqués par la lettre F (majuscule) avec un chiffre, sont les suivants :

- **Impératif (F0), ou flexibilité nulle :** toute solution proposée par le concepteur devra satisfaire le niveau considéré pour être acceptable par le demandeur.
- **Peu négociable (F1) ou flexibilité faible :** le concepteur peut proposer une solution donnant un niveau différent du niveau spécifié si un compromis technico-économique le justifie.
- **Négociable (F2) ou flexibilité bonne :** le concepteur n'est pas obligé de satisfaire cette exigence, qui reste toutefois recommandée.
- **Optionnel (F3) ou flexibilité forte :** ce niveau, hors norme, signifie que le niveau est tout à fait négociable. F3 est uniquement pratiqué dans certaines entreprises et industries. Le concepteur peut refuser cette exigence sans donner d'explication.

En somme, les classes de flexibilité, selon la norme NF X 50 150, sont donc :

- **F0 :** niveau impératif
- **F1 :** niveau peu négociable
- **F2 :** niveau négociable

Pour la DGA (Direction Générale de l'Armement), et dans le secteur de la défense, les 3 niveaux sont :

- **P** : Prioritaire
- **I** : Important
- **S** : Souhaitable

Comme on l'a indiqué ci-dessus, une autre manière d'aborder la flexibilité est basée sur le taux d'échange. On définit la notion de taux d'échange de la manière suivante.

Un **taux d'échange** est un rapport déclaré acceptable par le demandeur entre la variation du prix ou du coût, et la variation correspondante du niveau d'un critère d'appréciation, ou entre les variations de niveau de deux critères d'appréciation.

La Figure 93 illustre cette définition et la signification du taux d'échange.

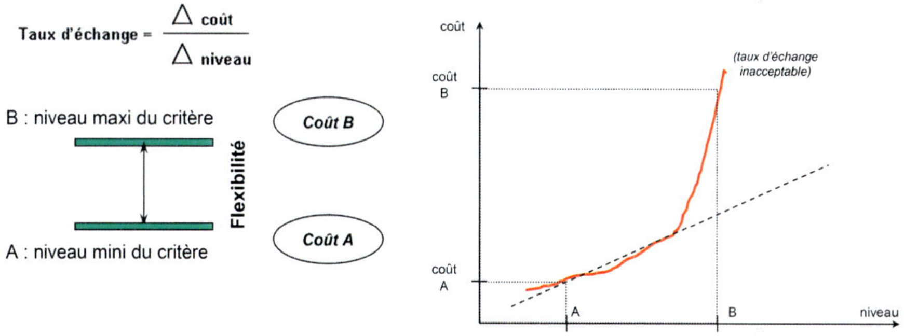

Figure 93 : Définition et signification du taux d'échange. (Réf : norme AFNOR)

Le taux d'échange est un indicateur qui peut être utilisé pour justifier le refus ou la modulation d'un niveau d'acceptation. L'argument de justification d'abandon invoqué est normalement basé sur le coût élevé de niveau d'exigence.

Prenons un exemple : nous savons que la France détient à ce jour le record de vitesse ferroviaire (qui est de 574,8 km/h). Imaginons qu'un client demande à la société Alstom (constructeur de trains) de lui livrer un train rapide (TGV) qui puisse rouler à 400 km/h. Bien que la faisabilité technique de cette exigence ne pose pas de problème au constructeur, son coût élevé va probablement donner à réfléchir. Le client doit alors décider si, pour 70 km/h de plus par rapport au TGV actuel, qui roule avec une vitesse max de 330 km/h, cela vaut la peine de payer, par exemple, 50 % de plus, sans compter bien sûr les coûts des modifications de l'infrastructure, notamment les rails.

Les performances associées à une fonction de service (principale ou contrainte) peuvent être présentées sous forme tabulaire, comme indiqué sur le Tableau 18 ci-dessous :

N° EXIG.	CRITÈRE DE PERFORMANCE	NIVEAU D'ACCEPTATION	FLEXIBILITÉ

Tableau 18 : Liste des exigences et performances liées à une fonction de service du système

Le Tableau 19 présente un exemple illustrant l'approche retenue. Pour la fonction principale FP1 d'un train (qui est le système considéré), on présente dans ce tableau les exigences liées à cette fonction ainsi que sa caractérisation[10].

Fp1	*Description de la fonction (principale):* ***Transporter des passagers et des marchandises***		
n° exig.	**Critère de performance**	**Niveau demandé**	**Flexibilité**
1	• ***Vitesse maximum de déplacement du wagon ou de caisse***	Vmax = 180 Km/heure	F1 - Négociable
1bis	• ***[Alternative à la performance énoncée ci-dessus]***	Vmax > 150 Km/heure	F0 - Impératif
	• ***Capacités :***		
2	❒ Nombre de places assises	150≥Nb≥ 120	F0 - Impératif
3	❒ Poids des marchandises transportés /wagon	≥ 15 tonnes	F0 - Impératif
4	❒ Surface dédiée aux bagages des voyageurs	≥ 10 m²	F0 - Impératif
5	❒ Local dédié aux vélos ou poussettes	≥ 3 m²	F1 - Négociable
	• ***Vibrations et bruits :***		
6	❒ Ampleur de bruit à l'intérieur	≤ 10 db	F0 - Impératif
7	❒ Vibration ou déplacement horizontal	≤ 15 mm	F0 - Impératif
8	❒ Vibration ou déplacement vertical	≤ 15 mm	F0 - Impératif
9	❒ Etc…		

Tableau 19 : Exemple de tableau d'exigences et de caractérisation de la fonction principale.
Source : Cours d'analyse fonctionnelle de l'Institut Ligeron

Dans le cas où une solution proposée permettrait de dépasser le niveau demandé, pour un critère d'appréciation donné, il est alors de la responsabilité des concepteurs ou répondants à l'appel d'offre de s'assurer et de démontrer que :

10 Les chiffres indiqués dans le tableau 2 ne sont donnés qu'à titre indicatif.

- ce niveau obtenu, bien que satisfaisant le besoin, reste cohérent avec l'ensemble des exigences du CdCF,
- ce niveau obtenu contribue à un optimum technico-économique pour le système ou le produit.

Dans le cas où certains critères ne seraient pas spécifiés, les concepteurs devront alors répondre aux règles de l'art et aux normes en vigueur.

La Figure 95 ci-après présente de manière schématique, le contenu et le sommaire d'un CdCF.

La Figure 95 présente un exemple de sommaire détaillé d'un CdCF.

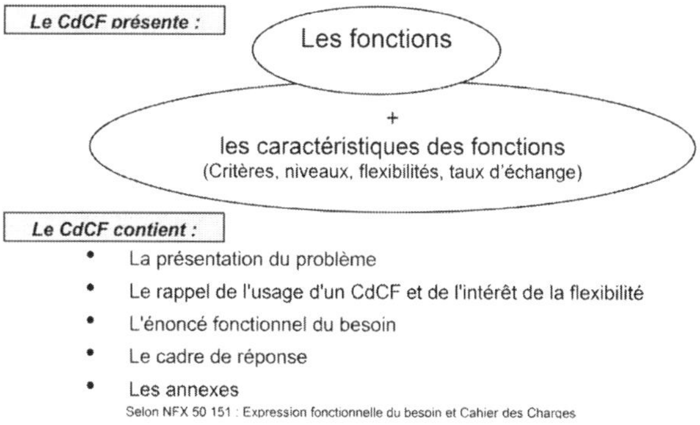

Figure 94: Contenu et sommaire d'un CdCF

À titre d'exemple un plan type de CdCF est présenté ci-après.

1. **Introduction**
   1.1 Objectifs du cahier des charges fonctionnel
   1.2 Contexte du projet, les objectifs
      - Situation du projet dans un programme plus vaste
      - Limites de l'étude
      - Etudes déjà effectuées
      - Etudes menées en parallèle sur des sujets voisins
      - Suites prévues
      - Parties concernées par le déroulement du projet et ses résultats (utilisateurs - responsable demandeur)
      - Degré d'intérêt pour des solutions nouvelles originales et non traditionnelles
      - Caractère confidentiel

   1.3 Présentation générale du système
2. **Documents de référence et applicables**
3. **Exigences fonctionnelles du besoin**
   3.1 Profil de vie du produit et identification de ses milieux extérieurs
   3.2 Enoncé des fonctions de service
   3.3 Caractérisation des fonctions de service
4. **Appel à variantes**
   - Variantes fonctionnelles : introduction ou suppression des fonctions
   - Variantes performancielles : proposition d'un niveau d'un critère extérieur à l'espace de flexibilité.
5. **Cadre de réponses**
6. **Annexes** (exemples : conditions d'utilisation du système – procédure de maintenance – etc...)

Figure 95: Plan type ou exemple de sommaire d'un CdCF

2.3. Appel à variantes

Le donneur d'ordre peut demander à chacun des concepteurs-réalisateurs ou fournisseurs pressentis, au-delà d'une proposition répondant strictement à l'expression fonctionnelle, une ou plusieurs autres propositions de solutions répondant à sa propre perception de besoin. Une telle variante peut être alors soit fonctionnelle (elle porte sur l'ajout ou la suppression de fonctions), soit « performentielle » (elle porte alors sur les niveaux de critères, en dehors de la plage ou de l'espace de flexibilité initialement prévus).

Dans tous les cas, le concepteur-réalisateur doit impérativement indiquer de manière claire les amendements qu'il propose vis-à-vis de l'expression fonctionnelle initialement exprimée.

L'appel à variantes constitue une piste pour l'innovation. Il peut permettre de sonder des voies plus ambitieuses. Bien entendu, la présence de variantes rend plus difficile la comparaison entre les différentes offres. Toutefois, elle permet d'avoir un dialogue demandeur-concepteur plus enrichissant.

2.4. Cadre de réponse

Le CdCF s'adresse aux concepteurs, et aux différents métiers impliqués dans le projet, le développement ou la réalisation du système, qu'ils soient internes à l'entreprise, MOA, MOE ou encore qu'il s'agisse d'entreprises extérieures consultées.

Comme nous l'avons indiqué précédemment, le CdCF est un support majeur à destination des décideurs. Le demandeur est, du fait du niveau de décision où il se situe, le premier responsable des coûts. Il précède, dans la responsabilité des coûts, les concepteurs ou les fournisseurs, qui proposent la solution permettant d'atteindre le niveau prescrit. L'expression fonctionnelle du besoin contribue à clarifier et à formaliser les responsabilités relatives du demandeur et du concepteur.

Le CdCF ne préjuge pas des solutions techniques employées[11]. Au contraire, il est le référentiel qui permettra d'évaluer la pertinence des différentes solutions techniques proposées, et d'effectuer un choix à partir de justifications, sur la base d'arguments technico-économiques. C'est la raison pour laquelle le CdCF donne un « cadre de réponse », lequel constitue une trame de présentation et d'évaluation des solutions techniques. En effet, afin de faciliter le dépouillement et l'évaluation des propositions techniques et financières ainsi que leur comparaison, le demandeur est souvent amené à fixer un cadre de réponse, dans lequel les répondants doivent porter toutes les

11 Dans le cas où le produit présente des contraintes très spécifiques, le concepteur peut être orienté sur des voies de solutions.

informations, données et précisions nécessaires afférentes à leur offre. Ce cadre de réponse constitue un chapitre du CdCF, et ne traite que des aspects directement liés au système ou au produit : fonctionnement, prix unitaire de la version de base, réalisation, etc.

Le concepteur-réalisateur ou répondant est à-même de présenter son offre dans le cadre de réponse, en reprenant la présentation fonctionnelle proposée par le demandeur.

Pour chaque fonction du cadre de réponse (cf. Tableau 1), le concepteur-réalisateur indique :

- la solution proposée (souvent applicable à plusieurs fonctions à la fois) ;
- le niveau atteint pour chaque critère d'appréciation de cette fonction et les modalités de vérification prévues ;
- autant que possible, la part du prix attribué à chaque fonction ;
- les justifications techniques et économiques du choix des principes retenus et, au besoin, les autres principes ou pistes possibles ;
- la courbe de taux d'échange lorsqu'il y a une flexibilité ;
- etc.

Le cadre de réponse constitue le support de présentation standard des solutions proposées par les concepteurs-réalisateurs du système.

Le Tableau 20, présenté ci-après, constitue un exemple de canevas de cadre de réponse, afférent à un Cahier des Charges Fonctionnel, et pour une fonction principale d'un système :

- La colonne « N° d'exigence » fait référence à chaque élément de performance décrit pour chaque fonction exprimée dans les paragraphes précédents du CdCF.
- La colonne « Niveau obtenu ... » caractérise la solution proposée.

Si le niveau obtenu n'est pas conforme au niveau demandé, la colonne « Niveau conforme » est cochée « non ». Une justification[12] doit être donnée (avec un éventuel renvoi à un document). Un niveau non conforme au niveau attendu n'est recevable que lorsque la flexibilité est « négociable ».

- Dans le cas où une solution proposée permettrait de dépasser le niveau demandé, la colonne « Performance supérieure » est cochée « oui ». Une justification technico-économique est alors à produire.

12 Si le niveau obtenu est inférieur, la justification est d'ordre technique. Si le niveau obtenu est supérieur, la justification est d'ordre économique.

Pour chaque fonction de service (fonction principale ou fonction contrainte), un tableau de cette nature doit être inclus dans le cadre de réponse. Dans le cas où une fonction de service est décomposée en plusieurs sous-fonctions, un tableau doit alors être fourni pour chaque sous-fonction.

Pour l'ensemble du système, les propositions de solutions fournies par le concepteur devront être accompagnées :

- des descriptions éventuelles des variantes fonctionnelles et performantielles, accompagnées de justifications ;
- du prix de réalisation de la version de base et des éventuelles variantes ;
- des mesures prises afin de respecter les contraintes et leurs conséquences ;
- si possible, du coût global (incluant les coûts d'installation, d'exploitation, de maintenance, de retrait de service, etc.) ;
- de la décomposition en sous-ensembles, et de la ventilation correspondante des prix selon les sous-systèmes ou équipements, etc. ;
- des prévisions relatives à la fiabilité et à la disponibilité ;
- des perspectives d'évolution technologique ;
- etc.

FP1 : Fonction «xxxxxxxxxxxxxxxxxxxx»							
Descriptif synthétique de la solution proposée :							
N° d'exigence	Niveau		Niveau conforme		Performance supérieure		Justification, explications complémentaires
	demandé	obtenu	oui	non	oui	non	
1							
1 bis							
2							
3							
4							
6							
7							
8							
9							
10							

Tableau 20 : Exemple de cadre de réponse pour une fonction principale du système. Source : Cours d'analyse fonctionnelle de l'Institut Ligeron

Le demandeur peut également ajouter un tableau de cadre de réponse lié aux *exigences opérationnelles* du système. Des notions de sûreté de fonctionnement de type MTTR, MTBF, MTTR, MDT, MUT ou encore MLDT peuvent en effet figurer parmi les exigences.

À titre d'exemple, pour un système non réparable, le demandeur peut fixer le MTTF par exemple à 1 an. Cela implique que le demandeur exige que le système ne doive pas tomber en panne durant la première année de son service.

Selon le document AFNOR NF X 50-151, il y a plusieurs situations possibles pour un projet faisant l'objet d'une offre :

- Offre de recherche de concepts techniques ou validation de la faisabilité technique : dans ce cas, on est souvent amené à refaire ou à parfaire le CdCF.
- Offre de choix technique : dans ce cas la Figure 7 s'applique.
- Offre classique de développement de produit ou de système : dans ce cas, la Figure 7 s'applique telle quelle.
- Offre de définition de produit à fabriquer pour passation d'un marché de fournitures pouvant être complété par un marché d'industrialisation : dans ce cas, le dossier STB n'est pas indispensable. On passe directement en DD.
- Offre constituée de produits sur catalogue ou sur étagère : le CdCF et son cadre de réponse sont dans ce cas utilisés comme une grille de présentation des réponses et de dépouillement des offres.

3. Spécification technique du besoin

Après l'étude du document de CdCF, nous abordons maintenant dans cette section les éléments afférents à la *Spécification Technique du Besoin* (STB).

Le CdCF est un document destiné à évoluer vers une expression du besoin « figée ». Les fonctions que devra assurer le système sont peut-être parfaitement identifiées. Cependant, à la lumière des solutions qui seront proposées, certains niveaux (flexibles) pourront être réajustés.

Les réponses fournies par le concepteur-réalisateur dans son offre, exprimées par rapport au cadre de réponse, constituent une amorce de spécification. Au lancement du développement, de l'approvisionnement ou de la réalisation des travaux, une *spécification contractuelle* prend alors le relais du CdCF.

La *Spécification Technique du Besoin* (STB), selon la norme RG Aéro 00008 (*Expression du besoin - Guide pour l'élaboration de la spécification technique du besoin, juin 1995*) est un document contractuel qui :

- assure une convergence de vue entre le besoin du demandeur et l'engagement du concepteur ;
- constitue une référence pour le classement des évolutions techniques.

Le CdCF est une *expression fonctionnelle du besoin* offrant des *plages de négociation* (flexibilités), tandis que la STB est une *expression complète et figée* du besoin technique.

Schématiquement, nous pouvons donc écrire :

STB = CdCF – Flexibilités + exigences opérationnelles + exigences d'assurance de résultat

La STB est une expression du besoin **technique** du client, qui comprend :

- les *exigences fonctionnelles* associées au profil de vie considéré, tenant compte des conditions d'environnement prévues ;
- les *exigences de sûreté de fonctionnement*, d'*ergonomie*, de *soutien logistique*, et d'environnement ;
- *les exigences relatives aux interfaces du produit avec son milieu environnant* ;
- les *exigences* concernant la *conception* et la *production* ;
- les *exigences d'assurance de résultat.*

La Figure 96 présente la situation du document de STB vis-à-vis du CdCF (placé en amont) et du DD-DJD (placé en aval). La STB ne possède plus de flexibilité, car c'est l'expression figée du CdCF. En revanche, ce document comprend les contraintes liées aux concepts retenus, ainsi que des indications sur la vérification des exigences, ou encore la réception du matériel ou du système.

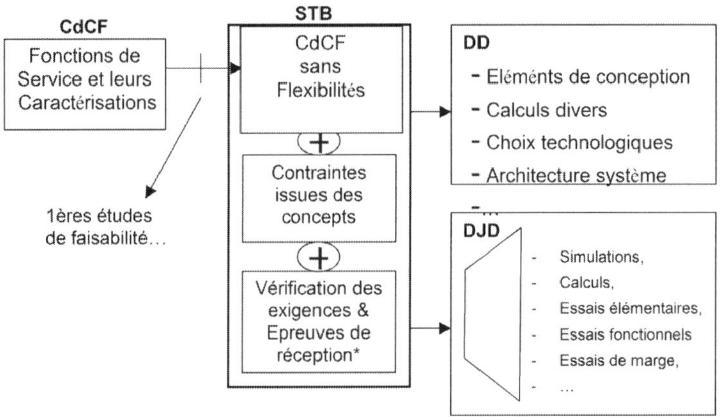

Figure 96 : Position de STB vis-à-vis des autres documents en amont et en aval.
Source : Cours d'analyse fonctionnelle de l'Institut Ligeron

Dans le cadre de la relation entre le client ou donneur d'ordre et l'entreprise chargée du développement ou de la réalisation du système, la STB est le support qui permet au client de formuler, à l'intention de l'entreprise, et dans un contrat de développement, ses exigences de résultat vis-à-vis des fonctions et des performances attendues du produit à concevoir, compte tenu des risques identifiés et acceptés par les parties.

La Figure 97 présente le rôle de la STB, ainsi que la relation contractuelle basée sur ce document.

La STB fait en effet partie du *Dossier de Lancement du Développement* (DLD), lequel est souvent élaboré à la fin de la phase de définition.

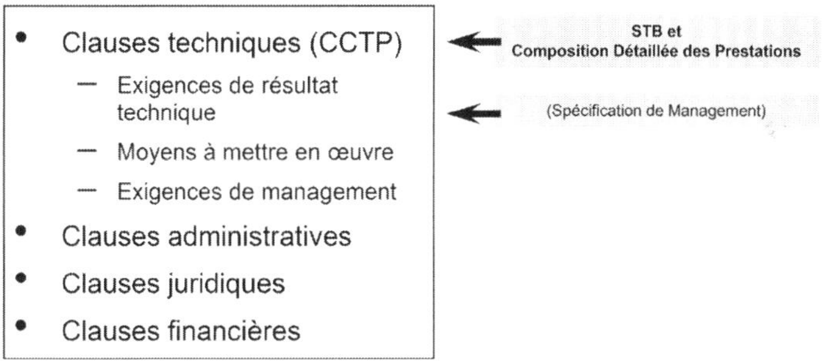

Figure 97 : STB et relation contractuelle.
Source : Cours d'analyse fonctionnelle de l'Institut Ligeron

La STB constitue une référence pour :

- prendre la décision de *qualification* de la définition du produit ;
- instruire les évolutions techniques de la définition ;
- décider de la suite à donner à une demande de dérogation.

Toute modification d'une STB approuvée donne lieu à des négociations entre le demandeur et le réalisateur. En général, cette négociation débouche sur l'envoi d'un avenant au contrat.

Si le système faisant l'objet de l'analyse fonctionnelle est trop complexe, alors on essaie d'élaborer d'abord un document STB pour le système en entier, que l'on appelle la STBS (Spécification Technique du Besoin Système), pour ensuite décliner ces spécifications au niveau des sous-systèmes (produisant des STBSS-STBE, afférents aux équipements ou ensembles ou composants).

La Figure 98 ci-après présente cette déclinaison menée au niveau de la spécification.

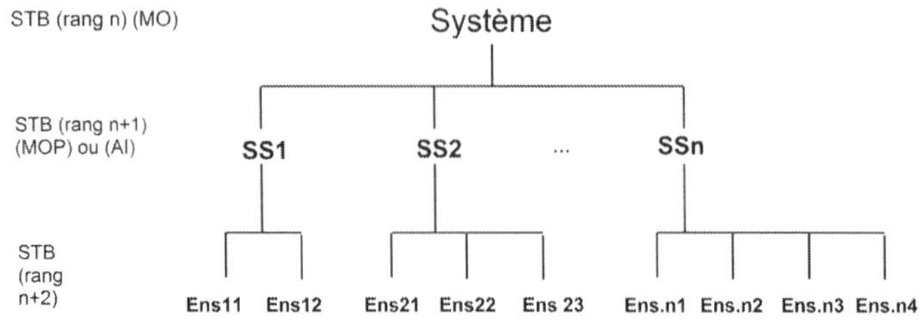

Figure 98 : Décomposition de spécification technique

Les maquettes, prototypes et différentes versions du produit, dont la fourniture serait contractuelle, et qui différeraient du produit opérationnel par des exigences ou des tolérances particulières, doivent faire l'objet d'une STB.

L'élaboration d'un document de STB suit une procédure schématisée sur la Figure 98 présentée ci-après.

Il existe une relation biunivoque entre le CdCF au niveau système et la STB, toujours au niveau système. Il en est de même pour les niveaux inférieurs.

La procédure indiquée est basée sur un travail itératif, lequel aboutit à un compromis entre le besoin client et la proposition du fournisseur ou du développeur-réalisateur. Ce compromis est mené en termes de performances, coûts et délais.

La STB dite « préliminaire » est élaborée à la fin de la phase de faisabilité.

La STB figée ou version définitive est élaborée, quant à elle, à la fin de la phase de spécification.

Enfin, précisons que la STB est bien placée sous la responsabilité du client.

Les exigences figurant au sein d'une STB doivent revêtir une certaine qualité. Chaque exigence doit ainsi être :

- *identifiable* (il convient ainsi d'éviter de regrouper plusieurs exigences dans une même formulation) ;
- *précise* (il n'y a pas d'ambiguïtés, et l'exigence ne peut être susceptible de plusieurs interprétations différentes) ;
- *vérifiable*, de manière théorique (par exemple par des calculs ou une démonstration) ou expérimentale (par exemple par des tests et essais) ;
- *justifiable* (ceci est fait si nécessaire dans un document séparé) ;
- *complète,* sachant que l'ensemble des exigences doit aussi respecter la complétude et l'exhaustivité.

Toute exigence quantifiée doit être assortie d'une tolérance. Par exemple, la dimension spécifiée d'une pièce mécanique pourra être de 20 mm (plus ou moins 0,1 mm).

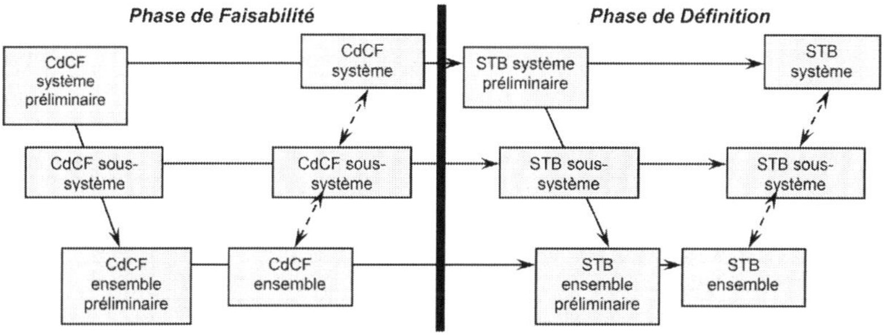

Figure 99 : Élaboration du CdCF système à partir des CdCF de niveaux inférieurs – Élaboration de STB à partir du CdCF. Source : Cours d'analyse fonctionnelle de l'Institut Ligeron

Nous donnons à titre indicatif un exemple de plan type pour une STB :

1. Introduction et objet
2. Domaine d'application
3. Documents applicables, de référence et consultables
4. Définitions des termes clés et abréviations
5. Présentation du produit
    - 5.1 Mission
    - 5.2 Présentation fonctionnelle
    - 5.3 Concepts principaux
6. Exigences
    - 6.1 Exigences fonctionnelles
        - 6.1.1 Fonction i
    - 6.2 Exigences opérationnelles
        - 6.2.1 Exigences de Sûreté de Fonctionnement
        - 6.2.2 Exigences sur la durée de vie
    - 6.3 Exigences d'interfaces
        - 6.3.1 Interface i
7. Contraintes imposées
    - 7.1 Contraintes d'environnement
        - 7.1.1 Contraintes de l'environnement sur le produit
        - 7.1.2 Contraintes du produit sur l'environnement
        - 7.1.3 Normes et standards
    - 7.2 Contraintes de conception et de réalisation
        - 7.2.1 Contraintes principales de conception
        - 7.2.2 Spécifications, normes et standards
        - 7.2.3 Matériaux – Procédés – Composants
        - 7.2.4 Interchangeabilité – Accessibilité – Aptitude au remplacement
        - 7.2.5 Identification – Marquage
    - 7.3 Contraintes logistiques et de mise en œuvre
8. Vérifications et épreuves de réception

Les principales causes d'évolution d'une STB sont les suivantes :

- évolution de la mission et des interfaces externes du système ou du produit ;
- constat que les performances requises sont hors d'atteinte dans les coûts et délais prévus ;
- actions d'analyse de la valeur effectuées lors de la réalisation, remettant en cause le compromis initial.

Dans le cadre de la gestion de configuration, à chaque évolution d'une STB, il importe d'analyser les répercussions sur les STB des niveaux supérieur et inférieur.

Compte tenu de l'importance du document de STB, nous donnons ci-après quelques recommandations utiles à la rédaction de ce document (source : cours d'analyse fonctionnelle de l'Institut Ligeron) :

1. Éviter des formulations ambiguës. Exemple : « Le pilote et/ou le co-pilote doivent être capables d'entendre ou de voir un signal visible ou audible en cas d'urgence, risque, problème... ». Ce type de formulation est à éviter, car on ne sait pas si cette exigence concerne le pilote ou le co-pilote. De plus, cette exigence est-elle spécifique à la partie visible ou audible ? Enfin, quelles sont les conditions du déclenchement de signal ?
2. Éviter l'utilisation d'un acronyme sauf si sa signification est fournie. Exemple : « Le système doit avoir un MTBF de 42 semaines ». « MTBF : *Mean Time Between Failures* » est un indicateur de sûreté de fonctionnement. Un lecteur non averti ne maîtrise pas, *a priori*, cette notion.
3. Éviter de mettre plus d'une exigence dans une phrase notamment avec la conjonction de « ou », « et », « avec », « aussi », etc. Exemple : « L'utilisateur doit être averti par un voyant de batterie faible quand le voltage tombe en-dessous de 5 volts et le travail courant doit être sauvegardé ». Il faut ici séparer l'exigence vis-à-vis de l'utilisateur de celle formulée pour le système.
4. Éviter des clauses échappatoires. Exemple : « Le gardien doit toujours entendre l'alarme de détection de fumée quand de la fumée est détectée, à moins que l'alarme soit en cours de test ou supprimée ». Il y a en fait ici deux phrases : « Le gardien doit pouvoir entendre l'alarme en cas de détection de fumée ». « Le gardien doit être capable de supprimer le son de l'alarme lorsqu'elle est en mode Test ».
5. Éviter des longs discours ou des phrases longues. Exemple : « En prenant pour hypothèse que les signaux d'entrée désignés issus de l'élément spécifié sont reçus dans le bon ordre, au moment où le système est capable de différencier la source, le signal en sortie doit être compatible avec les spécifications de la section 2.1.7 pour indiquer l'état d'entrée désiré ». Il suffit ici de rédiger deux

phrases : « Le signal de sortie du système doit être conforme aux spécifications de la section 2.1.7. » et « Le signal de sortie doit indiquer l'état d'entrée désiré ».

6. Éviter de donner une solution technique. Exemple : « L'antenne doit être capable de recevoir les ondes FM en utilisant un cœur de cuivre avec une protection en nylon et un caoutchouc dur résistant à l'eau ». Il s'agit d'une information liée à la conception.

7. Éviter des phrases vagues où plusieurs interprétations sont possibles. Exemple : « Il sera fourni à l'utilisateur une interface ergonomique ». Que veut dire « ergonomique » ? Probablement que l'utilisateur doit être guidé dans l'ensemble du système par des aides et des boîtes de dialogue.

8. Éviter de « demander l'impossible ». Exemple : « Le système informatique doit supporter toutes les erreurs sans se crasher et doit être 100 % compatible avec les évolutions hardware futures ». C'est impossible.

Chapitre 8

Choix des méthodes et outils d'analyse fonctionnelle

Introduction

Dans ce chapitre, nous nous proposons de présenter les résultats d'une analyse comparative afférents aux différentes méthodes et techniques de l'analyse fonctionnelle. Nous fournirons ensuite une liste d'outils logiciels susceptibles d'être mis en œuvre en support à cette démarche. La plupart des outils que nous évoquerons sont disponibles sur le marché en France.

Précisons bien qu'il ne peut s'agir ici de conseiller en quelque façon que ce soit tel outil plutôt que tel autre. Les auteurs doivent bien sûr rester ici absolument neutres, en s'interdisant en particulier de promouvoir un outil.

1. Les critères de choix d'une méthode d'analyse fonctionnelle

L'analyste ou, d'une façon générale, l'entreprise où est menée l'analyse, est souvent confronté au choix de la méthode d'analyse fonctionnelle. Plusieurs questions se posent alors. Faut-il choisir MISME, SADT® ou FAST ? Ou une autre méthode ? Quels sont les critères permettant de sélectionner « la bonne méthode » dans le contexte particulier de l'entreprise et du projet ?

Le choix d'une méthode d'analyse fonctionnelle est en principe effectué avant la mise en place du groupe de travail. Cependant, dans certains cas, il est possible de confier ce choix au groupe de travail lui-même. Enfin, il existe des cas où le groupe de travail décide, d'un commun accord, avec les acteurs clés du projet, de changer de méthode d'analyse fonctionnelle.

Le premier critère à considérer pour le choix d'une méthode d'analyse fonctionnelle, critère qui s'avère absolument prépondérant, est bien évidemment le « centre de gravité » technique du projet pour lequel on envisage d'effectuer l'analyse fonctionnelle, ou d'élaborer un dossier d'analyse fonctionnelle. Si le projet consiste par exemple à développer un système matériel, même complexe, plusieurs méthodes peuvent alors convenir. En revanche, pour un projet de développement logiciel, il convient d'examiner cette fois les méthodes spécifiquement adaptées au logiciel. De nos jours, dans le cadre d'un projet logiciel, ce sont les méthodes associées au langage UML qui sont le plus souvent employées. Précisons bien qu'UML est un langage graphique de modélisation et non une méthode. Toutefois, parmi les différents diagrammes que l'on élabore à l'aide d'UML, le diagramme d'activité peut être utilisé pour la modélisation de l'architecture fonctionnelle. On notera également qu'UML permet d'élaborer un diagramme dit de « *cas d'utilisation (Use Case)* ». Ce diagramme est très utile, car il permet d'ores et déjà de penser aux scénarios d'utilisation associés à ce cas. Les pistes ouvertes par les scénarios d'utilisation servent souvent à éviter des erreurs. Bien sûr, il faut considérer ici également le langage SysML (*System Modelling Language*), proche parent d'UML, partageant plusieurs diagrammes communs avec ce dernier, et qui est bien adapté, en particulier à la modélisation des systèmes à dominante logicielle. Comme nous l'avons déjà indiqué, nous n'entendons pas traiter dans cet ouvrage les techniques de modélisation UML, même de manière superficielle, sachant que de nombreux ouvrages afférents au domaine du logiciel traitent déjà de ce sujet de manière approfondie.

Suite à l'enquête de l'ISdF (Institut de Sûreté de Fonctionnement, appelé désormais IMdR, ou Institut de Management de Risques), effectuée dans les années 1990, il a été dressé un tableau présentant une analyse comparative des différentes méthodes et techniques. Le Tableau 21 présente les résultats de l'enquête ainsi menée, qui est aujourd'hui accessible au public (on notera ici que les auteurs déclinent toute responsabilité quant à ces résultats).

Le tableau présente le domaine d'application potentiel de chaque méthode ou technique. On y trouve en ligne les différentes méthodes ou techniques considérées, et en colonne diverses classes de système. Un code littéral (« B » pour « Bon », « M » pour « Moyen », et « F » pour « Faible ») indique le niveau d'adéquation de la méthode au contexte de système considéré.

On remarquera par exemple que la méthode APTE©, avec 5 « B » (Bien) et 2 « M » (Moyen), est la méthode qui convient globalement le mieux pour effectuer l'analyse fonctionnelle d'un système. Mais bien sûr c'est une évaluation globale, tous types de systèmes confondus. En revanche, d'après ce tableau, RELIASEP© est une méthode ou technique qui ne peut *a priori* s'appliquer que dans des types de projets particuliers.

On notera que les méthodes SADT® et SA-RT (ou SA/RT) ont également leurs limites, notamment en ce qui concerne le développement d'interface homme-machine.

Méthode/Technique	Systèmes complexes	Système de production	Système d'information	Système matériel	Interface homme-machine	Automatisme	Organisation
APTE©	B	B	B	B	M	M	B
RELIASEP	B	F	F	B	F	B	M
FAST	M	M	M	B	M	M	B
SADT	B	M	B	F	M	M	M
SA/RT	B	M	B	F	B	B	M
GRAFCET	M	M	M	M	F	B	M
MERISE	M	M	B	F	M	F	B

Légende: B = BON – M=Moyen – F= Faible

Tableau 21: Résultats de l'enquête ISdF des années 1990: Analyse comparative des méthodes et techniques d'analyse fonctionnelle. Source: ISdF/IMdR

Une enquête similaire a été de nouveau conduite par l'ISdF (IMdR) au début des années 2000. Les résultats de cette enquête confirment les conclusions obtenues précédemment. Le Tableau 22 présente la mise à jour du tableau précédent, ainsi opérée dans le cadre de cette nouvelle enquête.

Application (domaine)	MISME	RELIASEP	FAST	SADT©	SA/RT	GRAFCET	MERISE
Système complexe	☺	☺	😐	☺	☺	😐	😐
Système de production	☺	☹	😐	😐	😐	😐	😐
Système d'information	☺	☹	😐	☺	☺	😐	☺
Système matériel	☺	☺	☺	☹	☹	😐	☹
Interface homme/machine	😐	☹	😐	😐	☺	☹	😐
Automatisme	😐	☺	😐	😐	☺	☺	☹
Organisation	☺	😐	☺	😐	😐	😐	☺

☺ *Bon* 😐 *Moyen* ☹ *Mauvais*

Tableau 22: Résultats de l'enquête ISdF/IMdR des années 2000: Analyse comparative des méthodes et techniques d'analyse fonctionnelle. Source: ISdF/IMdR

Précisons bien ici qu'étant donné la protection de propriété existant quant à la méthode APTE©, l'évaluation a été menée ici non sur APTE©, mais sur la méthode MISME.

Une fois de plus, nous pouvons constater que la méthode MISME est considérée globalement comme la méthode la plus adaptée pour effectuer l'analyse fonctionnelle d'un système. En somme, la deuxième enquête confirme plus ou moins les conclusions de la première enquête.

Dans le cadre de l'enquête ISdF/IMdR, une série de critères d'appréciation a été développée afin d'évaluer les différentes méthodes d'analyse fonctionnelle. Toutes les méthodes ne sont évidemment pas aussi complètes que MISME, laquelle permet d'élaborer à la fois les analyses fonctionnelles *externe* et *interne*. Ainsi, nous avons déjà indiqué que les méthodes SADT® et FAST ne traitaient que l'analyse fonctionnelle interne. Il en est de même pour le Grafcet et la méthode Merise, qui sont quant à elles très proches de la conception.

Un critère d'appréciation important quant à une méthode est sa capacité éventuelle à intégrer des résultats issus d'autres études. Pour le Grafcet et la méthode Merise, en particulier, on notera que cette possibilité d'exploiter ou d'intégrer les résultats des études précédentes n'existe pas.

Enfin, il existe des méthodes plus ou moins bien outillées par des produits logiciels existants. Le bon support d'un outil constitue un avantage déterminant, un outil permettant alors d'effectuer des contrôles automatiques afin d'identifier, par exemple, si tel ou tel diagramme contient des incohérences ou des erreurs.

Le Tableau 23 présente les résultats de l'enquête basée sur les critères d'appréciation ainsi considérés.

Appréciation (critères)	MISME	RELIASEP	FAST	SADT©	SA/RT	GRAFCET	MERISE
Facilité d'apprentissage	☺	☺	☺	😐	☹	😐	☹
Facilité d'utilisation	☺	☺	☺	😐	☺	☺	☹
Aide logiciel	😐	☺	☹	☺	☺	☺	☺
Compréhension résultats	☺	☺	☺	😐	☹	😐	😐
Intégration autres études	😐	☺	😐	😐	😐	☹	☹
Famille	ME	ME/E	E	E	ME/E	E	I
Type	AFE/AFI	AFE/AFI	AFI	AFI	AFI/AFE	AFI	AFI

☺ *Bon* 😐 *Moyen* ☹ *Mauvais* **ME** *Milieux Environnants* **E** *Événements* **I** *Invariants* **AFE** *AF Externe* **AFI** *AF Interne*

Tableau 23 : Résultats de l'enquête ISdF/IMdR des années 2000 : Critères d'évaluation des méthodes d'analyse fonctionnelle. Source : ISdF/IMdR

2. Liste des outils logiciels d'aide à l'analyse fonctionnelle

Dans cette section, nous nous proposons de lister quelques outils logiciels d'aide à l'analyse fonctionnelle, couramment employés en France. Ces outils sont naturellement disponibles sur le marché.

En cohérence avec ce qui a déjà été souligné pour les méthodes, les auteurs ont décidé de garder toute leur neutralité en s'interdisant en particulier de faire la promotion d'un outil ou d'en critiquer un autre. De même, il a été décidé de ne pas donner d'indications quant au prix d'achat de licence, que ce soit en mono-utilisateur ou en multi-utilisateurs. Le lecteur désireux d'avoir une telle information est ainsi invité à consulter les sites web afférents aux outils qui l'intéressent.

Un outil particulièrement utile pour élaborer des schémas d'une façon générale est l'outil générique *Microsoft Visio*. Cet outil peut être utilisé par exemple pour élaborer des diagrammes IDEF0.

Un certain nombre d'outils logiciels d'aide en analyse fonctionnelle est listé ci-dessous :

- *TDC*, proposé par la société TDC Software (Société Knowllence), qui permet d'élaborer des schémas APTE© et SADT® ;
- *ENVISION*, proposé par CASE France, employé souvent en support aux méthodes MISME et SADT®, mais aussi parfois UML version 1.4 (statique) ;
- *Telelogic*, proposé par la Société Telelogic, notamment pour construire des schémas UML ;
- *Design_IDEF*, proposé par IGL pour le support à la méthode IDEF0 (SADT®) ; il s'agit d'un outil d'origine Canadienne et mono-utilisateur ;
- *iGrafx*, proposé par iGrafx pour la méthode IDEF0 ;
- *Objecteering*, qui est un outil permettant d'établir des schémas UML ; les anciennes versions de cet outil sont téléchargeables car libres (*freeware*) ;
- *APTE©*, proposé par le cabinet APTE ;
- *Valdys* (Data Proxima ou Effisoft) ;
- *CORE*, supportant l'ingénierie système et l'ingénierie des exigences ;
- *MD Workbench*, de la société SODIUS ;
- et enfin *SIMFIA-SIMTREE*, de la Société APSYS, destiné à la méthode RELIASEP©.

On notera que la liste fournie ci-dessus n'est bien évidemment pas exhaustive. Les informations mentionnées sont par ailleurs susceptibles d'évoluer.

3. Exercices : test d'évaluation

Répondez par vrai ou faux, et justifiez votre réponse par une ou deux phrases simples.

1. **Pour un système complexe, il faut faire une « Bête à cornes » pour chaque position d'utilisation.**

   ☐ Vrai ☐ Faux

2. **Pour un système matériel, il est possible de ne pas avoir de Fonction Principale pour une position d'utilisation donnée, mais simplement une série de Fonctions Contraintes.**

   ☐ Vrai ☐ Faux

3. **Pour un système matériel, il est possible d'avoir le même schéma « pieuvre » pour plusieurs positions d'utilisation.**

   ☐ Vrai ☐ Faux

4. **On peut faire l'analyse fonctionnelle interne avant l'analyse fonctionnelle externe.**

   ☐ Vrai ☐ Faux

5. **On peut commencer l'analyse fonctionnelle par la méthode IDEF0 (SADT®), puis continuer avec MISME.**

   ☐ Vrai ☐ Faux

6. **Pour un projet de développement logiciel (non temps réel), on emploie la méthode Reliasep® pour effectuer l'analyse fonctionnelle.**

   ☐ Vrai ☐ Faux

7. **Un sous-système peut ne pas participer à la réalisation d'une fonction principale.**

   ☐ Vrai ☐ Faux

8. **Un BDF peut conduire à la possibilité d'avoir plusieurs arbres de défaillance.**

   ☐ Vrai ☐ Faux

9. **Le TAF est une matrice numérique.**

   ☐ Vrai ☐ Faux

10. **Une fonction d'usage est en fait une fonction contrainte.**

    ☐ Vrai ☐ Faux

11. La fonction d'adaptation est une fonction contrainte.

☐ Vrai ☐ Faux

12. La méthode IDEF0 (SADT®) est tout à fait adaptée à la modélisation des activités humaines.

☐ Vrai ☐ Faux

13. Pour inventer un produit ou un système, il faudra employer la méthode FAST.

☐ Vrai ☐ Faux

14. Le BDF peut servir pour l'allocation de fiabilité.

☐ Vrai ☐ Faux

15. Le schéma (Figure 100) ci-dessous est correct.

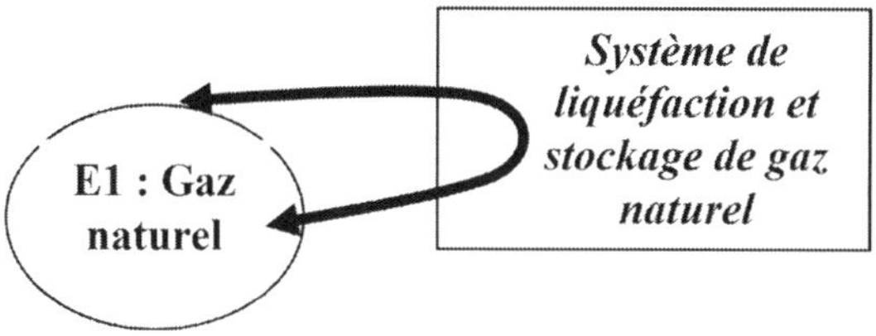

Figure 100 : Diagramme de contexte

☐ Vrai ☐ Faux

Réponses au test d'évaluation

1. **Pour un système complexe, il faut faire une « Bête à cornes » pour chaque position d'utilisation.**

   Réponse : ***Faux.*** *Le schéma « Bête à Cornes » est dédié à la validation du besoin fondamental, quelle que soit la position d'utilisation ou phase de cycle de vie.*

2. **Pour un système matériel, il est possible de ne pas avoir de Fonction Principale pour une position d'utilisation donnée, mais simplement une série de Fonctions Contraintes.**

   Réponse : ***Faux.*** *Si le système n'a pas de fonction principale, cela veut dire que le système n'a pas de mission et donc pas d'intérêt. Dans ce cas, pourquoi un tel besoin ?*

3. **Pour un système matériel, il est possible d'avoir le même schéma « pieuvre » pour plusieurs positions d'utilisation.**

   Réponse : ***Vrai.*** *En général, le schéma « pieuvre » change quand on change de position d'utilisation, mais il arrive souvent qu'on retrouve le même schéma « pieuvre » pour deux, voire plusieurs, positions d'utilisation.*

4. **On peut faire l'analyse fonctionnelle interne avant l'analyse fonctionnelle externe.**

   Réponse : ***Faux.*** *L'analyse fonctionnelle interne requiert les résultats de l'analyse fonctionnelle externe, en particulier les éléments de l'environnement et les fonctions de service.*

5. **On peut commencer l'analyse fonctionnelle par la méthode IDEF0 (SADT®), puis continuer avec MISME.**

   Réponse : ***Faux.*** *La méthode IDEF0 est davantage orientée vers l'analyse fonctionnelle interne. Il convient donc de commencer par MISME et effectuer l'analyse fonctionnelle externe, et d'enchaîner éventuellement avec IDEF0 (SADT®).*

6. **Pour un projet de développement logiciel (non temps réel), on emploie la méthode Reliasep® pour effectuer l'analyse fonctionnelle.**

   Réponse : ***Faux.*** *La méthode Reliasep® n'est pas adaptée à ce type de projet. Il faut employer une méthode propre au génie logiciel et liée au langage UML, ou encore IDEF0 (SADT®).*

7. **Un sous-système peut ne pas participer à la réalisation d'une fonction principale.**

   Réponse : ***Vrai.*** *Un sous-système peut avoir d'autres rôles que de participer à la réalisation d'une ou plusieurs fonctions principales (par exemple, servir de soutien dans le cas du mât d'une éolienne).*

8. Un BDF peut conduire à la possibilité d'avoir plusieurs arbres de défaillance.

Réponse : ***Faux***. *Il y a une relation biunivoque entre BDF et arbre de défaillance. Pour un BDF donné, on ne peut avoir qu'un seul arbre de défaillance.*

9. Le TAF est une matrice numérique.

Réponse : ***Faux***. *Le TAF est un tableau (Fonctions - Éléments), où, dans les cases, on place une croix (X) ou un signe pour montrer l'existence d'un lien. Il n'y a pas de valeurs numériques dans un TAF.*

10. Une fonction d'usage est en fait une fonction contrainte.

Réponse : ***Faux***. *Une fonction d'usage est une fonction principale ou fonction de service qui a un lien avec le ou les utilisateur(s) du système, en tant qu'élément extérieur ou d'environnement.*

11. La fonction d'adaptation est une fonction contrainte.

Réponse : ***Vrai***. *Le système doit être adapté soit à son environnement soit à l'utilisateur ou à quelque chose d'autre... C'est évidemment une contrainte. Par exemple, un stylo doit être adapté afin d'être tenu dans une main.*

12. La méthode IDEF0 (SADT®) est tout à fait adaptée à la modélisation des activités humaines.

Réponse : ***Vrai***. *En effet, avec IDEF0 (SADT®), on peut représenter des actigrammes liés à des activités humaines, qui sont soit séquentielles, soit parallèles (par exemple un déménagement).*

13. Pour inventer un produit ou un système, il faudra employer la méthode FAST.

Réponse : ***Faux.*** *La méthode FAST est employée lorsqu'on a déjà une idée plus ou moins précise du produit ou du système que l'on veut développer. Cette méthode ne convient pas lorsqu'on part de zéro.*

14. Le BDF peut servir pour l'allocation de fiabilité.

Réponse : ***Vrai***. *Il s'agit d'une application directe de l'analyse fonctionnelle interne, car, à partir de BDF, on peut établir l'arbre de défaillance et ainsi estimer la probabilité de défaillance ou le taux de pannes.*

15. Le schéma (Figure 100) ci-dessous est correct.

Réponse : ***Vrai***. *Il s'agit d'un schéma de type « pieuvre* ». L'élément extérieur E1 (gaz naturel) comprend au moins deux éléments : gaz naturel non liquéfié et non stocké, et gaz naturel liquéfié et stocké.*

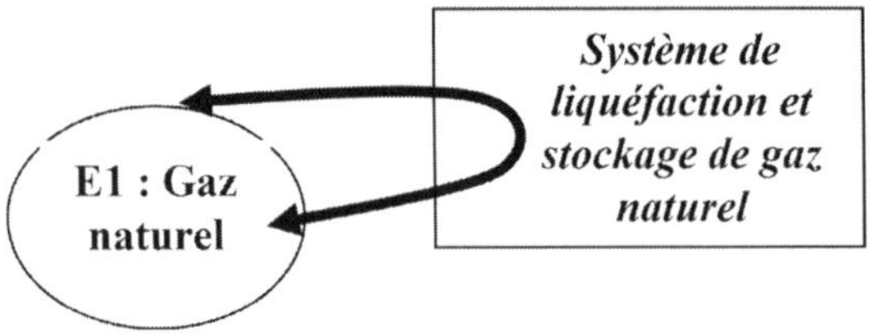

Figure 100 : Diagramme de contexte

Bibliographie

1. J.C. LIGERON, G. BLAISON, L. DUMONT et A. AZARIAN. Transparents et support du cours d'analyse fonctionnelle, CdCF et STB de l'Institut Ligeron, 1999-2012.
2. V. BRINDEJON, L. DUMONT, P. GARNIER et R. CARVALHO. Analyse fonctionnelle d'un système éolien. Document Ligeron, 2007.
3. R. TASSINARI. *Pratique de l'Analyse Fonctionnelle*. 3e édition, Dunod, 2006.
4. R. TASSINARI. *100 questions pour comprendre et agir. Analyse Fonctionnelle*. Edition AFNOR, 2012.
5. R. TASSINARI. *Réussir votre Analyse de la valeur*. Eyrolles, 2008.
6. R. TASSINARI : *100 questions pour comprendre et agir. Analyse de la valeur.* Edition AFNOR, 2011.
7. J. LACHNITT. *L'analyse de la valeur*. Presses universitaires de France, 2015.
8. B. de la BRETESCHE. *La méthode APTE : Analyse de la Valeur et Analyse Fonctionnelle*. Pétrelle, 2000.
9. M. LISSANDRE. *Maîtriser SADT,* Armand Colin, 1991.
10. J. BERNARD-BOUISSIERES. *Expression de Besoin. Cahier des Charges Fonctionnel : Élaboration et Rédaction*. AFNOR, 2013.
11. B. ADAM : *L'Analyse de la Valeur, stimulant des ressources humaines. Entreprise moderne.* Edition ESF, 1997.
12. G. BLAISON. Analyse fonctionnelle du système portes de véhicule (système train). Document Ligeron S.A., 2000.
13. A. AZARIAN. Cahier des charges fonctionnel du système TR@IN-MD. Document Ligeron et du projet Prédit TMD-CDCF.001.B, 2006.
14. A. AZARIAN. Spécification technique des besoins au niveau système. Document Ligeron et du projet Prédit TMD-STBS.001.D, 2006.
15. A. ADAM. *Animer une étude Analyse de la Valeur*. Éditions sociales françaises.
16. AFAV. Recueil des communications des congrès : années 1979-81-84-86-88-90-93-96-98-2000-2001 et sur CD-Rom : 2001-2003-2004.
17. AFAV. *L'Analyse de la Valeur, une clé pour l'avenir*. AFAV, 4e édition.
18. AFAV. *L'Analyse des coûts indirects*. Édition 1991.

19. AFAV. *L'Analyse de la Valeur* (ministère de la Coopération). Édition 1996.

20. AFAV. *Exprimer le besoin (applications de la démarche fonctionnelle)*. Édition AFNOR Gestion, 1989/1998.

21. AFAV. *Qualité de conception. La rencontre Produit-Besoin-Ressources.* Édition AFNOR Gestion, 1997.

22. AFNOR. *Management par la valeur et ses outils*. Édition AFNOR Gestion, 2004.

23. S. BELLUT. *Maîtriser les coûts d'un projet. Le Management par la Valeur*. Edition AFNOR Gestion, 2002.

24. A. BENARD. *Le Cahier des Charges d'une application informatique*. Éditions d'Organisation, 1990.

25. J. BERNARD-BOUISSIERES. *Le Cahier des Charges d'une application informatique. Expression du besoin et cahier des charges fonctionnel*. AFNOR, 2006.

26. G. BRUN. *Les nouveaux apports de l'acheteur à la compétitivité*. AFAV, 1991.

27. G. BRUN & F. CONSTANTINEAU. *Le Management par la Valeur : un nouveau style de management*. AFNOR, 2001.

28. R. CHANUT. *Le Management par la Valeur : un nouveau style de management.* Edition d'organisation, 2001.

29. J. CHEVALIER. *Produits & Analyse de la Valeur*. Cepadues Editions, 1994.

30. A. CHVICHENKO et J. CHEVALLIER. *Conduite et gestion de projets*. Cepadues Editions, 1994.

31. G.J. DELAFOLIE. *Analyse de la Valeur*. Hachette Technique, 1991.

32. G. ZWINGELSTEIN. *La maintenance basée sur la fiabilité (guide pratique d'application de la RCM)*. Hermès, 1996.

33. A. RICHET, M. GABRIEL, D. MALORE et G. BLAISON. *Maintenance basée sur la fiabilité*. Masson, 1996.

34. GIFAS. *Guide d'utilisation*, MSG3. Mars 1982.

35. MM. MONNIER *et al.* Projet OMF. Référentiel méthodologique. Document EDF N°D4002-42-02-94/170 NT, février 1995.

36. J.P. JACQUOT, A. DUBREUIL-CHAMBARDET, A. LANNOY et A. VILLEMEUR. L'opptimisation de la maintenance par la fiabilité, Document EDF N°47.90/96, 1996.

37. P.H. DESMESNARDS et M. SALLE. *Le management par la vision*. Éditions Creargie, 2000.

38. P.H. DESMESNARDS. *Réussir l'analyse des besoins*. Eyrolles, Éditions d'organisation, 2007.

39. P.H. DESMESNARDS. *Réussir l'analyse de la valeur.* Eyrolles, Éditions d'organisation, 2008.

40. M. GOYHENETCHE. *Le Marketing de la valeur. Créer de la Valeur pour le client.* INSEP Ed., 1999.

41. C. JOUINEAU. *L'Analyse de la valeur : méthodes, mise en œuvre et application.* Presses Universitaires de France, 3e édition, 1994.

42. J. LACHNITT. *L'Analyse de la valeur*. Presses Universitaires de France, collection Que sais-je ?, 3e édition, 1994.

43. P. LEMAITRE. *L'efficacité du tertiaire par l'analyse de la valeur*. Éditions d'Organisation, 1991.

44. M. LITAUTON M. & A. REFABERT. *La dynamique de l'analyse de la valeur.* Éditions d'Organisation, 1988.

45. J. MICHEL J. et E. SUTTER. *Pratique du management de l'information. Analyse de la valeur et résolution de problèmes*. ADBS Édition, 1992.

46. J. PERRIN. *Valeurs et développement durable. Questionnement sur la valeur économique.* L'Harmattan, 2005.

47. Cl. PETITDEMANGE. *Le Management par projet*. EFE Édition, 1998.

48. Cl. PETITDEMANGE. *La maîtrise de la valeur*. AFNOR Gestion, 1990.

49. Cl. PETITDEMANGE. *La mondialisation, le Net et la conduite de projet*. EFE, 2001.

50. D.J. HATLEY & I.A. PIRBHAI. *Stratégie de spécification des systèmes temps réel (SA-RT)*. Masson, 1990.

51. Ph. LARVET. *Analyse des systèmes : de l'approche fonctionnelle à l'approche objet*. Édition InterEditions, 1994.

52. IGL Technology. *SADT, un langage pour communiquer*. Eyrolles, 2005.

53. P. JAULENT. *Génie logiciel, les méthodes*, Armand-Colin, 1994.

54. P. JAULENT (IGL Technology). *SADT : un langage pour communiquer*. Eyrolles, 1989.

55. J.A. PINCON. *Optimiser les achats par l'analyse fonctionnelle : la méthode OPERA*. Éditions de la performance, Paris la Défense.

56. J.P. ROCCIA. *L'analyse de la valeur appliquée aux systèmes d'information*. Eyrolles, 1991.

57. J.P. MEINADIER. *Le métier d'intégration de système*. Lavoisier, 2003.

58. A. COTTET et E. GROLLEAU. *Système temps réel de contrôle commande*. Dunod, Usine Nouvelle, 2001.

59. C. TEIXIDO, I. RAK et F. FAVIER. *La démarche du projet industriel. La compétitivité industrielle : démarche de conception.* Édition Foucher, 1990-1993.

60. J.V.MICHAELS et W.P. OOD. *Design to Cost*. August 1989.

61. S. BELLUT. *La compétitivité par la maîtrise des coûts & la maîtrise de la valeur.* AFNOR Gestion, 1990.

62. R. COOPER & R.S. KAPLAN. *Design to cost management systems*. Lavoisier Library, 1998.

63. E.B. DEAN. *The design to Cost manifold. Space Systems Cost Methodologies and applications.* NASA, 1990.

64. N. KETTANI, D. MIGNET et P. PARE. *De MERISE à UML*. Eyrolles, 1998.

65. J. GABAY. *MERISE et UML. Modélisation des systèmes d'information, un guide complet avec études de cas*. Dunod, 2001.

66. ICED 97 (Tampere, 1997). World class design by world class methods. ICED : international conference on engineering design. N°11. Tampere, Finlande, 1997.

67. ISDF. L'analyse fonctionnelle en matière de SdF. Projet n°1/91, 1991.

1. Webographie

- http://www.blog-gestion-de-projet.com/quest-ce-que-la-conception-a-cout-objectif-cco/#29o9i86Uu1CkJ5Xs.99
- http://stephane.vercleven.perso.neuf.fr/contenu_page/prof_troisieme/CI2/sequence1/seance3/Site_analyse-fonctionnelle_besoin/
- http://www.acteindustrie.fr/ingenierie-de-maintenance/la-methode-mbf/
- http://www-ipst.u-strasbg.fr/pat/autom/grafcet.htm
- https://fr.wikipedia.org/wiki/Merise_(informatique)
- https://de.wikipedia.org/wiki/Quality_Function_Deployment
- https://fr.wikipedia.org/wiki/Maison_de_la_qualit%C3%A9
- https://www.google.fr/search?q=quality+function+deployment&biw=1130&bih=610&tbm=
- http://fdigallo.online.fr/cours/merise.pdf
- http://www.bcf-consultants.fr/c/six-sigma/design-to-cost.htm

- https://www.edf.fr/groupe-edf/espaces-dedies/l-energie-de-a-a-z/tout-sur-l-energie/produire-de-l-electricite/le-fonctionnement-d-une-eolienne
- https://www.google.fr/search?q=%C3%A9olienne&biw=1156&bih=610&tbm=isch&tbo=u&source=univ&sa
- https://fr.wikipedia.org/wiki/Analyse_fonctionnelle_descendante
- https://www.google.fr/search?q=analyse+fonctionnelle+d'une+souris&biw=1156&bih=610&tbm=isch&tbo=u&source=univ&sa=X&ved=0ahUKEwjsxYqy05jMAhVDBBoKHSSFDoYQsAQIIg
- https://fr.scribd.com/doc/25700299/Systemes-temps-reel
- http://www.lsis.org/dea/M6optionD/Exp-GL41-SADT.pdf
- http://s2i.chaptal.free.fr/JJD/Etude%20des%20syst%C3%A8me%20Diapo%20.pdf
- http://images.google.fr/imgres?imgurl=http%3A%2F%2Feduscol.education.fraerogenerateur

2. Liste des documents normatifs et standard

- NF EN 1325-1 : Vocabulaire du management par la valeur, de l'Analyse de la Valeur et de l'Analyse Fonctionnelle (anciennement NFX 50 150), 1996.
- NF EN 1325-2 : Vocabulaire du management par la valeur, de l'Analyse de la Valeur et de l'Analyse Fonctionnelle (anciennement NFX 50 150), 2005.
- NFX 50 100 : Analyse Fonctionnelle. Caractéristiques fondamentales, 1996 (Révision en 2008).
- FDX 50 101 : Analyse Fonctionnelle. Outil interdisciplinaire de compétitivité, 1995 (Révision 2008).
- NF X50-151 : Analyse de la valeur, analyse fonctionnelle. Expression fonctionnelle du besoin et Cahier des Charges Fonctionnel, 2007.
- FD X50-153 : Analyse de la Valeur : recommandations pour sa mise en œuvre, 1985 (Révision 2008).
- XP X50-155 : Management par la Valeur : Coût global, 1997.
- NF X50-156 : Management par la Valeur : Conception à Coût Objectif (CCO) ou à Objectif Désigné (COD). Exigences pour un pilotage concerté de la conception, 2004.
- ECSS-E-10-05A : Space Engineering. Functional Analysis.
- RG Aéro 000 08 : Expression de besoin. Guide pour l'élaboration de la STB.
- NF EN ISO 21351 : Systèmes Spatiaux. Cahier des Charges Fonctionnel et Spécification Technique de Besoin (en cours d'élaboration).

- NF-EN 12973 : Management de la valeur, 2000.
- Recueil AFNOR 3217021 : Management par la valeur et ses outils. Analyse Fonctionnelle, Analyse de la Valeur et conception à objectif désigné.
- DEN/CMQ n°88610 : Guide de mise en œuvre de l'AF (DEN/Aérospatiale)
- DGA/AQ/903-904 : Fiabilité et Maintenabilité.
- NF-X60-500 : Terminologie relative à FMD (Fiabilité, Maintenabilité et Disponibilité).
- RE EARO 70305 : Guide pour la construction de la fiabilité.
- CCT 190 : Fiabilité des équipements et des systèmes (Comité de coordination des Télécommunications).
- CCT 1010 : Maintenabilité des équipements électriques (Comité de coordination des Télécommunications).
- MIL STD 785B : Relaibility.
- MIL HDBK 1629 : FMECA.
- MIL STD 756 : Relaibility Prediction.
- MIL HDBK 217F : Reliability Prediction of electronic equipment.
- MIL HDBK 338 : Electronic Reliability Design Handbook.
- DGA/AQ 903-904 : Fiabilité et Maintenabilité.
- DGA/AQ 6008 : Guide pour le pilotage de la croissance fiabilité.
- NF X 60-500 : Terminologie relative à FMD.
- NF X50-610 : Technique AMDE.
- MIL-STD 785 B : Reliability.
- MIL HDBK 217F : Reliability Prediction of electronic equipment.
- MIL STD 756 : Reliability Prediction.
- MIL HDBK 472 : Maintenability Prediction.
- NF X 60-503 : Introduction à la Disponibilité.
- MIL STD 882D : System Safety Program for systems, sub-systems and equipments.
- NF X 60-000 : La fonction maintenance : principes généraux.
- NF X 60-015 : Temps relatif à la maintenance et à la gestion des biens durables.
- MIL HDBK 470 : Maintainability Program for systems and equipments.
- MIL HDBK 472 : Maintainability Prediction.
- MIL STD 721 : Definition of terms for Reliability and Maintainability.

- PSS 01 50 : Maintainability and Availability Assurance of ESA.
- NF X 60-503 : Introduction à la disponibilité.
- NF 60-520 : Prévisions des caractéristiques disponibilité.
- MIL STD 882-D : System safety program for systems, sub-systems and equipment.
- PSS 01 40 : Safety Assurance of ESA space-craft and associated equipment.
- DGA/AQ 4112A : Guide pour la prise en compte de la sécurité.
- DGA/AQ 4114 : Guide pour la prise en compte des facteurs humains.
- RE Aéro 701 10 : Principes de construction de la sécurité des systèmes.
- IEC 61508 : Construction de la sécurité des systèmes.
- IEC 706-4 : Guide on maintainability of equipment (Part 1 to Part 4), 1992.

Abréviations et sigles

AdD	Arbre de Défaillance
ADEME	Agence de l'Environnement et de la Maîtrise de l'Énergie
AF (E-I)	Analyse Fonctionnelle (Externe - Interne)
AMDEC	Analyse des Modes de Défaillance – leurs Effets et Criticité
APR-APD	Analyse Préliminaire de Risques ou de Dangers
APTE®	Application des Techniques d'Entreprise
AQ	Assurance qualité
AV	Analyse de la valeur
BDD (R)	Base de Données (Relationnelle)
BDF	Bloc Diagramme Fonctionnel
Booch	Méthode d'analyse et de conception orientée objet (Grady Booch)
CAO	Conception Assistée par Ordinateur (en anglais CAD)
CCG	Conception basée sur le Coût Global
CCO	Conception à Coût Objectif
CCTP	Cahier des Clauses Techniques Particulières
CdC (F)	Cahier des Charges (Fonctionnel)
CEM -EM	Compatibilité Electro-Magnétique - Electro-Magnétique
CGEN	Capteurs génériques
COES	Communication externe wagon
COIW	Communication interne à l'intérieur du wagon
COM	Communication
CSAW	Communication externe du wagon
DD-DJD	Dossier de Définition – Dossier Justificatif de Définition
DC-DL	Dossier de Contrôle – Dossier de Livraison
DF-DR	Dossier de Fabrication – Dossier de Réalisation
DFC	Diagramme de Flux de Contrôle
DFD	Diagramme de Flux de Données
DGA	Direction Générale d'Armement
DoD	Department of Defence (aux E-U)
DTC	Design To Cost (équivalent de CCO)
EBOT	Éléments de Base d'Ordre Technique
EGP	Éléments Généraux de Prix
EM-EME	Elément d'Environnement – Élément du Milieu Extérieur
ERD	Entity Relationship Diagram (diagramme entité relation)
FAST	Function Analysis System Technique
FBS	Functional Breakdown Structure : Arborescence fonctionnelle
FEC	Formule d'Estimation de Coût
FMDS	Fiabilité – Maintenabilité – Disponibilité et Sécurité

FP-Fc-FS	Fonction Principale – Fonction Contrainte – Fonction de Service
GIFAS	Groupement des Industries Françaises Aéronautiques et Spatiales
HAZID-HAZOP	Hazard Identification-Hazard Operability Technique
ICAM	Integrated Computer Aided Manufacturing
ICOM	Input – Control – Output - Mechanism
IDEF	Integration Definition for Functional Modelling
IHM	Interface Homme Machine
GPS	Global Positionning System (localisation par sattelite)
GSM	Global System for Mobile communication
LS – RE – CE	Livret Suiveur – Registre d'Entretien – Carnet d'Entretien
MCD	Modèle Conceptuel des Données
MOA-MOE	Maître d'ouvrage – Maître d'Oeuvre
MDT	Mean Down Time (Temps Hors Service ou d'indisponibilité)
MECS	Mécanismes – Entrées – Contrôles - Sorties
MERISE	Méthode d'Étude et de Réalisation Informatique : allusion au fruit du merisier
MISME	Méthode Systématique d'Inventaire des Milieux Extérieurs (ou Environnants)
MOSAR	Méthode Organisée et Systématique d'Analyse de Risques
MSG	Maintenance Steering Group
MTBF	Mean Time Between Failures ($1/\lambda$)
MLDT	Mean Logistics Delay Time
MTTF	Mean Time to Failure (1re défaillance)
MTTR	Mean Time To Repair ($1/\mu$)
MUT	Mean Up Time (Temps de Service)
OMF©	Optimisation Basée Maintenance
OMT®	Object Method Technique
OOSE	Object Oriented Software Engineering
OT	Organigramme des Tâches (équivalent de WBS en anglais)
PAQ	Plan d'Assurance Qualité du projet
PBS	Product Breakdown System : Arborescence Technique
PV	Procès Verbal
QFD	Quality Function Deployment (méthode AF)
QQOQCPC	Qui ? Quoi ? Où ? Quand ? Comment ? Pourquoi ? Combien ?
RAMS	Reliability – Availability – Maintainability and Safety (equivalent de FMDS)
RAT	Reconnaissance de l'Aptitude au Transport
RCM	Reliability Centred Maintenance
RELIASEP®	RELIAbility developed by SEP
RER	Réseau Expresse Régionale
REX	Retour d'Expérience
ROCH	Recenser, Organiser, Classer et Hiérarchiser
SADT®	Structured Analysis Design Technique (méthode d'AF)

SART	Structured Analysis for Real Time
SBS	System Breakdown Structure : Arborescence Système
SdF	Sûreté de Fonctionnement
SDMS	Scientific Data Mnagement System
SGBD/R	Système de Gestion de Base de Données (Relationnelle)
SI	Système d'Information
SISOL	Système d'information au sol y compris la base de données
SNCF	Société Nationale des Chemins de fer Française
SSADM	Structured Systems Analysis and Design Method
SSII	Société de Service d'Ingénierie en Informatique
STB (S-SS-E)	Spécification Technique du Besoin (Système – Sous-système – Équipement)
SUPE	Supervision externe SNCF
SUPI	Supervision interne SNCF
SysML	System Modelling Language
TGV	Train Grande Vitesse
TMD	Transport de Marchandises Dangereuses
TR@IN-MD	Le Transport Intelligent par fer des Marchandises Dangereuses (Nom d'un projet de R&D Prédit)
TAF	Tableau d'Analyse Fonctionnelle
UML	Unified Modelling Language
WBS	Work Breakdown Structure (équivalent de l'OT)
λ-μ	Taux de pannes – Taux de réparation

trèfle

Achevé d'imprimer
par TREFLE Communication
LE REVEREND Imprimeur, Paris
en juillet 2016
N° d'impression : 8975
dépôt légal : juillet 2016

Imprimé en France